自學

機器學習

Kaggleで学んでハイスコアをたたき出す！Python機械学習＆データ分析

上 Kaggle 接軌世界，成為資料科學家

擺脫玩具資料集
用 **Python** 見招拆招練出競爭力

チーム・カルポ 著 ｜ 温政堯 譯

感謝您購買旗標書，
記得到旗標網站
www.flag.com.tw
更多的加值內容等著您…

<請下載 QR Code App 來掃描>

● FB 官方粉絲專頁：旗標知識講堂

● 旗標「線上購買」專區：您不用出門就可選購旗標書!

● 如您對本書內容有不明瞭或建議改進之處，請連上旗標網站，點選首頁的 聯絡我們 專區。

若需線上即時詢問問題，可點選旗標官方粉絲專頁留言詢問，小編客服隨時待命，盡速回覆。

若是寄信聯絡旗標客服email，我們收到您的訊息後，將由專業客服人員為您解答。

我們所提供的售後服務範圍僅限於書籍本身或內容表達不清楚的地方，至於軟硬體的問題，請直接連絡廠商。

學生團體　訂購專線：(02)2396-3257 轉 362
　　　　　傳真專線：(02)2321-2545

經銷商　　服務專線：(02)2396-3257 轉 331
　　　　　將派專人拜訪
　　　　　傳真專線：(02)2321-2545

國家圖書館出版品預行編目資料

自學機器學習 - 上Kaggle接軌世界，成為資料科學家/
チーム・カルポ 作；温政堯譯.
-- 臺北市：旗標科技股份有限公司，2021.07　面；公分

ISBN 978-986-312-672-0 (平裝)

1.機器學習 2.資料探勘 3.數學模式

312.831　　　　　　　　　　　　　　110009284

作　　者／チーム・カルポ

翻譯著作人／旗標科技股份有限公司

發 行 所／旗標科技股份有限公司

　　　　　台北市杭州南路一段15-1號19樓

電　　話／(02)2396-3257(代表號)

傳　　真／(02)2321-2545

劃撥帳號／1332727-9

帳　　戶／旗標科技股份有限公司

監　　督／陳彥發

執行企劃／李嘉豪

執行編輯／李嘉豪

美術編輯／陳慧如

封面設計／蔡錦欣

校　　對／陳彥發、李嘉豪

新台幣售價： 680 元

西元 2021 年 7 月 初版

行政院新聞局核准登記-局版台業字第 4512 號

ISBN 978-986-312-672-0

關於範例資料與程式

本書當中的範例程式，都可以在旗標網站上找到檔案載點。誠摯建議在閱讀的過程中可以下載檔案，配合書中的說明循序漸進練習。

請從下方的連結下載相關資源，依照網頁指示輸入通關密語即可下載範例程式，加入 VIP 可另外取得 Bonus 資源。

> 中文版範例程式下載網址
>
> ## https://www.flag.com.tw/bk/st/f1366

檔案依照篇章分別命名為「chap02.zip」「chap03.zip」等，可配合閱讀的章節下載所需的檔案，解壓縮後進行練習。解壓縮檔案後，就能開啟資料夾。資料夾當中再依書中每一節的內容分門別類歸檔，請在其中找到您需要的檔案來使用。另外，建議先將解壓縮後的檔案留存備份之後，再開始運用。

範例程式都收錄在 Jupyter Notebook（副檔名為 .ipynb）當中，可直接上傳到 Kaggle 平台執行，或是在電腦上安裝 Jupyter Notebook 後，再行開啟檔案。

前言

　　「Kaggle」提供了大量企業提供的資料集、也匯集世界各地資料科學家。本書運用平台上的實際案例，協助讀者學習資料分析、機器學習。所使用的程式語言則是在機器學習領域當中一定會用到的 Python。

　　如何獲取要分析的資料，經常是資料分析與機器學習時會遇到的瓶頸。Kaggle 平台上有許多公開專案，只要註冊 Kaggle 帳號，任何人都能使用平台上所提供的「真實資料集」來進行分析。而本書就是基於這樣的出發點進行編寫，希望讀者透過實際參與 Kaggle 專案，來達到在資料分析與機器學習上的學習成效。

　　本書的編寫雖然是以 Kaggle 上的專案為例，但會詳細說明資料分析的技巧與技術細節，也會提供其他資料科學家們所採用的高段或是特殊的分析技巧。題材的部分有表格資料、圖像辨識、自然語言處理等，都是資料分析與機器學習的主要領域，而每個領域的技巧各有差異、製作特徵量（資料預處理）的方式也不盡相同。

　　本書專為入門學習所撰寫，即使您不知道如何使用 Kaggle、沒有資料分析與機械學習相關知識，也能讀懂。話雖如此，至少還是必須具備 Python 程式技巧，因此若在程式語言上有需求的話，可善用合適的入門書籍來幫助提升基本技能（ 編註： 可以參考旗標出版的「Python 技術者們 - 實踐！帶你一步一腳印由初學到精通 第二版」）。書中有些地方會出現數學算式或推導過程，主要是幫助讀者理解技術原理，若會造成障礙，也可直接略過無妨。實際設計程式時，會詳細說明 Python 的函式庫，再加上許多程式都有註解，在執行上應是不會有太大問題。

本書所記載、陳述的內容，是依據 2020 年 6 月開始撰寫的資訊為主（ 編註： 編輯過程有確認直到 2021 年 7 月的資訊），因此 Kaggle 網站畫面以及出現的訊息也會是相同時期的資料。

本書所使用的程式碼，都整理為 Jupyter Notebook 格式的檔案，請在電腦上安裝 Jupyter Notebook 後，下載範例程式，搭配使用書中所介紹的專案來製作 Notebook，將程式碼貼上後，程式就可以運作。

Kaggle 平台會對執行分析模型設定評價指標，要求參與者提交高準確率的模型。如前述，本書會說明如何實際建立模型、進行分析，還會介紹許多獲獎者所運用的技巧。只是，這世上並不存在一招打遍天下的萬用技能，所以我們的說明是針對該專案見招拆招，並且致力於從中找出能改善模型準確率的靈感。另一方面，我們通常在建立模型時會陷入該如何設定超參數的困難當中，這部分我們將會詳盡地解釋如何使用專用函式庫來自動搜尋，希望對各位讀者有所幫助。

誠摯地希望本書能成為有心學習資料分析、機械學習的讀者的助力，從中獲取靈感、得以在數據分析領域裡嶄露頭角。

2020 年 7 月　金城俊哉

本書的閱讀方法

本書以 Kaggle 平台作為題材，說明資料分析、機器學習、以及深度學習等的內容。書中穿插著優秀資料科學家的方法、說明分析的技術，但這並不意味著得從頭照順序看到尾。讀者可以先行查閱每一章的主題，從自己感興趣的篇章開始投入。

不過，在第一章當中，我們先是說明了如何參與 Kaggle 平台、提交分析成果的整體流程，倘若您尚未參與過 Kaggle 專案，建議先讀過第一章。以下概述各篇章的綱要。

》第 1 章 善用 Kaggle 平台打造機器學習

究竟 Kaggle 是為了什麼目的而設立的平台呢？本章將會介紹 Kaggle 的全貌以及參與專案的優點，也會說明如何註冊 Kaggle 帳號、在專案中找出最佳解、提交解決方案的流程。在這一章當中可以知道參與專案從頭到尾需要的知識。

》第 2 章 機器學習的基礎

閱讀本章，將可得知在專案當中有哪些需要的技術性知識。本章將介紹專案類型、以及如何評比。接著說明在建模之前需要的資料預處理、模型的種類、模型的應用、以及提升模型效能等各種方法。

》第 3 章 建立迴歸與梯度提升決策樹模型（Gradient Boosting Decision Tree Model, GBDT Model）

使用迴歸模型以及梯度提升決策樹（Gradient Boosting Decision Tree, GBDT）來進行房價預測，最後套用集成（Ensemble）來提升預測準確率。本章將會詳細說明如何預處理表格資料，讀完後想必能對迴歸模型、梯度提升決策樹、集成方式提升準確率等都有更深入的了解。

》第 4 章 運用神經網路進行圖像辨識

在手寫數字的圖像分類當中，我們將使用深度學習當中最基本的「神經網路」。本章會逐一解說激活神經元的函數（激活函數）及機器學習如何量測誤差（損失函數），修正量測誤差時使用的梯度下降法、反向傳播法（Backpropagation）各自具備什麼樣的概念與機制。本章後半段，將介紹如何透過套件來執行超參數自動搜尋，進而調整出合適的超參數值。本章著重於神經網路的運作原理、實際操作、以及調整超參數等一連串的技術。

》第 5 章 運用卷積神經網路（Convolutional Neural Network, CNN）做圖像分類

延續前一章，本章將會以手寫數字的圖像分類為題，使用深度學習進行預測。運用「卷積神經網路」的技術進行分析及預測，並透過資料擴增（Data Augmentation）來提升分析準確率。

》第 6 章 研究學習率與批次大小

在神經網路以及卷積神經網路中，縱使我們能從種類繁多的「優化器（梯度下降法的電腦實際計算方法）」找出最佳的演算法，但要訓練好的模型關鍵還在於如何設定「學習率」。TensorFlow 等套件所提供的優化器，一開始就預設了最佳學習率。但過去的研究中指出，當學習率呈現動態變化時，更有機會能獲得較佳的模型。

本章將會以較難的彩色圖像辨識作為切入點，來看看不同學習率衰減的演算法。除此之外，本章最後一節還會介紹如何透過增加批次大小，

以達與學習率衰減同等的效果。希望讀者在這一章中可以獲得改善模型效能的靈感。

》 第 7 章 使用「集成（Ensemble）」來辨識一般物體

多數優秀的分析手法都使用了集成。本章會使用多個卷積神經網路進行訓練、預測，再使用平均或多數決進行模型集成，藉此提升準確率。與前一章相同，會以彩色圖像辨識來學習能實際派上用場的集成技巧。

》 第 8 章 遷移式學習（Transfer Learning）

Keras 框架中存放著龐大的圖像資料、具有高準確率的經典「預訓練模型」，可將其讀進程式來運用。事先訓練好的模型可以全部導入程式，並且直接用來預測新的資料。前半章我們使用較為輕巧、準確率高的 VGG16，進行小狗與小貓的圖像二元分類。後半章則微調 VGG16 來演練遷移式學習。

》 第 9 章 循環神經網路（Recurrent Neural Network, RNN）

本章使用循環神經網路於 Mercari 定價預測。通常會組合循環神經網路以及 Ridge 迴歸，來達到更好的預測準確率。本章當中也能學到對文字做編碼等資料預處理。

● 用一張圖看懂何謂 Kaggle

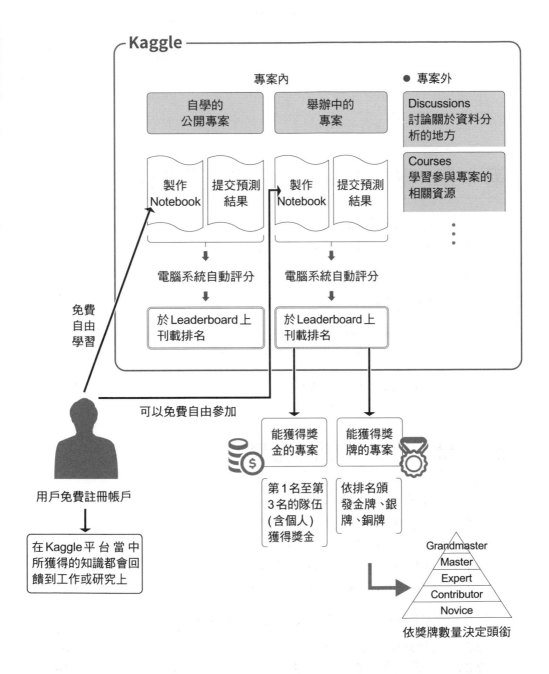

目錄
CONTENTS

第 1 章　善用 Kaggle 平台打造機器學習

第 2 章　機器學習的基礎

第 3 章　建立迴歸與梯度提升決策樹模型
（Gradient Boosting Decision Tree Model, GBDT Model）

第 4 章　運用神經網路進行圖像辨識

第 5 章　運用卷積神經網路（Convolutional Neural Network, CNN）做圖像分類

第 6 章　研究學習率與批次大小

第 7 章 使用「集成 (Ensemble)」來辨識一般物體

第 8 章 遷移式學習 (Transfer Learning)

第 9 章 循環神經網路
（Recurrent Neural Network, RNN）

附錄 A 延伸學習資源

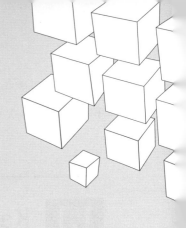

CHAPTER

1

善用 Kaggle 平台
打造機器學習

本章我們先來說明為什麼要在 Kaggle 平台上，練習關於機器學習、資料科學的技術。同時，我們也會介紹如何使用 Kaggle 平台所提供的服務。

1.1 Kaggle 平台

「Kaggle」是資料科學與機器學習的平台，網站上提供了最新的資料科學相關資訊，也有舉辦相關活動。只要註冊 Kaggle 帳號，任何人都能免費使用平台資源。

▼ Kaggle 的首頁

1.1.1 Kaggle 與機器學習有什麼關係

究竟在 Kaggle 平台跟機器學習有什麼關係？為什麼要使用 Kaggle 平台？使用 Kaggle 平台能獲得什麼呢？這些疑問從來就沒有停止過，就讓我們來一個一個看下去吧。

使用 Kaggle 平台有什麼好處？

　　Kaggle 平台隨時都有各種資料集以及專案，廣邀全世界的有心人提出解決方案。Kaggle 會對各種解決方案排名，成績好壞，一目瞭然。對於剛進入資料科學與機器學習的人來說，是累積自身經驗的最佳場域；對於已是研究人員或是技術人員來說，是一展長才的最佳平台。

■ 累積經驗

　　對於實務經驗者與研究人員來說，能夠使用企業提供於 Kaggle 平台上的「真實資料」，累積數據分析實力，是非常可貴的經驗。尤其對初學者而言，光是要拿到資料就得費盡苦心。Kaggle 平台當中積累了由諸多企業提供的真實資料，那些資料全都在平台上等待最佳解決方案。有時其資料量相當的龐大，不僅有數值資料，也有文字資料、圖像資料、音訊檔等。資料所涉及的領域包含商品研發、金融、醫療、體育等。能免費運用這些自己根本無從取得的真實資料，其蘊含的價值極高。

■ 追蹤技術

　　除了大量真實資料可用之外，另一個很重要的是我們能在 Kaggle 平台當中學習實戰技能。Kaggle 平台當中會有眾專家提供的解決方案、原始碼、有時也有詳盡解說分析技術。我們可以學習專家們所使用的技巧，追上最新資訊。這對入門者、研究人員、工程師來說都是如獲至寶。

■ 找到工作

　　若能在 Kaggle 平台中展現實力、提出優秀解決方案，足以代表自己是資料科學家或機器學習工程師的身份，則更容易拿到工作的 offer。美國、德國、英國、印度、日本等各國企業都有在尋找具有 Kaggle 經驗的人才，對於想接軌世界、跨國工作的人來說，更是不可多得的管道。

■ 建立人脈

在 Kaggle 平台當中，所有人都能自由地發表意見、互相討論。在我們的發文底下會有人來留言，也會有人解答我們的提問。處理同一個問題的資料科學家與工程師彼此之間會藉由討論，來建立人脈。另外，Kaggle 平台不是都單打獨鬥，也能組隊。透過討論，我們可以跟全球任何國家的人員組隊，進行更深度的交流。

■ 獲取獎金

只要能解決 Kaggle 平台上的專案問題，並且名列前茅、取得佳績，就會獲得獎賞。Kaggle 的贊助商當中有許多的企業，他們會提出尚未解決的問題，並徵求各路英雄分析數據、提供解方，並有高額獎金懸賞。

■ 獲取頭銜

能從 Kaggle 平台獲得的不只獎金，還有獎牌。依排名可獲頒金牌、銀牌、銅牌。根據獲得獎牌的種類與數量，還能再得到 Expert、Master、Grandmaster（最高榮譽）的頭銜，這些頭銜對專家來說是象徵戰績輝煌的勳章。

該怎麼參加 Kaggle 上的專案呢？

免費註冊 Kaggle 帳號後（下一節就會說明註冊流程），依循下述流程參與專案：

1、 每個專案有專用網頁，先到專案首頁確認基本資訊，弄清楚專案主題。接著進到該專案的 Code 頁面，按下 New Notebook，來製作 Notebook。Notebook 是程式開發環境，可以使用 Python 或是 R 語言。

2、 於 Notebook 讀取平台提供的資料，編寫資料分析的程式碼。我們可以將編寫的程式碼稱為「模型」，之後會用平台提供的資料訓練模型，接著執行預測。

3、 執行寫好的程式，完成模型的訓練。

4、 輸入資料到訓練好模型，就會產出預測值。

5、 將模型產出的預測值存為指定格式（CSV 格式檔案），按下 Notebook 畫面上的 **Submit**，就能提交給主辦單位。

上述就是 Kaggle 專案的執行程序。簡言之：編寫程式、訓練模型、進行預測、存檔提交，就完成了，並且看到自己的排名。然而，並非所有專案都是提交預測結果，有些是要提交程式碼，這又稱為 Kernel 專案（ 編註： 過去 Kaggle 將程式開發環境稱為 Kernel，因此得名）。Kernel 專案的差異在於上述的步驟 5 當中，不需要存預測值，直接按下 **Submit**，將程式碼提交給主辦單位即可。

 ## Kaggle 平台上的專案來源是什麼？

■ 企業提供的專案

企業提供資料以及問題，參與者提出解決方案，優秀的解決方案可以得到獎金或特別獎勵。

■ 研發單位提供的專案

與企業相同，資料、問題、以及獎金由研究機構提供。

■ 以研究為主的專案

隨時都可參與研究，沒有截止時間，沒有提供獎金，也不會頒發獎牌。主要是讓初學者使用公開資料集練習，或是用於嘗試新方法。

Kaggleg 平台都在分析什麼樣的問題？

　　由企業所主辦的專案，有的會用公司自己的商品或不動產資料來預測合理銷售價格，有的是從消費者的購買紀錄去推估下次可能購買的商品等，大多是用客戶資訊來預測銷售。除此之外，還有圖像分類問題，例如將大量的圖像分類成 10 種類別，或是使用處理文字資料等等。

Kaggle 當中主要的資料

- 表格資料

  以表格為型態提供的資料。除了數值資料之外，有時也會有相關說明的文字資料。進行分析時，會使用迴歸（Regression）、隨機森林（Random Forest）、梯度提升決策樹（Gradient Boosting Decision Tree, GBDT）等模型。若遇到非常難的問題時，則會運用神經網路（Neural Network）模型。

- 圖像資料

  有的圖像資料會以像素陣列呈現，有的則是提供JPEG格式。分析時，大多會採用深度學習（Deep Learning）模型。

- 文字資料

  提供的資料即是文字。除了文章分類之外，預測商品價格也常出現文字資料。一般而言大多會使用神經網路模型來分析，依照情況的不同，也會採用隨機森林與梯度提升決策樹等模型。

 ## 需要付費嗎？

　　註冊 Kaggle 帳號後，所有人都能免費參與各項專案、取得相關資源。不僅如此，Notebook 等開發環境也免費提供。不過，開發環境當中雖然可以免費使用 GPU，但是有一週使用 GPU 至多 30 小時的時間限制，然而圖像資料等分析上是相當方便（ 編註： 只用 CPU，執行時間可能會很久）。

1.1.2 獎金與頭銜

參與 Kaggle 上的專案，除了修練自己的機器學習實力外，能獲得獎金或頭銜，當然更好不過。

關於獎金

在日本企業提供的專案當中，過去曾有過獎金高達 10 萬美元的「Mercari Price Suggestion Challenge」（ 主辦單位：Mercari 株式會社）。其他提供高額獎金的國際專案，整理如下。

- 「Passenger Screening Algorithm Challenge」。總獎金 150 萬美元。為美國國土安全部主辦。

- 「Zillow Prize: Zillow's Home Value Prediction (Zestimate)」。總獎金 120 萬美元。由美國的 Zillow 公司主辦，該公司主要業務為經營線上不動產資料庫。

- 「Data Science Bowl 2017」。總獎金 100 萬美元。由美國的顧問公司 Booz Allen Hamilton 主辦。

關於獎牌

下表是 Kaggle 平台上頒發獎牌的標準，個人名義的參加者則會被視為是一個隊伍。

獎牌類型＼參加隊伍數	0～99	100～249	250～999	1000～
金牌	前 10%	前 10 名隊伍	前 10 名隊伍（＋0.2%）	前 10 名隊伍（＋0.2%）
銀牌	前 20%	前 20%	前 50 名隊伍	前 5%
銅牌	前 40%	前 40%	前 100 名隊伍	前 10%

關於頭銜

Kaggle 平台上的參與者頭銜有五個等級，想擁有高階的三個頭銜需要獲得規定的獎牌數量。

● Grandmaster：取得五個金牌就可獲得殊榮。不過，條件是在這五個金牌當中，必須得有一個金牌是以個人名義取得，要獲此頭銜絕非易事（ 編註： 到 2021 年 6 月為止 Grandmaster 只有 226 位，可見難度很高。而旗標出版的「Kaggle 競賽攻頂秘笈 – 揭開 Grandmaster 的特徵工程心法，掌握制勝的關鍵技術」的作者之一即為 Grandmaster，讀者可以閱讀、參考高手的精華）。

● Master：取得一個金牌、兩個銀牌就可獲此頭銜。

● Expert：取得兩個銅牌就可獲得此頭銜。

● Contributor：無須取得獎牌，但得滿足下述條件。

　• 在個人檔案中將自我介紹、居住地區、職業、隸屬單位填寫完成

　• 執行帳號的 SMS 認證

　• 有參加專案並提交預測值

　• 在 Notebook 或 Discuss 留言，以及進行投票（upvote）

● Novice：註冊 Kaggle 帳號會員。

1.2 參加流程

這裡我們會從創建 Kaggle 帳戶到繳交預測並查看排名，快速帶讀者看過一次。

1.2.1 準備參加 Kaggle 專案

註冊 Kaggle 帳號，找到感興趣的專案。

怎麼註冊 Kaggle 帳號？

進到 Kaggle 的首頁（https://www.kaggle.com/），在畫面（以下圖來說則是左下角）當中有註冊帳號的連結。

- 若您已有 Google 帳號，則可點擊 REGISTER WITH GOOGLE 進行註冊。

- 若您欲使用個人的電子信箱註冊，則點擊 Register with Email 進行註冊。

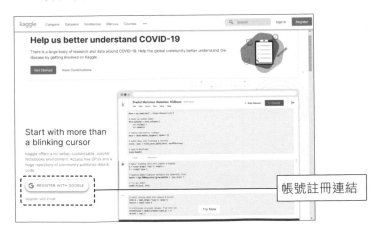

帳號註冊連結

依序輸入所需的資訊，確認同意使用規範後，系統就會發送認證郵件到剛剛註冊的電子信箱，點擊信件當中的 URL 進行認證，即可完成註冊。

 ## 註冊帳號之後呢？

註冊完成就開始找尋感興趣的專案囉。Kaggle 網站的側邊欄有 Compete 的連結，點進去之後會看到 **All Competitions**，這裡就能查詢所有的專案。

● 點按 Active 時，僅會顯示進行中的專案。

● 點按 Completed 時，僅會顯示已結束的專案。

不只有進行中的專案，也有結束後依然維持在 Active 狀態以供練習。所謂 Active 狀態，指的是雖然專案已經結束，但仍然可以使用該專案的開發環境並提交預測結果。由於管理參與者排名的「Public Leaderboard」仍在運作中，故能如同進行中的專案一樣，看見提交預測結果的排名落點。要在畫面上單獨列出練習專用的專案，可以從 **All Competitions** 下面右邊數過來第二個下拉選單當中選擇 Getting Started 或是 Playground。

▼ Competitions 的畫面

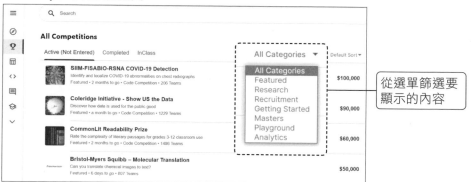

點擊在 All Competitions 所顯示的任一專案，就會跳轉到該專案的頁面。若一開始只是想練習，可以到 Getting Started 或是 Playground 當中挑選。

需要具備什麼知識才能進入 Kaggle 專案？

在 Kaggle 平台當中，會使用資料科學或是機器學習的方法，因此必須具備與前述相關的基本知識。以資料科學領域來說，基本知識包含的如「平均」、「中間值」、「標準差」、「常態分佈」、「迴歸分析」等詞彙；以機器學習領域來說，就有「神經網路」、「深層學習」。有些觀點將機器學習看成是資料科學的延伸，因此共用的詞彙也多。從這點來看，可以從資料科學相關的名詞開始。

然後，最重要的就是程式設計。Kaggle 平台裡的開發環境需要用到 Python 或 R 語言，勢必得在兩者當中具備其中一種程式設計能力。本書當中會專門解說資料科學與機器學習的程式設計，我們就一邊讀、一邊學就可以囉。

考量需要兼顧資料科學與機器學習，本書主要使用的開發語言會選擇在機器學習方面具有優勢的 Python。我們會逐步穿插程式設計教學，但太基本的部分就不多贅述。

（ 編註： 關於機器學習的數學基礎以及統計基礎，可以參考旗標出版的「機器學習的數學基礎：AI、深度學習打底必讀」以及「機器學習的統計基礎」；想要了解更多建立模型時要注意的事情，可以參考旗標出版的「資料科學的建模基礎 - 別急著 coding ！你知道模型的陷阱嗎？」；關於 Python 程式設計，可以參考旗標出版的「跨領域學 Python：資料科學基礎養成」）。

1.2.2 建立模型 → 訓練模型 → 進行預測 → 提交結果

接下來我們將逐步解說參與 Kaggle 專案各個環節的流程。

 準備開發環境

Kaggle 平台提供的開發環境稱為「Notebook」，我們會使用該環境來分析資料，並執行預測。要建立新的 Notebook，請點專案頁面選單中的 Code。

▼「House Prices: Advanced Regression Techniques」首頁

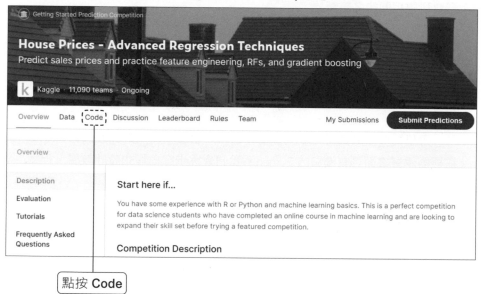

點按 Code

接著在 Code 頁面當中，點按 New Notebook。

▼ Code 頁面

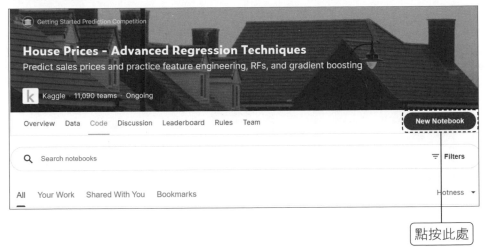

第一次在 Kaggle 上要製作 Notebook 時，或者是第一次要參與專案時，必須透過手機進行認證。此時會跳出輸入手機號碼的畫面，請依照指示輸入。隨後會收到簡訊通知認證碼，再將認證碼輸入到電腦畫面上，就完成了認證。

現在就能開始製作 Notebook，從 **Language** 中選擇 **Python**。

▼ 製作 Notebook

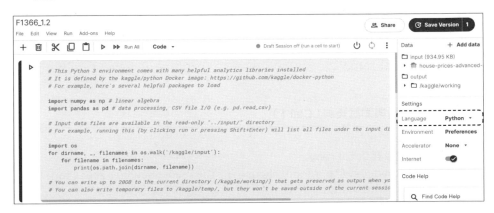

▼ 製作 Notebook

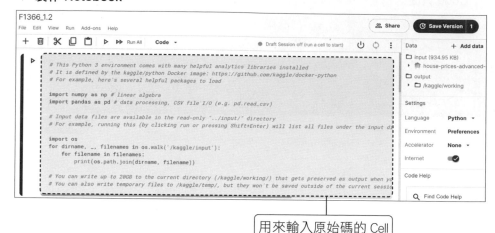

用來輸入原始碼的 Cell

首先我們會看到在 Notebook 畫面上，第一個 Cell 已經內建了程式碼。這是單純為了輸出資料總覽所預設的內容，一般而言我們會將這段內容刪除。

建立模型

Notebook 是專為程式設計而生的開發環境，編寫程式後就能直接執行。另外，Notebook 同時連結了資料集，所以可以直接在 Notebook 開啟資料集，也可以使用程式讀取資料。接下來，我們要將「House Prices: Advanced Regression Techniques」提供的訓練資料與測試資料讀取到 Pandas 的 DataFrame：

▼ 讀取訓練資料與測試資料（Cell 1）

```
import pandas as pd
# 將訓練資料讀取到 DataFrame
train = pd.read_csv("../input/house-prices-advanced-regression-\
techniques/train.csv")
# 將測試資料讀取到 DataFrame
test = pd.read_csv("../input/house-prices-advanced-regression-\
techniques/test.csv")
```

接下來可以按下 Notebook 上方 **Run** 的 **Run current cell**、或是 **Shift + Enter** 也可以，按下之後，就會執行游標所在的 Cell 程式碼。接下來是資料預處理的程式碼，此處僅為範例，約略看過即可。

▼ **進行資料的預處理（Cell 2）**

```python
import numpy as np
from scipy.stats import skew

# 將 SalePrice 做對數轉換
prices = pd.DataFrame({'price':train['SalePrice']})
train["SalePrice"] = np.log1p(train["SalePrice"])

# 合併訓練資料與測試資料中僅的 MSSubClass～SaleCondition 欄位
all_data = pd.concat((train.loc[:,'MSSubClass':'SaleCondition'],
                      test.loc[:,'MSSubClass':'SaleCondition']))

# 取得非 object 類型欄位的 index
numeric_feats = all_data.dtypes[all_data.dtypes != "object"].index

# 填補非 object 類型欄位的缺失值，並且計算偏度
skewed_feats = train[numeric_feats].apply(lambda x: skew(x.
dropna()))

# 留下偏度大於 0.75 的欄位
skewed_feats = skewed_feats[skewed_feats > 0.75]

# 取出留下欄位的 index
skewed_feats = skewed_feats.index

# 將偏度大於 0.75 的欄位做對數轉換
all_data[skewed_feats] = np.log1p(all_data[skewed_feats])

# 將 LotShape（土地形狀）進行 One-hot encoding
cc_data = pd.get_dummies(train['LotShape'])
# 與原本 LotShape 資料合併
cc_data['LotShape'] = train['LotShape']

# 將類別變數進行 One-hot encoding
all_data = pd.get_dummies(all_data)
```

→ 接下頁

```
# 將缺失值換成為該行的平均值（訓練資料當中的平均值）
all_data = all_data.fillna(all_data[:train.shape[0]].mean())

# 分割出訓練資料與測試資料
X_train = all_data[:train.shape[0]]
X_test = all_data[train.shape[0]:]
y = train.SalePrice
```

接下來要建立、訓練模型。

▼ 訓練模型（Cell 3）

```
from sklearn.model_selection import cross_val_score
import xgboost as xgb

def rmse_cv(model):
    """
    均方根誤差
    Parameters:
    model(obj): Model object
    Returns:(float) 訓練資料的預測值與正確值的均方誤差 (RMSE)
    """
    #   透過交叉驗證取得均方根誤差
    rmse = np.sqrt(-cross_val_score(model,
                                    X_train,
                                    y,
                                    scoring="neg_mean_squared_error",
                                    cv = 5))
    return(rmse)

# 使用 xgbboost 進行學習
model_xgb = xgb.XGBRegressor(n_estimators=410,    # 決策樹的數量
                             max_depth=3,          # 決策樹的深度
                             learning_rate=0.1) # 學習率 0.1

model_xgb.fit(X_train, y)

print ('xgboost RMSE loss: ')
print (rmse_cv(model_xgb) .mean())
```

▼ 輸出

```
xgboost RMSE loss:
0.12437590040488114
```

　　此專案是要用不動產資料來預測建案銷售價格。執行到目前為止我們已經得到訓練資料的預測值，以及該預測值與實際值的誤差。最後，我們將測試資料輸入到模型當中、產生預測值並將其輸出，存檔為 CSV 檔案，準備提交。

▼ 將測試資料的預測結果輸出為 CSV 檔案

```python
preds = np.expm1(model_xgb.predict(X_test))
solution = pd.DataFrame({"id":test.Id, "SalePrice":preds})
solution.to_csv("ridge_sol.csv", index = False)
```

🔷 提交預測結果

　　我們可以按下 **Save Version** 來儲存 Notebook 及其程式執行結果。

▼ Notebook 存檔

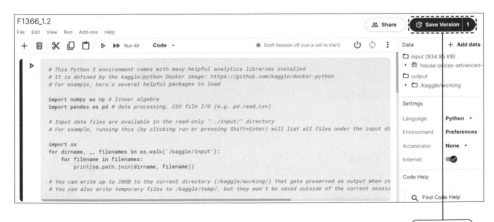

點按此處

此時會出現 Save Version 對話框。若開啟 Quick Save，則只是將 Notebook 存檔。若開啟 Save & Run All (Commit)，會執行 Notebook 所有的原始碼，這會連同輸出資料一併存檔，如欲提交（Submit）給主辦單位時，請記得開啟 Save & Run All (Commit)。

▼ Save Version 對話框

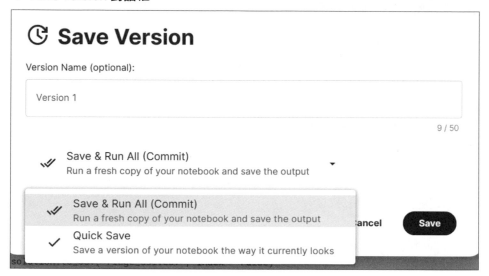

接著來看看存檔後的 Notebook 吧。點按專案首頁選單欄裡的 Code、再按 Your Work 頁籤，就能顯示已存檔的 Notebook 標題，請點按開啟。

▼ 開啟已存檔的 Notebook

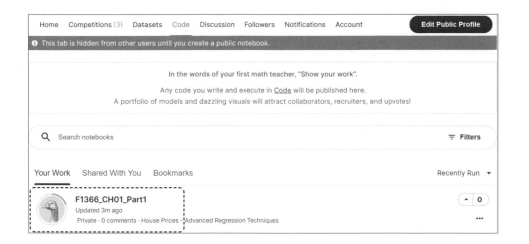

開啟了存檔的 Notebook 後，按下右邊側邊欄的 **Output**，就會跳轉到 CSV 檔案的內容。檔名右邊會有個 **Submit**，按下後就會將預測結果檔案寄出。那麼就趕緊試著操作看看吧！

▼ 提交預測結果

點按 **Submit**，寄出預測結果的檔案

點按 **Output**

經過一會兒，提交的預測結果經過驗證，其評分就會出現，可以看到畫面上有個 0.13356 的分數（編註：這裡只是示範流程，後面章節會告訴讀者如何增進評分以及排名）。如果要確認自己的排名，點按 **Jump to your position on the leaderboard** 連結，就會跳轉到刊載名次的頁

面。需留意的是，這裡的排名僅用了部份的測試資料來進行評等，當過了提交截止日後，才會公佈正式名次（可在 **Private Leaderboard** 畫面進行確認）。

▼ 提交結果

Name	Submitted	Wait time	Execution time	Score
ridge_sol.csv	8 minutes ago	1 seconds	0 seconds	0.13356
Complete				

Jump to your position on the leaderboard ▾

結果顯示於此

　經過以上流程，就完成了提交預測結果給主辦單位的動作。欲提交預測結果，也可在專案首頁的選單欄點按 **Submit Predictions**。不過這時得先將預測結果的 CSV 檔案下載到電腦裡，再點按畫面上的 **Upload Files**，選擇要上傳的檔案，按下 **Make Submission**。

▼ 從 Submit Predictions 畫面提交

1

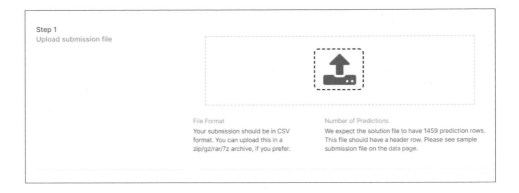

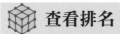 查看排名

在專案的頁面上點按 Leaderboard，就能看到自己的即時排名。若畫面上有出現 Jump to your position on the leaderboard 的連結，按下後就能跳到自己所處的排名位置。

▼ 提交結果

點按可跳至自己的排名位置

目前的分數

正在進行的專案提交截止期限一到，系統就會進行最終驗證，來決定最後的名次順位。此時我們可以從 Leaderboard 畫面中的 Private Leaderboard 來查詢。

▼ 查看 Private Leaderboard

 點按此處

　　專案進行期間，當然可以持續改善模型準確率，並一而再地提交預測結果。不過，單日提交預測結果的次數是有限，並非無限次地重複提交。因此，紮實地執行驗證，研判預測結果有改善，才能妥善運用有限的提交次數。

提交檔案的規定

■ 一般專案

　　Kaggle 大部分的專案都是提交預測結果即可。參加者可以在 Kaggle 平台提供的 Notebook、或是自己的電腦建立模型，將測試資料的預測結果存檔、提交即可。其中要注意提交檔案格式以及檔案名稱。

■ 核心（Kernel）專案

這種專案要求提交程式。之所以稱為 Kernel 是因為 Kaggle 平台的 Notebook 舊名為 Kernel。此專案會執行了參加者提交的程式，進行訓練以及預測，並依其預測結果來評分。除此之外，有些專案還會有硬體限制，可能的做法如下：

● 只能使用 CPU（禁止使用 GPU）

● 記憶體使用量

● 程式執行時間（例：從資料處理、建模、到預測，必須在 1 小時內結束）

主辦單位可以設定如前述的要求，限制參與者能使用的模型以及演算法。日本 Mercari 株式會社所舉辦的「Mercari Price Suggestion Challenge」就是屬於核心專案，這部分會在本書的第 9 章探討。

 ## 取得測試資料

■ 一般專案

專案進行時，測試資料會連同訓練資料、預測結果格式要求一起發佈。可以在 Notebook 環境中存取，或是參與者將檔案下載到自己的電腦當中使用。訓練資料集當中會附上正確答案，而測試資料當然不會附帶正確答案。

■ 二回合制專案

這種專案會在第一回合時建立模型，並對第一回合發布的測試資料進行預測，完成程式後並提交。於第二回合才能拿到最終用來評分用的測試資料，而第二回合是禁止修改程式。許多核心專案都會採用二回合制。

1.3 Notebook 使用說明

Kaggle 提供的 Notebook 跟 Python 開發環境當中的 Jupyter Notebook 結構類似：在 Cell 中輸入程式碼，以每個 Cell 為單位執行程式。與一般開發環境（在編輯器畫面輸入程式碼，一次執行所有程式）略有不同。現在來看看 Notebook 的基本操作。

 基本操作

Notebook 是專為 Kaggle 平台所開發的環境，因此需要記住的操作方法並沒有那麼多。我們會在 Notebook 當中的 Cell 輸入程式碼，並以每個 Cell 為單位來執行程式。需要多少 Cell、就新增多少 Cell，所以我們可以只看特定 Cell 的程式執行結果，這就是 Notebook 風格的程式設計，而這風格也適用於資料分析與機器學習這類需要不斷測試的程式設計。

要執行程式時，按下 Notebook 上方工具列中的 **Run current cell**，或使用 **Shift + Enter**，就會執行游標所停留的 Cell 的程式。

▼ **Notebook**

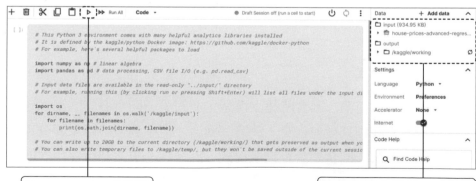

Run current cell 按鍵

這個區塊會顯示 Notebook 可存取的檔案夾／檔案

1-24

▼ 工具列上常用的按鍵

按鍵名稱	功能
Add cell	在目前游標的 Cell 下方新增 Cell
Run current cell	執行目前游標的 Cell 的程式碼
Run All	從頭到尾依序執行 Cell 中的程式碼

▼ 選單

Menu	功能
File	可上傳資料、下載資料、Notebook 存檔等
Edit	可在不同 Cell 之間移動、刪除 Cell
View	可顯示每行的編號、收合與展開 Cell、更改 Notebook 主色等與 Notebook 外觀相關設定
Run	與執行程式相關的操作、也可重新啟動或結束 Notebook
Add-ons	可新增 Google Cloud Services
Help	可查詢 Kaggle 的文件以及與 Kaggle 的 API 相關文件

連接網路

有時候，Notebook 會需要連接網路，安裝函式庫、或從開放資料庫下載資料。此時為了讓 Notebook 可以存取網路上的資料，可從側邊欄點按 Settings、開啟 Internet。

▼ Notebook 連接網路

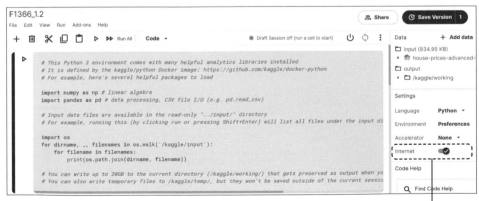

將 **Internet** 設定為 On

停止與重新啟動 Notebook

Notebook 選單的 **Run**（右邊數來第三個）按鍵，可以停止 **Stop Session** 與啟動 **Start Session** Notebook 的功能。按下停止，將會放棄所有執行中的程式以及宣告的變數，Notebook 因而停止。啟動 Session 後，Notebook 將呈現重置的狀態（ 編註： 所有變數都要重新宣告才能使用）。按下 **Run** 選單的 **Restart & clear cell outputs** 時，Notebook 將會重新啟動。這功能是想要打算清除程式執行結果，並重新執行程式時可以使用。

 ## 啟用 GPU

點按側邊欄 Accelerator，選取當中的 GPU，即可立即啟用。點選 GPU 就會跳出確認的對話框，按下 **Turo on GPU** 就好。Notebook 會重新啟動，GPU 即為可用狀態。不過，GPU 每週至多只能使用 30 小時。只要不需再用 GPU，就馬上結束 Notebook，這樣可以節省一些使用時間，只是會需要頻繁開關 Notebook 就是了。過了一週之後，使用時間會自動重置為 0[(註1)]。

▼ **啟用 GPU**

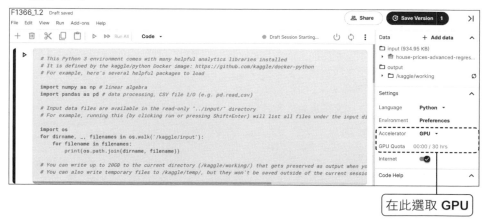

在此選取 **GPU**

（註1）每週六凌晨12點（midnight UTC）會自動重置。

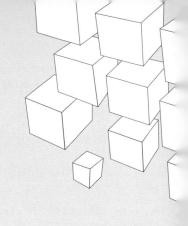

CHAPTER

機器學習的基礎

開始實作機器學習的模型之前，我們要先了解機器學習的任務類型、資料集的種類、以及如何評估機器學習模型的好壞。也就是說，要成功訓練出一個可用的機器學習模型，得先搞懂以下 3 點：

- 任務的內容為何？

- 資料的內容是什麼？

- 針對什麼樣的目標進行預測？

2.1　機器學習的任務類型

首先研究任務的內容，通常有以下 4 種任務：

2.1.1　迴歸（Regression）任務

當 y 是連續值時，能帶入 f(x)=y 模型當中的就屬於迴歸任務（迴歸問題）。我們要做的是透過分析資料來導出 f(x)，然後帶入解釋變數 x，求出預測值 y。例如「用天氣狀況跟氣溫來預測上門的人潮」、「用商品概述來預測售價」等，使用了不只一個因子（解釋變數，又稱特徵），來「預測」上門人潮或商品售價這類「數值（連續值）」。實際上會用於迴歸任務的模型像是「Ridge 迴歸」、「LASSO 迴歸」、或以迴歸樹為基礎的「隨機森林（Random Forest）」、「梯度提升決策樹（Gradient Boosting Decision Tree, GBDT）」、「LightGBM」，這些模型都有對應的 Python 函式可以直接使用。

以 Kaggle 平台上的專案來說，像是預測房價的「House Prices: Advanced Regression Techniques」、以及預測商品上市售價的「Mercari Price Suggestion Challenge」，都是典型的迴歸任務，這 2 個專案也分別會在本書第 3 章與第 9 章詳述。

2.1.2 分類（Classification）任務

相較於迴歸任務是預測連續值，分類任務則是「預測資料的類別」。分類任務可以再區分為以下幾種：

二元分類（Binary Classification）

這種任務是要預測一筆資料是類別 A 還是類別 B。比如用「體溫」、「血壓」等解釋變數來預測是否罹患特定疾病。Kaggle 平台上家喻戶曉的「Titanic: Machine Learning from Disaster」專案，就是屬於分類任務，它使用了鐵達尼號船員資料預測該員能否生還，更是經常被當作資料分析的題材。另一方面，在圖像辨識類型的主題中，有「Dogs vs. Cats Redux: Kernels Edition」的二元分類專案：將小狗與小貓的圖像輸入模型，以「小狗 =1」、「小貓 =0」進行分類，這部分會在本書第 8 章詳述。

▼ Titanic: Machine Learning from Disaster

預測鐵達尼號
生還者

　　在二元分類任務中，也可以使用「Ridge」、「LASSO」等模型。雖然這些架構會輸出連續值，但透過設定閾值，例如 0 以上到 0.5 以下輸出分類 A，0.5 以上到 1.0 以下輸出分類 B。此外，分類樹模型也很常用，像是「隨機森林」、「梯度提升決策樹」、「LightGBM」等。而像「Dogs vs. Cats Redux: Kernels Edition」這種圖像辨識二元分類任務，大多會使用神經網路或卷積神經網路（Convolutional Neural Network, CNN）等模型。

　　剛剛在迴歸任務解說中提到了「迴歸樹」，以及現在提到的「分類樹」，都是屬於「決策樹」的一種。

Statoil/C-CORE Iceberg Classifier Challenge

在二元分類當中，「Statoil/C-CORE Iceberg Classifier Challenge」是相當值得玩味的專案。透過分析衛星圖像來進行分類：冰山為 1、船隻為 0。對於航海中的船隻而言，找出冰山的所在是攸關生命安全的重要議題，而這在天候惡劣時很難以肉眼辨識。有鑑於此，能源公司 Statoil（現名為 Equinor）希望能夠提升判別冰山的準確率，才廣徵各路好手使用衛星圖像來辨識船隻與冰山。

可是，衛星所拍攝的雷達影像當中包含了大量看起來不過就是點狀物的東西，可想而知這要預測起來還真不是件容易的差事。主辦單位提供了多達 5625 組的資料，當中包含了 75 x 75 像素的圖像、以及拍攝圖像時的微波入射角資訊。乍看之下會質疑微波入射角究竟對於辨別冰山能起到多少作用？然而，許多優秀的模型運用了集成（Ensemble）的手法，搭配這些資料準確地辨識出冰山。

雖然是很舊的專案，不過當時的專案頁面還持續開放中，因此可以實際製作 Notebook、進行預測。若有興趣的話，不妨到上頭去一探究竟。

▼ Statoil/C-CODE Iceberg Classifier Challenge

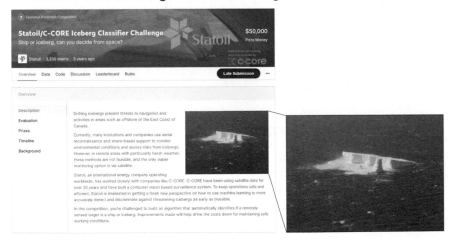

多元分類（Multiclass Classification）

二元分類是「將資料分為 2 類」，多元分類則是「將資料分為多個類別」，因此其名稱才會是「多元（Multi）」+「分類（Class）」。

在多元分類中，將手寫數字分類到 0～9 的圖像辨識專案「Digit Recognizer」相當有名，也被 Kaggle 平台當作新手練習 (Getting Started) 的入門專案。還有將時尚配件圖像（一般物體辨識）進行分類的「CIFAR-10 - Object Recognition in Images」，也是相當著名的多元分類任務。

而在多元分類的領域當中，還包含了從多個選項當中挑出好幾個標籤的「多標籤分類」。Kaggle 平台中雖然大多是多元分類任務的專案，偶爾還是會有「Human Protein Atlas Image Classification」這種多標籤分類的專案出現。

上述兩種情況，基本上都是使用二元分類的模型，看有多少類別、就建多少個模型，進而預測出想要的結果。然而神經網路模型逐漸普及後，只要將神經網路輸出層的單元（Unit）數量設定成與分類類別的數量一樣多，就能夠只建立一個模型就獲得高準確率的預測，這就是神經網路得以後來居上的原因之一。

2.1.3 推薦（Recommendation）任務

在推薦任務當中，要預測用戶可能購買的商品、或是會感興趣的廣告。此時需針對每 1 個人去預測多個商品或廣告，因此也可視為是多標籤分類的其中一種。

「Santander Product Recommendation」就是推薦任務，依據用戶的購買記錄來預測接下來可能會購買的商品，並排出優先順序。可以先用二元分類預測某位顧客是否買某個商品，再依據二元分類所預測出的商品購買機率來排序，進而產出最終結果，當然若想要用能執行多元分類的神經網路模型去預測也可以。由此可見，在實際應用時大多是以隨機森林或梯度提升決策樹作為基本盤，再加上神經網路型的模型來提升準確率。

2.1.4 物體偵測／切割（Segmentation）

物體偵測是猜中圖像當中究竟為何物，分為特定物體偵測與一般物體偵測。特定物體偵測是處理圖像當中是否存在著與目標物相同的東西（**編註：** 比如影像中是否有人臉），而一般物體偵測是處理如何分類電車、汽車、小狗等一般性的物體類型。

換個方式想，物體偵測的意思就是在圖像當中用方框（Bounding Box）來框出目標物的位置與類型（類別），在這個任務中，我們要估計方框的位置，以及預測方框中物體類型。可以想成是當我們拿手機拍照時，若螢幕上的方框有成功對焦時（部分廠牌的手機）會發出嗶嗶聲、鎖定拍攝物體時的情境。處理這類問題常用的模型是卷積神經網路。

另外，（圖像）切割指的是將圖像中的目標物所在位置、類型（類別）以像素為單位進行偵測。相較於物體偵測是用方框來框出物體，切割則是偵測物體的輪廓。Kaggle 平台上典型的物體偵測專案有「Google AI Open Images － Object Detection Track」；而典型的物體切割專案為「TGS Salt Identification Challenge」。

2.2 不同任務的評價指標（Evaluation Metric）

訓練完的模型怎麼知道好不好？答案就是透過評價指標來確認。選擇一個適合的評價指標，可以幫助我們正確地評估一個模型的優劣。因此，了解評價指標的原理以及計算方式，是研究機器學習過程中不可或缺的一環。接下來，我們要介紹不同任務中，常見的評價指標。

> Kaggle 平台的專案也是用評價指標來比較訓練成果好壞，只是你必須依照主辦方的規定，使用指定的評價指標，無法自行選擇。你可以在 Kaggle 專案的「Overview」→「Evaluation」查看到該專案所要求的評價指標。

2.2.1 迴歸任務的評價指標

 均方根誤差（Root Mean Squared Error, RMSE）

迴歸任務旨在求出連續的預測值，最常用到的評價指標是「均方根誤差」：用真實值與預測值的差異的平方，再求其平方根之值。

★ 均方根誤差

$$RMSE = \sqrt{\frac{1}{n}\sum_{i=1}^{n}(y_i - \hat{y}_i)^2}$$

- n：資料數
- y_i：第 i 項的真實值
- $\hat{y}_i$：第 i 項的預測值

當預測值比實際值大很多或小很多，得接受較大的懲罰（Penalty）。什麼意思呢？例如當我們在預測售價時，最佳的結果是預測值跟真實值一樣，與真實值差異越多越不好。使用時需要注意，將真實值與預測值的差異進行平方時，離群值（Outlier）所帶來的影響會變強，因此才會有人建議需要先排除離群值再進行計算。

使用均方根誤差時，主要是看均方誤差計算結果數字的大小，而不是預測值與真實值差異的比例，所以此評價指標並不適用於誤差範圍較小的情況，取而代之會用稍後介紹的均方根對數誤差（ 編註： 真實值為 1，預測值為 1.1；真實值為 1000，預測值為 1000.1，均方根誤差計算結果都一樣，事實上模型的準確率不太一樣）。Kaggle 平台上使用 RMSE 作為評價指標的專案如「Elo Merchant Category Recommendation」。

▼ **計算 RMSE 的 scikit-learn 函式語法，[] 裡面的內容可省略**

```
sklearn.metrics.mean_squared_error(y_true, y_pred
    [, sample_weight=None, multioutput="uniform_average", squared=True])
```

均方根對數誤差
（Root Mean Squared Logarithmic Error , RMSLE）

均方根對數誤差也是迴歸任務當中具代表性的評價指標之一。Kaggle 平台上使用均方根對數誤差作為評價指標的專案如「House Prices: Advanced Regression Techniques」。均方根對數誤差是將真實值與預測值先取對數後，再帶入均方根誤差，公式如下：

★ **均方根對數誤差**

$$RMSLE = \sqrt{\frac{1}{n}\sum_{i=1}^{n}(\log(1+y_i) - \log(1+\hat{y}_i))^2}$$

在取對數之前，預測值與真實值雙方都先 +1，避免其中一項為 0 時，導致算式當中出現了 log(0) 而無法計算。均方根對數誤差有下述特色：

● 預測值低於真實值（預測值的數值較小）時，得受到較大的懲罰，因此均方根對數誤差常用於避免預測值比真實值還低。例如預估上門的人潮時，若預測人數比實際人數還少，可能會導致進貨量不夠、人手不足。

● 若資料的呈現偏態分佈，可以透過對數轉換，讓整體分佈稍微接近常態分佈。將目標變數（真實值，又稱標籤）轉換成對數時，雖然會讓訓練過程中，預測值跟真實值的差異都很小，但不影響模型訓練的概念。

■ RMSLE 在預測值比實際值還小，會被施以較大的懲罰

我們用同一組資料去測 RMSE 與 RMSLE，看看兩者差異為何。計算 RMSE 可以使用 scikit-learn 的 metrics.mean_squared_error()，計算 RMSLE 可以用 log 加上 mean_squared_error()，其實也能用 scikit-learn 的 metrics.mean_squared_log_error()。現在我們來看看 Jupyter Notebook 的範例程式。

▼ 準備函式

```
import numpy as np
from sklearn.metrics import mean_squared_error

# RMSE 函式
def rmse(y_true, y_pred):
    return np.sqrt(mean_squared_error(y_true, y_pred))
# RMSLE 函式
def rmsle(y_true: np.ndarray, y_pred: np.ndarray):
    rmsle = mean_squared_error(np.log1p(y_true), np.log1p(y_pred))
    return np.sqrt(rmsle)
```

▼ **使用相同的資料來輸出 RMSE 與 RMSLE**

```
# 準備資料
y_true = np.array([1000, 1000])          # 真實值
y_pred_low = np.array([600, 600])        # 預測（比真實值還小）
y_pred_high = np.array([1400, 1400])     # 預測（比真實值還大）

# 輸出 RMSE
print('RMSE')
print(rmse(y_true, y_pred_high))
print(rmse(y_true, y_pred_low))

print('--------------------')

# 輸出 RMSLE
print('RMSLE')
print(rmsle(y_true, y_pred_high))
print(rmsle(y_true, y_pred_low))
```

▼ **輸出**

```
RMSE
400.0
400.0
--------------------
RMSLE
0.3361867670217862
0.5101598447800129
```

　　從結果來看，使用 RMSE 的情況，無論預測值是高過真實值、還是低於真實值，其計算結果都是相同。但是使用 RMSLE 的情況，預測值低於真實值時，計算結果就會較大，表示懲罰較大。

■ **即便預測值與真實值的誤差絕對值相同，RMSLE 會給誤差比例值（ 編註： 誤差絕對值除以真實值）較大的資料更多懲罰**

　　接著我們單看 RMSLE，即使預測值跟真實值的誤差絕對值相同，但誤差比例值若有不同時，會有什麼樣的情況。

```
y_true = np.array([1000, 1000])
y_pred = np.array([1500, 1500])
print(f'RMSLE: {rmsle(y_true, y_pred)}')

y_true = np.array([100000, 100000])
y_pred = np.array([100500, 100500])
print(f'RMSLE: {rmsle(y_true, y_pred)}')
```

▼ 輸出

```
RMSLE: 0.40513205231824134
RMSLE: 0.004987491760291007
```

依此結果來看，即便預測值跟實際值的誤差絕對值相同，但誤差比例值較大時，所計算結果也會較大。

▼ 計算 RMSLE 的 scikit-learn 函式語法

```
sklearn.metrics.mean_squared_log_error(y_true, y_pred
    [, sample_weight=None, multioutput="uniform_average"])
```

 平均絕對誤差（Mean Absolute Error, MAE）

平均絕對誤差也是迴歸任務中常用的評價指標，將真實值與預測值的差異絕對值全部相加，再取平均。公式如下：

★ 平均絕對誤差

$$MAE = \frac{1}{n}\sum_{i=1}^{n}\left|y_i - \hat{y}_i\right|$$

相較於方均根誤差，平均絕對誤差不會將誤差取平方，故比較難被離群值所影響。在運用離群值較多的資料時，使用平均絕對誤差可以比方均根誤差得到較理想的結果。可是，在運用梯度計算來進行最佳化（訓練模型）時，多少會因為絕對值運算造成梯度不連續而有些困擾。Kaggle 平台上使用 MAE 作為評價指標的專案如「Allstate Claims Severity」。

決定係數（Coefficient of Determination，又稱 R^2）

決定係數是用來確認迴歸分析是否有效描述資料集的指標。其最大值為 1，越接近 1 則表示預測結果的準確率越高。

如同下述的公式，分母是真實值和其平均值的平方差值，分子是真實值和預測值的平方差值，由此可見，將 R^2 最大化就跟將 RMSE 最小化是相同的含義。Kaggle 平台上使用決定係數作為評價指標的專案如「Mercedes-Benz Greener Manufacturing」。

★ 決定係數

$$R^2 = 1 - \frac{\displaystyle\sum_{i=1}^{n}(y_i - \hat{y}_i)^2}{\displaystyle\sum_{i=1}^{n}(y_i - \overline{y})^2}$$

- n ：資料數
- y_i ：第 i 項的真實值
- $\hat{y}_i$ ：第 i 項的預測值
- $\overline{y}$ ：真實值的平均值

▼ 計算決定係數的 scikit-learn 函式語法

```
sklearn.metrics.r2_score (y_true, y_pred
  [, sample_weight=None, multioutput='uniform_average'])
```

2.2.2 二元分類任務的評價指標

進行貓狗圖像二元分類時，會有分類正確的狀況、也會有誤判的情形。為了要搞懂預測值與真實值之間的關係，會使用混淆矩陣（Confusion Matrix）。在此將小貓當作正例（Positive）、小狗當作負例（Negative），可得以下 4 種結果：

● 將小貓正確判定為小貓：真陽性（True Positive, TP）

● 將小狗正確判定為小狗：真陰性（True Negative, TN）

● 將小狗誤判為小貓：偽陽性（False Positive, FP）

● 將小貓誤判為小狗：偽陰性（False Negative, FN）

將上述情境以表格呈現如下，這就是混淆矩陣。

▼ 混淆矩陣

		預測值	
		正例	負例
真實值	正例	真陽性	偽陰性
	負例	偽陽性	真陰性

準確率與錯誤率

正確分類真陽性與真陰性的比例稱為準確率（Accuracy），公式如下：

2

★ 準確率

$$Accuracy = \frac{TP + TN}{TP + TN + FP + FN}$$

錯誤分類真陽性與真陰性的比例稱為錯誤率（Error Rate），公式如下：

★ 錯誤率

$$Error\ Rate = 1 - Accuracy$$

不過，資料當中正例與負例的比例可能不是均等的。換句話說，對於不均衡的資料，準確率難以適當評價模型的性能，因此在 Kaggle 平台上很少有專案指定用準確率當作評價指標（ 編註： 資料中有 99 隻小貓、1 隻小狗，那就全部預測小貓，即可獲得 99% 的準確率，很可惜這種模型用處不大）。Kaggle 平台上使用準確率作為評價指標的專案如「Text Normalization Challenge – English Language」。

▼ 計算準確率的 scikit-learn 函式語法

```
sklearn.metrics.accuracy_score (y_true, y_pred
    [, normalize=True, sample_weight=None])
```

精確率與召回率

預測為正例的資料（TP + FP）當中，真正是正例（TP）的比例稱為精確率（Precision）。

★ 精確率

$$Precision = \frac{TP}{TP + FP}$$

真正是正例的資料（TP + FN）當中，被預測為正例（TP）的比例稱為召回率（Recall）。換言之，這是一項評斷是否滴水不漏地抓出正例。召回率的值越高，就表示正例被誤判的情況越少。

★ 召回率

$$Recall = \frac{TP}{TP + FN}$$

想要減少誤判、就檢查精確率，想要盡可能地網羅所有的正例，就檢查召回率。然而，精確率跟召回率互為取捨（trade-off）的關係，前者若高、後者就低，如果不看其中一方的值，就有機會讓另一方的數值趨近於 1。從這點來看，精確率和召回率不太會同時使用，取而代之是接下來要介紹的能同時考量到精確率與召回率，也就是能平衡地反應模型性能的 F1-Score。

▼ 計算精確率的 scikit-learn 函式語法

```
sklearn.metrics.precision_score (y_true, y_pred
    [, labels=None, pos_label=1, average='binary',
    sample_weight=None, zero_division='warn'])
```

▼ 計算召回率的 scikit-learn 函式語法

```
sklearn.metrics.recall_score (y_true, y_pred
    [, labels=None, pos_label=1, average='binary',
    sample_weight=None, zero_division='warn'])
```

F1-Score 與 F β -Score

F1-Score 是精確率與召回率調和平均的評價指標，在統計學上稱為 F 值。

★ F1-Score

$$F1 = \frac{2}{\frac{1}{Precision} + \frac{1}{Recall}} = \frac{2 \times Precision \times Recall}{Precision + Recall} = \frac{2 \times TP}{2 \times TP + FP + FN}$$

分子裡面只包含了 TP，因此，若我們對調了真實值與預測值的正例和負例，得出的分數就會跟著改變。

F β -Score 是依據 F1-Score 來調整係數 β，改變對召回率的重視程度。換句話說，此評價指標可以使用參數 β 去調整精確率跟召回率的平衡。Kaggle 平台上使用 F1-Score 作為評價指標的專案如「Quora Insincere Questions Classification」；用 F β -Score 作為評價指標的專案如「Planet: Understanding the Amazon from Space」。

★ Fβ-Score

$$F\beta = \frac{(1+\beta^2)}{\frac{1}{Precision} + \frac{\beta^2}{Recall}} = (1+\beta^2) \times \frac{Precision \times Recall}{(\beta^2 \times Precision) + Recall}$$

▼ 計算 F1-Score 的 scikit-learn 函式語法

```
sklearn.metrics.f1_score (y_true, y_pred
    [, labels=None, pos_label=1, average="binary",
    sample_weight=None, zero_division="warn"])
```

```
sklearn.metrics.fbeta_score (y_true, y_pred, beta
    [, labels=None, pos_label=1, average='binary',
    sample_weight=None, zero_division='warn'])
```

2.2.3 將機率當作預測值的二元分類任務評價指標

二元分類並非都是「非 A 則 B」，也有將「有多少機率會是 A」視為預測結果的案例。接下來我們就看看該如何對這樣的案例來評估模型的優劣。

對數損失（Log Loss）

對數損失用來評價預測結果為 0 到 1 之機率值的模型表現是否良好。對數損失跟訓練模型使用的交叉熵（Cross Entropy）損失函數（誤差函數），其實是一樣的東西。交叉熵損失函數的部分還會在「4.1.4 訓練神經網路」詳述。

★ 訓練模型使用的交叉熵損失函數

$$E(w) = -\sum_{i=1}^{n} (t_i \log f_w(x_i) + (1 - t_i) \log(1 - f_w(x_i)))$$

★ 對數損失

$$logloss = -\frac{1}{n} \sum_{i=1}^{n} (y_i \log p_i + (1 - y_i) \log(1 - p_i)) = -\frac{1}{n} \sum_{i=1}^{n} \log p_i'$$

- n：資料數

- y_i：真實值是正例則為 1，反之為 0

- p_i：預測為正例的機率

- p_i'：預測出真實值（正確答案）的機率，真實值是正例時為 p_i，是負例時則為 $1 - p_i$。

對數損失是先求出預測機率的對數，再加上負號的數值。因此數值越低，模型就越好。上面提到的準確率是用正確預測的正例及負例所佔的比例計算而得，比例越高代表模型比較有機會做出正確的預測，並不會考慮預測有多正確或多錯誤。但對數損失的預測結果，若將正確答案是正例，卻預測是負例的機率很大（ 編註: 錯的很離譜）、或反過來將正確答案是負例，卻預測是正例的機率很大，就會接受到更大的懲罰。Kaggle 平台上使用對數損失作為評價指標的專案如「Statoil/C-CORE Iceberg Classifier Challenge」。

▼ 計算對數損失的函式

```python
import numpy as np
import math

def logloss(true_label, predicted, eps = 1e-15):
    # 控制輸入值的範圍
    p = np.clip(predicted,   # 欲處理的資料
                eps,         # 最小值
                1 - eps)     # 最大值
    if true_label == 1:
        return -math.log(p)
    else:
        return -math.log(1 - p)
```

▼ 正確答案為 1，而出現 1 的機率被預測為 0.9

```
logloss(1,0.9)
```

▼ 輸出

```
0.10536051565782628
```

▼ 正確答案為 1，而出現 1 的機率被預測為 0.5

```
logloss(1,0.5)
```

▼ 輸出

```
0.6931471805599453
```

▼ 正確答案為 0，而出現 1 的機率被預測為 0.2

```
logloss(0,0.2)
```

▼ 輸出

```
0.2231435513142097
```

▼ 計算對數損失的 scikit-learn 函式語法

```
sklearn.metrics.log_loss (y_true, y_pred
    [, eps=le-15, normalize=True, sample_weight=None, labels=None])
```

 AUC

　　AUC（Area Under the Curve）會依據 ROC（Receiver Operating Characteristic）所繪製的曲線來計算，是二元分類的評價指標。ROC 曲線是依據真陽性率（True Positive Rate, TPR）（ 編註： 跟召回率一樣）

與假陽性率（False Positive Rate, FPR）所繪製而成的曲線。

● X 軸為假陽性率，FP/(FP+TN)

● Y 軸為真陽性率，TP/(TP+FN)

　　真陽性率指在所有的正例當中正確預測出正例的比率，假陽性率則是在所有的負例當中誤判為正例的比率。AUC 則是該曲線下方所覆蓋的面，AUC 面積越大就表示模型性能越佳。

　　面積越大，就等同於模型鮮少將應判斷為負例的樣本誤判為正例，並且將應判定為正例的樣本正確判斷為正例。Kaggle 平台上使用 AUC 作為評價指標的專案如「Home Credit Default Risk」。

▼ **ROC 曲線與 AUC**

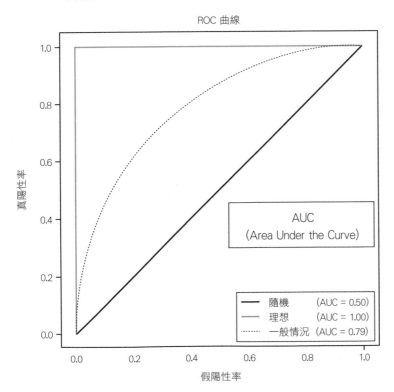

- 預測結果完全正確時，ROC 曲線會通過圖中的（0.0, 1.0），AUC 為 1。

- 預測結果為隨機狀態時，ROC 曲線會通過大約是對角線，AUC 約 為 0.5。

- 將預測值反轉（1 － 原始預測值）時，AUC 為「1 －原本的 AUC」。

▼ 計算曲線 AUC 的 scikit-learn 函式語法

```
sklearn.metrics.roc_auc_score (y_true, y_pred
    [, average='macro', sample_weight=None, max_fpr=None,
    multi_class='raise', labels=None])
```

2.2.4 多元分類任務的評價指標

多元分類就是分類類別超過兩種以上的任務。擴充二元分類任務的評價指標後，即可應用在多元分類的任務。

 Multi-Class Accuracy

這是將二元分類的準確率（Accuracy）應用到多元分類上的評價指標。計算方式為所有正確預測的資料數量除以所有資料數量。Kaggle 平台上使用 Multi-Class Accuracy 作為評價指標的專案如「TensorFlow Speech Recognition Challenge」。

▼ 計算 Multi-Class Accuracy 的 scikit-learn 函式語法

```
sklearn.metrics.accuracy_score (y_true, y_pred
    [, normalize=True, sample_weight=None])
```

Multi-Class Log Loss

這是將二元分類的對數損失（Log Loss）擴充應用到多元分類上的評價指標。取出該資料所屬類別的預測機率的對數，再將其符號進行反轉，最後加總取平均。Kaggle 平台上使用 Multi-Class Log Loss 作為評價指標的專案如「Two Sigma Connect: Rental Listing Inquiries」。

★ Multi-Class Log Loss

$$multiclasslogloss = -\frac{1}{n}\sum_{i=1}^{n}\sum_{m=1}^{k} y_{i,m} \log p_{i,m}$$

- n：資料數
- m：類別數
- $y_{i,m}$：第 i 筆資料屬於類別 m 的話則為 1、反之則為 0
- $p_{i,m}$：第 i 筆資料屬於類別 m 的預測機率

由於每一筆資料對所有類別的預測機率之加總必須為 1，倘若無法變成 1 的話，計算時會自動調整。

▼ 計算對數損失的 scikit-learn 函式語法

```
sklearn.metrics.log_loss (y_true, y_pred
    [, eps=le-15, normalize=True, sample_weight=None, labels=None])
```

▼ 計算 Multi-Class Log Loss

```
import numpy as np
from sklearn.metrics import log_loss

# ［類別 1 的正確答案，類別 2 的正確答案，類別 3 的正確答案］
y_true = np.array([0, 1, 2])
# 預測機率［類別 1，類別 2，類別 3］
y_pred = np.array([[0.55, 0.45, 0.00],
```

→ 接下頁

```
                              [0.85, 0.00, 0.15],
                              [0.25, 0.75, 0.00]])
log_loss(y_true, y_pred)
```

▼ 輸出

```
23.225129930192328
```

Mean-F1／Macro-F1／Micro-F1

將運用於二元分類當中的 F1-Score 擴充到多元分類後，就成為了 Mean-F1、Macro-F1、Micro-F1。Kaggle 平台上使用 Mean-F1 作為評價指標的專案如「Instacart Market Basket Analysis」；用 Macro-F1 作為評價指標的專案如「Human Protein Atlas Image Classification」。

● Mean-F1：以每筆資料為單位求出 F1-Score，取其平均值即為 Mean-F1。

● Macro-F1：求出每個類別的 F1-Score，取其平均即為 Macro-F1。

● Micro-F1：用所有資料的預測值計算 TP、TN、FP、FN 後，排成混淆矩陣後求出 F1-Score，就是 Micro-F1。

在 scikit-learn 的 mertrics.f1_score() 中，計算上述三者時的設定分別為：Mean-F1 是 average='samples'、Macro-F1 是 average='macro'、Micro-F1 是 average='micro'。

▼ 計算 Mean-F1／Macro-F1／Micro-F1 的 scikit-learn 函式語法

```
sklearn.metrics.f1_score (y_true, y_pred
    [, labels=None, pos_label=1, average='binary',
    sample_weight=None, zero_division='warn'])
```

▼ 計算 Mean-F1／Macro-F1／Micro-F1

```
import numpy as np
from sklearn.metrics import f1_score

# [[ 資料 1 的正確答案 ], [ 資料 2 的正確答案 ], [ 資料 3 的正確答案 ]
y_true = np.array([[1, 2], [1], [1, 2, 3]])
# 對真實值執行 one-hot 編碼
y_true = np.array([[1, 1, 0],
                   [1, 0, 0],
                   [1, 1, 1]])

# [[ 資料 1 的預測結果 ], [ 資料 2 的預測結果 ], [ 資料 3 的預測結果 ]
y_pred = np.array([[1, 3], [2], [1, 3]])
# 對預測值執行 one-hot 編碼
y_pred = np.array([[1, 0, 1],
                   [0, 1, 0],
                   [1, 0, 1]])

print('Mean-F1 :', f1_score(y_true, y_pred, average='samples'))
print('Macro-F1:', f1_score(y_true, y_pred, average='macro'))
print('Micro-F1:', f1_score(y_true, y_pred, average='micro'))
```

▼ 輸出

```
Mean-F1 : 0.43333333333333335
Macro-F1 : 0.48888888888888893
Micro-F1 : 0.5454545454545454
```

■ Quadratic Weighted Kappa（權重 Kappa 係數）

此為含有加權的評價指標，用於類別之間具有順序關聯性的情況。

★ Quadratic Weighted Kappa

$$\kappa = 1 - \frac{\sum_{i,j} w_{i,j} O_{i,j}}{\sum_{i,j} w_{i,j} E_{i,j}}$$

- $w_{i,j}$：矩陣中每個 Cell 的權重。$w_{i,j} = (i-j)^2$。
- $O_{i,j}$：真實值為類別 i、預測值為類別 j 的資料筆數
- $E_{i,j}$：真實值為類別 i、預測值為類別 j 的資料筆數期望值

★ 小編補充 **Quadratic Weighted Kappa 計算實際範例**

首先，將模型的預測結果以及正確答案排成矩陣 $O_{i,j}$：

預測值 ＼ 實際值	1	2	小計
1	30	10	40
2	15	45	60
小計	45	55	100

接著，計算各種情況的資料筆數期望值矩陣 $E_{i,j}$：

預測值 ＼ 實際值	1	2	小計
1	18	22	40
2	27	33	60
小計	45	55	100

$$E_{1,1} = 40 \times 45 \div 100 = 18$$
$$E_{1,2} = 40 \times 55 \div 100 = 22$$
$$E_{2,1} = 60 \times 45 \div 100 = 27$$
$$E_{2,2} = 60 \times 55 \div 100 = 33$$

並且設定權重矩陣 $w_{i,j} = (i-j)^2$：

預測值 ＼ 實際值	1	2
1	0	1
2	1	0

最後，帶入公式：

$$\kappa = 1 - \frac{\sum_{i,j} w_{i,j} O_{i,j}}{\sum_{i,j} w_{i,j} E_{i,j}} = 1 - \frac{0 \times 30 + 1 \times 10 + 1 \times 15 + 0 \times 45}{0 \times 18 + 1 \times 22 + 1 \times 27 + 0 \times 33} \cong 0.49$$

Kappa 係數（又稱 Cohen's Kappa，科恩卡帕係數）用於判斷真實值與預測值兩者一致程度。可是，倘若有 3 種以上的類別時，只要稍微偏離一點點就將樣本視為不正確的話，預測一點不準跟預測很不準都會被標示為同樣的狀態，這麼一來就很難去斷言說一致性究竟是高還是低。有鑑於此，以單純的 Kappa 係數來加上點巧思，也就是加上權重，就形成「權重 Kappa 係數」。

Kappa 係數的分數顯示為－1 到 1，一般而言會認為超過 0.8 的分數已算是具備了良好的一致性，反之小於零的數值則代表了不一致。Kaggle 平台上使用權重 Kappa 係數作為評價指標的專案如「Prudential Life Insurance Assessment」。

▼ **Kappa 係數解讀參考**

小於 0	不一致
0.00～0.20	鮮少一致
0.21～0.40	大致上一致
0.41～0.60	一致性適中
0.61～0.80	非常一致
0.81～1.00	幾乎一致

▼ **計算權重 Kappa 係數的 scikit-learn 函式語法**

```
sklearn.metrics.cohen_kappa_score (y1, y2
    [, labels=None, weight=None, sample_weight=None])
```

▼ **計算權重 Kappa 係數**

```
from sklearn.metrics import cohen_kappa_score

y_true = [2, 0, 2, 2, 0, 1]
y_pred = [0, 0, 2, 2, 0, 2]
cohen_kappa_score(y_true, y_pred, weights='quadratic')
```

▼ 輸出

0.5454545454545454

2.3 機器學習的資料集

介紹完機器學習的任務以及評價指標，接下來我們要來介紹用於訓練、預測的資料集。不同的任務，會提供的資料也不盡相同。本節會描述資料的型態，以及資料的分割。

2.3.1 資料的型態

表格資料

資料以表格形式提供稱為表格資料。表格資料當中的一筆資料，都有對應的行（Column）列（Row）索引。表格資料通常使用線性迴歸分析或是邏輯斯迴歸（Logistic Regression）、隨機森林、梯度提升決策樹、LightGBM 等模型，有時也會使用神經網路。表格資料大多是以逗號為分隔的檔案格式儲存資料（也有如 TSV 這類其他類型的檔案），所以可以將資料讀取到 Pandas 的 DataFrame 中去進行分析。不過，雖說理想上表格當中都填滿數值或文字，但有時候還是會有缺失值需要處理。Kaggle 的「Titanic: Machine Learning from Disaster」專案即是提供表格資料。

▼「Titanic: Machine Learning from Disaster」中所提供的表格資料

	train_id	name	item_condition_id	category_name	brand_name	price	shipping	item_description
0	0	MLB Cincinnati Reds T Shirt Size XL	3	Men/Tops/T-shirts	NaN	10.0	1	No description yet
1	1	Razer BlackWidow Chroma Keyboard	3	Electronics/Computers & Tablets/Components & P...	Razer	52.0	0	This keyboard is in great condition and works ...
2	2	AVA-VIV Blouse	1	Women/Tops & Blouses/Blouse	Target	10.0	1	Adorable top with a hint of lace and a key hol...
3	3	Leather Horse Statues	1	Home/Home Décor/Home Décor Accents	NaN	35.0	1	New with tags. Leather horses. Retail for [rm]...
4	4	24K GOLD plated rose	1	Women/Jewelry/Necklaces	NaN	44.0	0	Complete with certificate of authenticity
...	...	...	...	...	...	...	...	...
1482530	1482530	Free People Inspired Dress	2	Women/Dresses/Mid-Calf	Free People	20.0	1	Lace, says size small but fits medium perfectl...
1482531	1482531	Little mermaid handmade dress	2	Kids/Girls 2T-5T/Dresses	Disney	14.0	0	Little mermaid handmade dress never worn size 2t
1482532	1482532	21 day fix containers and eating plan	2	Sports & Outdoors/Exercise/Fitness accessories	NaN	12.0	0	Used once or twice, still in great shape.
1482533	1482533	World markets lanterns	3	Home/Home Décor/Home Décor Accents	NaN	45.0	1	There is 2 of each one that you see! So 2 red ...
1482534	1482534	Brand new lux de ville wallet	1	Women/Women's Accessories/Wallets	NaN	22.0	0	New with tag, red with sparkle. Firm price, no...

1482535 rows × 8 columns

圖像資料

　　機器學習中常對圖像資料做物體辨識。在物體辨識當中，又分為將圖像進行二元分類、或多元分類的圖像分類任務，還有在圖片中用矩形框住物體進行辨識的物體偵測。而這兩者的訓練資料與測試資料都是以圖像資料的方式提供。資料的格式除了有以 JPEG 的圖檔外，還有可以直接從程式讀取的像素資料陣列。Kaggle 的「Dogs vs. Cats Redux: Kernels Edition」專案即是提供圖像資料。

▼「Dogs vs. Cats Redux: Kernels Edition」提供的 JPEG 格式圖像資料

🧊 時間序列資料

依據時間順序來記錄的資料，就稱為時間序列資料。比如預估餐廳人潮或設施參觀人數的應用中，資料就是依據日期記錄的來客數量。另外，在預測使用者未來預期購買的商品的任務當中，也會提供依時序排列的購買歷程。

只不過，資料並非完全都是依照時序在排列的。有的是使用 ID 號碼依序排列，也當作是時間序列資料。舉例來說，資料當中每列記錄了商品名稱或說明內容等文字，就把列的順序視為是時間序列，以「時間序列資料」的方式提供。這其實是嘗試對資料的排列順序賦予意義。

時間序列資料所運用的分析手法，大多使用神經網路模型。專門用於處理時間排列問題的「循環神經網路（Recurrent Neural Network, RNN）」是炙手可熱，視情況不同，有時也會運用「卷積神經網路

（Convolutional Neural Network, CNN）」等神經網路。但是神經網路的處理時間非常耗時，有些時候為了要縮短時間的耗損，會使用迴歸分析或是隨機森林這些非神經網路的模型。

2.3.2　資料的分割

 訓練資料

　　建立機器學習模型的過程中，模型會試圖找尋資料中重要的特徵。在建模過程所使用的資料，具有「使用資料來訓練模型」的功能，因此就稱為訓練資料。

 測試資料

　　當模型建立完成之後，我們就可以拿模型去預測另一群「模型在訓練過程中不曾看過的資料」，來確定模型是具有好的預測力，還是模型單純將訓練資料全部背下來，對於沒看過的資料還是無法派上用場。因此，我們稱這些資料為測試資料。

 驗證資料

　　有些時候，我們希望在訓練模型的同時，也可以知道模型的預測力；而不是每次都要等到模型訓練完之後，才使用測試資料來得知模型的好壞。此外，有時候我們並不知道測試資料的標準答案。因此，將所有具有標準答案的資料，切分成訓練用跟驗證用，是訓練機器學習模型的過程中，常常使用的方法。驗證用的部分即稱為驗證資料，這部份我們留到 2.6 節在跟大家介紹。

> ## Kaggle 平台上的表格資料
>
> Kaggle 平台上的表格資料大多會以這 3 種檔案為主：
>
> - train.csv（訓練資料）
>
> - test.csv（測試資料）
>
> - gender_submission.csv（測試資料的預測值）
>
> 我們使用 train.csv 訓練模型，接著使用訓練好的模型對 test.csv 做預測，最後依據 gender_submission.csv 的格式另存相同名稱的檔案，提交出去。

2.4 資料的預處理

機器學習任務所取得的資料，有些可以直接用來分析、訓練，但也有無法直接用的資料，例如資料有部分缺漏、檔案過大等。此時就要透過「預處理」，又稱為特徵工程（Feature Engineering），讓資料能夠利用。預處理通常就是做以下兩件事情：

- 將無法使用的資料格式轉換為機器學習演算法能處理的格式

- 使用原始資料來新增適合機器學習演算法的特徵

無論是讓資料可以用來訓練模型，或是使用加工後資料讓訓練模型過程更順，都是特徵工程的目的。

2.4.1 確認資料的綱要

Pandas 資料庫當中的 profile_report() 函式,可以方便檢視資料的綱要。將 CSV 格式的檔案讀取到 Pandas 的 DataFrame,並對該 DataFrame 執行 profile_report(),就能顯示以下的報告。

● Overview

● Variables

● Correlations

● Missing Values

● Sample

我們就實際用 Kaggle 上練習用的「Titanic: Machine Learning from Disaster」來做為範例,輸入下述的程式碼,來輸出訓練資料的綱要。

▼ 查看「Titanic: Machine Learning from Disaster」資料綱要

```
import pandas as pd
import pandas_profiling

train = pd.read_csv('../input/titanic/train.csv')
train.profile_report()
```

Overview

Overview 的 Dataset info 會顯示資料集的基本資訊,其中「Number of variables」為特徵跟標籤總數,也可以看成行數;「Number of observations」為資料筆數,也可以看成列數。因此,這個訓練資料集有 891 列、12 行。

▼ Overview 的 Dataset info

Dataset statistics		Variable types	
Number of variables	12	CAT	6
Number of observations	891	NUM	5
Missing cells	866	BOOL	1
Missing cells (%)	8.1%		
Duplicate rows	0		
Duplicate rows (%)	0.0%		
Total size in memory	322.0 KiB		

PassengerId（Variables）

看完 Overview 之後，我們可以接著往下看到各行的基本資訊。PassengerId 是辨識乘客的 ID 號碼。

▼ PassengerId

PassengerId Real number ($\mathbb{R}_{\geq 0}$) UNIFORM UNIQUE	Distinct count	891	Mean	446
	Unique (%)	100.0%	Minimum	1
			Maximum	891
	Missing	0		
	Missing (%)	0.0%	Zeros	0
	Infinite	0	Zeros (%)	0.0%
	Infinite (%)	0.0%	Memory size	7.1 KiB

Survived（Variables）

這是生還者的情況。Distinct count 是 2，表示存在著 2 種類別。死亡（標籤為 0）這個類別有 549 筆，生存（標籤為 1）這個類別有 342 筆。

▼ Survived

Survived Boolean	Distinct count	2		0	549
	Unique (%)	0.2%		1	342
	Missing	0			
	Missing (%)	0.0%			
	Memory size	7.1 KiB			

Pclass（Variables）

船票分為 1 等、2 等、3 等的級別。1 等有 216 筆資料，2 等有 184 筆資料，3 等有 491 筆資料。

▼ Pclass

Pclass Categorical	Distinct count	3		3	491
	Unique (%)	0.3%		1	216
	Missing	0		2	184
	Missing (%)	0.0%			
	Memory size	7.1 KiB			

Name（Variables）

乘客的姓名，屬於文字資料。

▼ Name

Name Categorical	Distinct count	891		McCarthy, Mr. Timothy J	1
HIGH CARDINALITY UNIFORM UNIQUE	Unique (%)	100.0%		Ross, Mr. John Hugo	1
	Missing	0		Pekoniemi, Mr. Edvard	1
	Missing (%)	0.0%		Shelley, Mrs. William (I...	1
	Memory size	7.1 KiB		Barah, Mr. Hanna Assi	1
				Other values (886)	886

Sex（Variables）

此為顯示性別的資料。男性為 557 位，女性為 314 位。

▼ **Sex**

Sex Categorical	Distinct count	2	male	577
	Unique (%)	0.2%	female	314
	Missing	0		
	Missing (%)	0.0%		
	Memory size	7.1 KiB		

 Age（Variables）

乘客年齡。在此出現了 177 個缺失值。平均是 29.69，最小值是 0.42，最大值是 80。旁邊還顯示了長條圖。

▼ **Age**

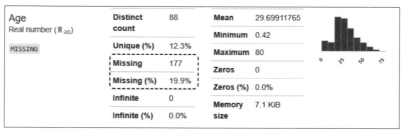

 SibSp（Variables）

一起搭船的兄弟姐妹與配偶人數。長條圖當中的 0.0 意思是沒有手足或配偶，1 則是有 1 位兄弟姐妹或配偶。最大值為 8。

▼ SibSp

SibSp Real number ($\mathbb{R}_{\geq 0}$) ZEROS	Distinct count	7	Mean	0.5230078563
	Unique (%)	0.8%	Minimum	0
	Missing	0	Maximum	8
	Missing (%)	0.0%	Zeros	608
	Infinite	0	Zeros (%)	68.2%
	Infinite (%)	0.0%	Memory size	7.1 KiB

Parch (Variables)

這是一起搭船的父母與小孩的人數。長條圖中的 0.0 是指沒有父母或小孩。最大值則為 6。

▼ Parch

Parch Real number ($\mathbb{R}_{\geq 0}$) ZEROS	Distinct count	7	Mean	0.3815937149
	Unique (%)	0.8%	Minimum	0
	Missing	0	Maximum	6
	Missing (%)	0.0%	Zeros	678
	Infinite	0	Zeros (%)	76.1%
	Infinite (%)	0.0%	Memory size	7.1 KiB

Ticket (Variables)

船票的號碼當中有 681 種的號碼。「1601」、「347082」、「CA 2343」各重複 7 次，而「347088」、「CA 2144」則是重複了 6 次。

▼ Ticket

Ticket Categorical HIGH CARDINALITY UNIFORM	Distinct count	681
	Unique (%)	76.4%
	Missing	0
	Missing (%)	0.0%
	Memory size	7.1 KiB

1601	7
347082	7
CA. 2343	7
347088	6
CA 2144	6
Other values (676)	858

Fare（Variables）

票價。最小值是 0，最大值是 512.3292。

▼ **Fare**

Fare Real number (ℝ≥0) ZEROS	Distinct count	248	Mean	32.20420797
	Unique (%)	27.8%	Minimum	0
	Missing	0	Maximum	512.3292
	Missing (%)	0.0%	Zeros	15
	Infinite	0	Zeros (%)	1.7%
	Infinite (%)	0.0%	Memory size	7.1 KiB

 Cabin（Variables）

　房間編號當中有 147 種號碼。缺失值為 687，佔了整體的 77.1%。「G6」、「B96、B98」、「C23、C25、C27」各重複了 4 次「D」、「C22、C26」則各重複了 3 次。

▼ **Cabin**

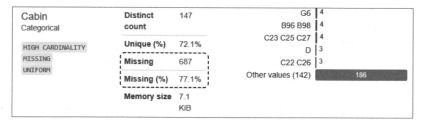

Cabin Categorical HIGH CARDINALITY MISSING UNIFORM	Distinct count	147	G6	4
	Unique (%)	72.1%	B96 B98	4
	Missing	687	C23 C25 C27	4
	Missing (%)	77.1%	D	3
	Memory size	7.1 KiB	C22 C26	3
			Other values (142)	186

 Embarked（Variables）

　這裡顯示的是乘客分別在哪些港口上船的資訊。港口總數為 3，可以看出每個港口有多少人上船。缺失值為 2。

▼ Embarked

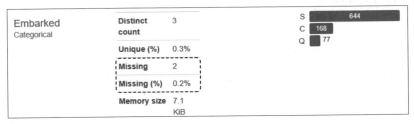

2.4.2 如何補足缺失值

所取得的機器學習資料集中，可能因記錄上的疏漏，而導致有一部分的資料會有不存在（缺漏）的情況產生。我們將這些資料稱之為缺失值。明明不存在，卻還以「值」字為其命名，也許有點奇怪，不過這基本上就是用來辨別資料是否存在／不存在的慣用詞。資料若有缺失，會依情況採取以下的方法：

● 雖有缺失值，但若不影響分析，可直接使用資料

● 使用足以代表該資料的數值來補足（如平均數或是中位數）

● 從其他行的資料來預測缺失值為何，進而補足缺失的數值

● 使用顯示缺失值的資料進行補足（ 編註： 比如新增一個二元變數來顯示是否有缺失值）

其他像是排除含有缺失值的列，或是刪除含有缺失值的行，也是應對的方法。倘若資料量充足，認為排除掉含有缺失值的資料也不會影響分析的話，不妨嘗試看看。不過，實際上用於預測的測試資料經常是缺東漏西，這時候可不能將這些含有缺失值的資料刪掉。無論是排除、或刪除，都是人為減少了可以用於分析的資訊量，並非上策。

就直接使用缺失值

梯度提升決策樹或 LightGBM 是可以直接處理缺失值。畢竟缺失值所代表的就是「資料有缺少」這件事，勉強補足、或者逐一刪除都不是良方。

另外，也可以將缺失值的部分用 -9999 這類一般來說不會出現的數值「取而代之」，因而得以能夠處理缺失值。不過帶入這種不尋常的數值其實還是近似於將其視為缺失值，故我們不稱「補足」，而是稱「帶入」。

 ## 將缺失值替換為代表值

事實上，要讓缺失值不復存在，最單純也最常用的方式，其實就是在缺失值的位置填入該行的代表值。不過，這樣的思維是來自於「填入看起來最有可能的數值」，故缺失值得是隨機發生才可行。倘若產生缺失值的原因並非隨機，而是某種特定因素所導致，且有所偏頗的話，也許就得使用稍後介紹的方法將缺失值本身轉化為資料，或是運用其他方式來處理。以下提供 2 種可以考慮使用的代表值：

■ 填入平均數

最廣為人知的代表值，就是平均數。求出含有缺失值的那一行之平均值，填入缺漏的欄位。另外，有些表格資料可以使用別的特徵將資料分組，並針對含有缺失值的那筆資料所在的組別，計算出該組別的平均後填入缺失欄位。不同組別的缺失值變化很大時，這方法是滿有效的。

■ 填入貝氏平均

若想要用特定組別的平均數來填入缺失欄位，但特定組別的資料筆數過少，那麼求出的平均數很可能是不具意義。此時，可嘗試運用貝氏推論（Bayesian inference）當中的「貝氏平均」來計算平均值：

$$\bar{x} = \frac{\sum_{i=1}^{n} x_i + C \times m}{n + C}$$

用特定組別的資料 n 筆，以及觀測值為 m 的資料 C 筆（**編註：** 可以想像成虛擬的資料），一起計算平均數並帶入缺失的欄位。這時就會疑惑 m 值該是多少，可以考慮使用缺失值所在的組別之外的資料算出一個平均值，來做為 m 值。由此得出的貝氏平均，在特定組別的資料數量少的時候就會趨近於 m，資料數量多的時候就會接近該特定組別之平均數。

■ 填入中位數或是對數轉換之後的平均值

商品售價或年薪這類資料分佈較不均等的數據，可能存在著離群值，基本上就不採用平均數，而是使用中位數。另外，倘若資料的分佈極度偏頗，還能整個資料做對數轉換之後再來求出平均數。這是因為透過對數轉換，可以將分佈偏頗的資料轉化為接近於常態分佈。若含有缺失值該行的資料，之後都要使用對數轉換後的數值，那可以直接將對數轉換後的平均數填入缺失欄位；反之，若該行的資料還是要使用原始數值，那記得算出對數轉換後的平均數，必須在做指數轉換後才能填入缺失欄位。

用缺失值製作新的特徵量

實際上缺失值鮮少完全呈現隨機狀態，大多是以某種程度的偏頗狀態分散於資料當中。我們可以將此視為缺失值本身其實是具備了某種資訊在裡面的。因此，就可以從缺失值來製作特徵量，而最單純的方式就是「製作能判斷是否為缺漏的二元變數」。假如，缺失值存在於多個行當中，那麼就針對每一行都製作一個是否有缺失值的二元變數。

2.4.3 數值資料的預處理

數值資料雖能直接訓練模型，還是可以施以某些巧思，使其成為「更適用於分析的資料」。預處理可以用來產生新的特徵給模型，也可以用來改變特徵的數值大小。不過，那些巧思用在隨機森林或梯度提升決策樹上，不一定會有用（ **編註：** 理想上這類模型只關注特徵之間的大小關係，特徵本身數值大小不會影響模型）。接下來介紹的方法不是以產生新特徵為主，而是通常滿有效的一些改變特徵數值大小的方法。

控制資料的範圍

這個方法是將資料依據特定的規則進行改造，讓我們更能妥善運用。至於為什麼要這樣做，從神經網路模型的觀點來看，有以下兩個理由：

● 讓所有特徵的尺度（Scale）一致

● 因為激活函數的輸出為 0～1.0，為了配合激活函數，就將資料尺度控制在 0～1.0

第 1 個理由，是我們在將資料輸入到神經網路模型時，如果特徵的尺度一致，可以讓資料帶給計算結果的影響都類似。第 2 個理由，神經網路中的每個神經元都有激活函數，而激活函數正是用來輸出「機率」的函數，其數值落在 0～1.0 範圍中。激活函數輸出的數值都會加上權重的調整值，傳給下一個神經元，為了不讓權重過大、或過小，就得讓輸入特徵的尺度盡量配合激活函數的輸出值範圍。更深入的部分會在第 4 章介紹神經網路時提及。

常見控制資料範圍的方法有以下 2 種：

■ **正規化（Min-Max Scaling）**

正規化是將資料「限制」在 0～1.0 之間，又稱為「Min-Max Scaling」。正規化的公式如下：

$$\widetilde{x} = \frac{x - x_{min}}{x_{max} - x_{min}}$$

處理圖像資料時很常使用正規化。無論是灰階圖像、還是彩色圖像的 RGB 值，都會以 0～255 的像素數值來表示。最小值為 0，最大值為 255（二進數的 8 個位元都是 1 時），所以大多不會用之後會提到的標準化，而是選用正規化。以下我們示範如何將手寫數字圖像「MNIST」的資料集讀進程式，把 0～255 的灰階圖像像素數值藉由正規化限制在 0～1.0。

▼ **將「MNIST」讀進程式中**

```
# 輸入 MNIST 資料集
from tensorflow.keras.datasets import mnist
# MNIST 資料集讀到 NumPy 陣列中
(x_train, y_train), (x_test, y_test) = mnist.load_data()
# 輸出第 0 張圖的第 5 列
print(x_train[0][5])
```

▼ **輸出**

```
[  0   0   0   0   0   0   0   0   0   0   0   0   3  18  18  18 126 136
 175  26 166 255 247 127   0   0   0   0]
```

▼ **對訓練資料執行正規化，輸出同一列資料來比較**

```
(x_train/255.0)[0][5]
```

```
[0.         , 0.         , 0.         , 0.         , 0.         ,0.          ,
 0.         , 0.    、   , 0.         , 0.         , 0.         , 0.          ,
 0.01176471, 0.07058824, 0.07058824, 0.07058824, 0.49411765, 0.53333333,
 0.68627451, 0.10196078, 0.65098039, 1.         , 0.96862745, 0.49803922,
 0.         , 0.         , 0.         , 0.         ]
```

■ 標準化

　　標準化是將資料「收斂」在 0～1.0 之間，作法是將資料轉變為「平均數 = 0，標準差 = 1」（不過並不會變成 0 或 1.0 這種極端值）。要做標準化，就需要算標準化前資料的平均數與標準差。標準化公式：

$$\widetilde{x} = \frac{x - \mu_x}{\sigma_x}$$

　　每個資料與平均數 μ_x 的差值稱為誤差。我們求出誤差平方和的平均，再開根號，就得出標準差 σ_x，標準差是用來評估每筆資料究竟跟平均值差多少的指標。

　　資料標準化就是執行「資料的誤差除以標準差」，如此一來，就能將資料中的數據轉換為距離平均值多少誤差的數值。執行了標準化後，資料的分佈就會變成「平均數 =0，標準差 =1」的「標準常態分佈」。而原本資料當中的分佈狀態依然還保留著，因此使用標準化的資料，並不需要特別改變訓練模型的方法。接著我們一樣以 MNIST 為例，來介紹如何使用 numpy.std() 函式求出標準差、執行標準化。

▼ 對訓練資料執行標準化，輸出第 0 張圖的第 5 列

```
import numpy as np
xmean = x_train.mean()        # 求其平均值
xstd  = np.std(x_train)       # 求其標準差值
# 對訓練資料執行正規化，輸出第 0 張圖的第 5 列
((x_train-xmean)/xstd)[0][5]
```

▼ 輸出

```
array([-0.42407389, -0.42407389, -0.42407389, -0.42407389, -0.42407389,
       -0.42407389, -0.42407389, -0.42407389, -0.42407389, -0.42407389,
       -0.42407389, -0.42407389, -0.38589016, -0.1949715 , -0.1949715 ,
       -0.1949715 ,  1.17964286,  1.30692197,  1.80331049, -0.09314822,
        1.68875929,  2.82154335,  2.71972006,  1.19237077, -0.42407389,
       -0.42407389, -0.42407389, -0.42407389])
```

使用對數轉換來趨近於常態分佈

正規化或標準化當中,可以讓資料的分佈放大或縮小,但是資料分佈的「形狀」並不會產生變化。但有時資料的分佈並非都是漂亮的山字形,有可能左邊或右邊的其中一側特別細長。舉例來說,商品售價的資料中,售價可能集中在較低廉的價位,而高價位的部分圖形就較容易顯得細長。遇到這樣的情況,就可以使用對數轉換,讓資料趨近於常態分佈。

對數轉換就如同其字面的含義,即是使用對數運算來改變資料的尺度。只是,對數轉換後資料的分佈形狀會跟著變化。當資料的尺度較大時,會因為對數轉換的關係而導致範圍被縮小;反之,較小的尺度會被放大。如此一來,細長的分佈圖形狀就會趨近山字形。算式中會以 log(x+1) 的方式,加上 1 再來求出對數。對應的 Numpy 函式庫為 log1p()。

▼ 對數轉換範例

```python
import numpy as np
x = ([1.0, 10.0, 100.0, 1000.0, 10000.0])
np.log1p(x)
```

▼ 輸出

```
array([0.69314718, 2.39789527, 4.61512052, 6.90875478, 9.21044037])
```

2.4.4 類別資料的預處理

除了可以用數值資料訓練模型，類別資料也是常見的資料形式。例如代表服裝尺寸的「Small」、「Medium」、「Large」，就是依據類別進行分類的資料。雖然類別資料大多以文字型態呈現，不過在圖像分類時，也能將標籤轉換數字。

 Label encoding

欲將類別變數轉為數值，通常會使用 Label encoding。例如在某組分為 6 個等級的類別變數當中，將各個等級轉換為數字 0～5。

▼ Label encoding

```python
from sklearn.preprocessing import LabelEncoder

data = ['A1','A2','A3','B1','B2','B3','A1','A2','A3']
le = LabelEncoder()   # 建立 LabelEncoder
le.fit(data)          # 將 LabelEncoder 初始化
print(le.classes_)    # 確認產生的 Label
```

▼ 輸出

```
['A1' 'A2' 'A3' 'B1' 'B2' 'B3']
```

▼ 進行編碼

```python
print(le.transform(data))
```

▼ 輸出

```
[0 1 2 3 4 5 0 1 2]
```

　　這邊使用了 scikit-learn 的 LabelEncoder。用 LabelEncoder 的 fit() 後，各個類別就會有一個編碼。以上述的範例來說，原本的類別有 ['A1' 'A2' 'A3' 'B1' 'B2' 'B3']，fit() 後會將原本的類別取代為 0～5 的數字。A1 變成 0、A2 變成 1、A3 變成 2，依此類推。接著再執行 LabelEncoder 的 transform()，就能進行轉換，得到 [0 1 2 3 4 5 0 1 2]。運用 Label Encoding 將文字轉變為數字，就能帶入模型當中。不過，這只是將類別變數依據文字順序排列去轉換為數字而已，數字本身的大小並不具意義，僅是以另一種型態去設定類別而已。

 ## One-hot encoding

　　若類別變數的類別總個數固定，可以給每一個類別項目都給一個二元變數，藉此來轉換資料的型態。Pandas 有支援 One-hot encoding，不過這裡我們先以 scikit-learn 的 OneHotEncode 來試看看。

▼ 將具有 0~9 的類別項目之類別變數進行 One-hot encoding

```
from sklearn.preprocessing import OneHotEncoder
df = np.array([0, 1, 2, 3, 4, 5, 6, 7, 8, 9])
ohe = sp.OneHotEncoder(sparse=False)
# 轉換時需將數據設定為二維矩陣
print(ohe.fit_transform(df.reshape(-1, 1)))
```

▼ 輸出

```
[[1. 0. 0. 0. 0. 0. 0. 0. 0. 0.]
 [0. 1. 0. 0. 0. 0. 0. 0. 0. 0.]
 [0. 0. 1. 0. 0. 0. 0. 0. 0. 0.]
 [0. 0. 0. 1. 0. 0. 0. 0. 0. 0.]
 [0. 0. 0. 0. 1. 0. 0. 0. 0. 0.]
```

→ 接下頁

```
[0. 0. 0. 0. 0. 1. 0. 0. 0. 0.]
[0. 0. 0. 0. 0. 0. 1. 0. 0. 0.]
[0. 0. 0. 0. 0. 0. 0. 1. 0. 0.]
[0. 0. 0. 0. 0. 0. 0. 0. 1. 0.]
[0. 0. 0. 0. 0. 0. 0. 0. 0. 1.]]
```

以上述範例來說，每筆資料都新增 10 個特徵，資料符合該類別項目則將對應的二元變數設為 1。往下我們再看看當類別資料是文字時會怎麼進行轉換。

▼ 對文字檔案執行 One-hot encoding

```
data = np.array(['A1', 'A2', 'A3', 'B1', 'B2', 'B3', 'A1', 'A2',
'A3'])
ohe = OneHotEncoder(sparse=False)
print(ohe.fit_transform(data.reshape(-1, 1)))
```

▼ 輸出

```
[[1. 0. 0. 0. 0. 0.]
 [0. 1. 0. 0. 0. 0.]
 [0. 0. 1. 0. 0. 0.]
 [0. 0. 0. 1. 0. 0.]
 [0. 0. 0. 0. 1. 0.]
 [0. 0. 0. 0. 0. 1.]
 [1. 0. 0. 0. 0. 0.]
 [0. 1. 0. 0. 0. 0.]
 [0. 0. 1. 0. 0. 0.]]
```

這個範例的類別項目總個數有 6 個，編碼方式跟剛剛一樣，資料符合該類別項目則將對應的二元變數設為 1。

2.4.5 文字資料的預處理

有些任務像是翻譯、文章分類、產生文章、客服 Q&A 應對等，要處理的資料是文字。一些關於文字的預處理，又稱為自然語言處理（Natural Language Processing, NLP）。此外，前面介紹的表格形式的資料中，也可能參雜文字資料，也適用接下來要介紹的自然語言處理技巧。本書只介紹像是英文這種單詞與單詞之間有空格的文字資料。如果像是日文（編註：繁體中文也是）這種文字之間沒有空格的語言，就需要額外把單詞區分開來才行得通。

 Bag-of-Words

文字資料當中最簡單的預處理，就是切割出文章中的字詞、計算每個字詞出現的次數，稱為「Bag-of-Words（詞袋）」。具體來說，我們會有 n 個文本，其中出現的字詞種類為 k 種，我們便將每個文本轉換成長度為 k 的向量，將向量的元素設定為字詞出現的次數。透過這樣的處理，n 個文本就會變成矩陣：文本 n × 字詞出現次數 k 的矩陣。而 Bag-of-Words 的處理則能透過 scikit-learn 的 CountVectorizer 來執行，相關語法與參數如下表：

語法	
| | ```
sklearn.feature_extraction.text.CountVectorizer(
    input='content'
    [, encoding='utf-8', decode_error='strict',
    strip_accents=None, lowercase=Ture, preprocessor=None,
    tokenizer=None, stop_words=None,
    token_pattern= '(?u)\b\w\w+\b',
    ngarm_range=(1, 1), analyzer='word', max_df=1.0,
    min_df=1, max_features=None, vocabulary=None, binary=False,
    dtype='numpy.int64']
)
``` |
```

主要參數說明	input	輸入文字資料，可指定檔案或是 DataFrame 清單等。
	encoding	指定文字的編碼方式。預設為 utf-8。
	lowercase	在進行 Token 化之前，將所有的文字轉變為小寫字母。預設為 True。
	stop_words	可指定英文的 Stop Word List。
	token_pattern	顯示 Token（分割後的字詞）組成的常規表達。常規表達預設為 '(?u)\b\w\w+\b'，會選擇 2 個字詞以上所組成的英數字 Token。
	ngram_range	字詞切割單位，可指定範圍的上限與下限。預設為 (1, 1)。（ 編註 ：詳細說明請看下一小節：n-gram）
	analyzer	欲使用字詞 N-gram 製作特徵量時指定為 'word'，欲使用文字 N-gram 製作特徵量時則指定為 'char'。預設為 'word'。
	dtype	傳回值的矩陣之資料格式。預設為 NumPy int64。

▼ **Bag-of-Words 轉換案例**

```
from sklearn.feature_extraction.text import CountVectorizer
corpus = [
    'This is the first document.',
    'This document is the second document.',
    'And this is the third one.',
    'Is this the first document?'
]
vectorizer = CountVectorizer()
# 執行 Bag-of-Words，取得轉換後的矩陣
X = vectorizer.fit_transform(corpus)
# 因為傳回值是 scipy.sparse 稀疏矩陣
# 故將其轉換為 NumPy 矩陣後再輸出
X.toarray()
```

▼ **輸出**

```
array([[0, 1, 1, 1, 0, 0, 1, 0, 1],
       [0, 2, 0, 1, 0, 1, 1, 0, 1],
       [1, 0, 0, 1, 1, 0, 1, 1, 1],
       [0, 1, 1, 1, 0, 0, 1, 0, 1]], dtype=int64)
```

▼ **輸出向量元素**

```
vectorizer.vocabulary_
```

▼ **輸出**

```
{'this': 8, 'is': 3, 'the': 6, 'first': 2, 'document': 1,
 'second': 5, 'and': 0, 'third': 7, 'one': 4}
```

　　Bag-of-Words 所輸出的矩陣，會配合 4 句話而相對應出現 4 個向量。向量都是由 9 個元素所組成，這跟所有文件裡的字詞種類個數有關。先看第 1 個向量：

[0, 1, 1, 1, 0, 0, 1, 0, 1]

　　向量的索引都是從 0 開始，因此上述向量代表包含索引 1、2、3、6、8 所對應的字詞，例如索引 1 所代表的就是 "document"，以此類推。

N-gram

　　前述的 Bag-of-Words 是以單詞為單位進行分割，不過在 N-gram 這個方法當中則是以連續詞組為單位進行分割。也因為 Bag-of-Words 是用單詞為單位去分割，故沒有考慮到以下兩點：

● 單詞們的近似度

● 單詞的先後順序

　　而 N-gram 就是將這兩點考量進去的方法。N-gram 的 N 代表了連續單詞的數量，以 1 個單詞為分割單位的轉換稱為 Unigram（實質上就是 Bag-of-Words），以 2 個連續單詞為分割單位的轉換稱為 Bigram，以 3 個連續單詞為分割單位的轉換稱為 Trigram。

- 1 個連續單詞為分割單位：1-gram（Unigram）

- 2 個連續單詞為分割單位：2-gram（Bigram）

- 3 個連續單詞為分割單位：3-gram（Trigram）

以 2-gram（Bigram）來說，「This is the first document」這句話會被分為「This-is」、「is-the」、「the-first」、「first-document」這 4 組。

▼ N-gram 範例

```
from sklearn.feature_extraction.text import CountVectorizer
corpus = [
    'This is the first document.',
    'This document is the second document.',
    'And this is the third one.',
    'Is this the first document?'
]

vectorizer = CountVectorizer(
    analyzer='word',     # 將字詞單位指定為 N-grams
    ngram_range=(2, 2)) # 設定為 2-grams
# 取得轉換後的矩陣
X = vectorizer.fit_transform(corpus)
# 因為傳回值是 scipy.sparse 稀疏矩陣
# 故將其轉換為 NumPy 矩陣後再輸出
X.toarray()
```

▼ 輸出

```
array([[0, 0, 1, 1, 0, 0, 1, 0, 0, 0, 0, 1, 0],
    [0, 1, 0, 1, 0, 1, 0, 1, 0, 0, 1, 0, 0],
    [1, 0, 0, 1, 0, 0, 0, 0, 1, 1, 0, 1, 0],
    [0, 0, 1, 0, 1, 0, 1, 0, 0, 0, 0, 0, 1]], dtype=int64)
```

▼ 輸出向量元素

```
vectorizer.vocabulary_
```

▼ **輸出**

```
{'this is': 11,
 'is the': 3,
 'the first': 6,
 'first document': 2,
 'this document': 10,
 'document is': 1,
 'the second': 7,
 'second document': 5,
 'and this': 0,
 'the third': 8,
 'third one': 9,
 'is this': 4,
 'this the': 12}
```

 # TF-IDF
（Term Frequency-Inverse Document Frequency）

　　TF-IDF 也是將資料轉換成一個文本 n × 字詞的出現次數 k 的矩陣，但這個方法多考慮了單詞的重要程度。TF-IDF 的名稱是來自於以下兩個轉換技術。

● TF（Term Frequency）：單一文本中，某單詞出現比率

● IDF（Inverse Document Frequency）：所有文本中，某單詞出現比例的倒數的對數

　　尤其是 IDF，這技術能有效提升僅出現於特定文本當中的字詞之重要度。

▼ **TF-IDF 範例**

```
from sklearn.feature_extraction.text import CountVectorizer
from sklearn.feature_extraction.text import TfidfTransformer
```

→ 接下頁

```
corpus = [
    'This is the first document.',
    'This document is the second document.',
    'And this is the third one.',
    'Is this the first document?'
]

vectorizer = CountVectorizer()
transformer = TfidfTransformer()
# 取得轉換後的矩陣
tf = vectorizer.fit_transform(corpus)
tfidf = transformer.fit_transform(tf)
# 因為傳回值是 scipy.sparse 稀疏矩陣
# 故將其轉換為 NumPy 矩陣後再輸出
tfidf.toarray()
```

▼ 輸出

```
array([[0.        , 0.46979139, 0.58028582,
        0.38408524, 0.        , 0.        ,
        0.38408524, 0.        , 0.38408524],
       [0.        , 0.6876236 , 0.,
        0.28108867, 0.        , 0.53864762,
        0.28108867, 0.        , 0.28108867],
       [0.51184851, 0.        , 0.,
        0.26710379, 0.51184851, 0.        ,
        0.26710379, 0.51184851, 0.26710379],
       [0.        , 0.46979139, 0.58028582,
        0.38408524, 0.        , 0.        ,
        0.38408524, 0.        , 0.38408524]])
```

　　下面是我們將第二個文本:「This document is the second document」,
使用 Bag-of-Words 轉換的結果(上排)與使用 TF-IDF 轉換的結果(下
排)。「second」的索引是 5,這個字僅出現在第二個文本中,因此轉換
後出現了比較大(0.53864762)的結果。而「document」的索引是 1,轉
換結果是 0.6876236,因為這個字出現了 2 次(編註: 以下是將 2-51 頁
和以上輸出的結果,取出索引 1 的元素來比較)。

▼ 將「This document is the second document」
用 Bag-of-Words 與 TF-IDF 轉換的結果

```
[0, 2, 0, 1, 0, 1, 1, 0, 1]
[0., 0.6876236, 0., 0.28108867, 0., 0.53864762, 0.28108867, 0.,
0.28108867]
```

機器學習的基礎

Embedding

在自然語言處理的技巧中，將單詞或類別變數轉換為實數向量的手法，稱之為嵌入（Embedding）。Bag-of-Words 的缺點是無法掌握「單詞們的近似度」，而 Embedding 就是為了克服這樣的缺陷，試圖掌握單詞們在含義上的近似程度而誕生的。在處理類別變數的情況中，如果遇到有太多種的類別項目需要處理，One-hot encoding 可能會產生太多二元變數，這時候運用 Embedding 來進行預處理就比較有效。

▼ 使用 Word2Vec 的 Embedding 範例

```
# 要在電腦中使用 Notebook 執行前，須先安裝 gensim 資料庫
from gensim.models import word2vec
corpus = [
    'This is the first document.',
    'This document is the second document.',
    'And this is the third one.',
    'Is this the first document?'
]
# 將每個句子 (sentence) 列出
sentence = [d.split() for d in corpus]
# 進行訓練
model = word2vec.Word2Vec(
    sentence,
    size=10,        # 字詞向量的維數
    min_count=1,    # 放棄出現不足 n 次的字詞
    window=2        # 用於學習之前後的字詞數量
    )
```

▼ 將 'This' 轉換為向量

```
model.wv['This']
```

▼ 輸出

```
array([ 0.03591875, -0.01909131,  0.00052243, -0.02178675,  0.02444721,
        0.01506153,  0.02261374,  0.02219924,  0.01048681, -0.03532327],
      dtype=float32)
```

▌ 小編補充：使用 word2vec 會含有隨機性，因此讀者的輸出可能會跟書上不同。

▼ 將 "is" 轉換為向量

```
model.wv['is']
```

▼ 輸出

```
array([ 0.00682613, -0.01287915, -0.03755166, -0.02067324,
        0.04232879,  0.04784242, -0.00212903,  0.01688278,
       -0.01779048,  0.02457212], dtype=float32)
```

▼ 抓出接近 'document' 的字詞

```
model.wv.most_similar('document')
```

▼ 輸出

```
[('This', 0.4736090302467346),
 ('And', 0.3979097008705139),
 ('Is', 0.3419610261917114),
 ('first', 0.2937809228897095),
 ('is', 0.23243652284145355),
 ('third', 0.22129905223846436),
 ('one.', 0.16492722928524017),
 ('second', 0.13379749655723572),
 ('document?', 0.03554658219218254),
 ('this', -0.022788207978010178)]
```

神經網路中有所謂的嵌入層（Embedding），可運用 TensorFlow 實作。在嵌入層輸入文字資料的話，就能進行轉換。本書將在第 9 章介紹配置嵌入層的案例。

2.5 建立模型

機器學習可簡單分為「監督式學習」與「非監督式學習」。而一般比較常見的是「監督式學習」：已有既定的目標變數（正確答案，又稱標籤）。在監督式學習當中，會將待分析的測試資料輸入到模型中，並評斷其是否能夠正確預測出目標變數（ 編註： 非監督式學習則是在沒有正確答案的情況下，要對資料做預測或其他應用，比如資料分群）。

因此，可以想像模型是將「分析方法」用「程式」來表現，常用的程式語言有 Python 跟 R。實際建模時，能夠將資料輸入模型裡，並設法讓模型可以透過「學習」來消弭預測值與真實值之間的誤差（此過程又稱為訓練模型），正是最關鍵的部分。

2.5.1 線性迴歸（Linear Regression）模型

線性迴歸模型結構單純、處理時間快速，大多用於選擇模型的初始階段。而使用線性模型時，常會再加上常規化（Regularization）處理，則可以防止模型訓練時陷於過度學習（又稱過度配適，Overfitting）的困境。

● sklearn.linear_model.LinearRegression
   使用最小平方法來操作線性迴歸的模型，是最基本的方法。

- sklearn.linear_model.Ridge

  使用 Ridge 常規化（又稱 L2 常規化）來操作線性迴歸的模型。

- sklearn.linear_model.Lasso

  使用 LASSO 常規化（又稱 L1 常規化）來操作線性迴歸的模型。

2.5.2 梯度提升決策樹 （Gradient Boosting Decision Tree, GBDT）

梯度提升決策樹具有容易建構模型、預測準確率高之特性，在 Kaggle 平台上是經常出現的模型，尤其是處理表格資料，優秀的解決方案大多都有使用梯度提升決策樹。梯度提升決策樹的特色有這幾種：

- 特徵必須得是數字
- 可直接處理缺失值
- 理論上特徵的尺度縮放（Scaling）不影響模型訓練結果

此外，無須調整超參數就能得出高準確率也是特色之一。相反的，後面的篇章當中會介紹的神經網路，使用了相當多的超參數，到時候需要不斷地調整。而梯度提升決策樹之所以廣受愛戴，其原因之一就是免於陷入調超參數這種惱人的困境。以下介紹建立梯度提升決策樹模型可以使用的函式庫，這些函式庫皆為公開使用：

梯度提升決策樹的函式庫

- XGBoost
- LightGBM
- CatBoost

XGBoost

於 2014 年開放使用後就很常見。要想用梯度提升決策樹，就會想到 XGBoost。超參數 objective 可依據不同的問題指定對應的目標函數（編註：或稱損失函數）。

目標函數	說明
'reg:squarederror'	迴歸任務使用的均方誤差目標函數。此為預設值。
'reg:logistic'	迴歸任務使用的邏輯斯目標函數。預設評價指標為方均根誤差。
'binary:logistic'	二元分類任務使用的邏輯斯目標函數，預設評價指標為錯誤率（Error Rate）。
'multi:softmax'	多元分類任務使用的 Softmax 函數。輸出為各類別的機率。

超參數 eval_metric 則是模型的評價指標，用來評估真實值與預測值之間的誤差。

評價指標	說明
'rmse'	Root Mean Squared Error。均方根誤差。
'rmspe'	Root Mean Squared Percentage Error。平均平方根百分比誤差。
'mae'	Mean Absolute Error。平均絕對誤差。

 LightGBM

於 2017 年開放使用，可說是 XGBoost 的進化版。因為它的運行速度快，因此似乎比 XGBoost 還要更廣泛運用了。

CatBoost

可用於處理類別變數，但較需要多費心思的梯度提升決策樹函式庫，與 XGBoost、LightGBM 相比，看似沒什麼出場機會。不過，有些問題相當重視變數之間的相互作用，而 CatBoost 在處理這類問題有機會得到較好的預測結果，因此開始有人使用此函式庫。

2.5.3 神經網路

圖像分類、物體偵測等辨識一般物體，或是聲音的分類與檢測等任務，到自然語言處理等問題，通常會使用神經網路模型，又稱多層感知器（Multilayer Perceptron, MLP）。此模型也廣泛運用於表格資料的任務，有時能獲得比梯度提升決策樹更高的準確率，且 Kaggle 上可閱覽的 Notebook（編註：別人建立的神經網路模型程式碼，可以學習別人的經驗）數量也比較多。

神經網路模型中的基本單元為神經元（因模擬動物的神經細胞而得名），多個神經元排列組合而成「Layer（層）」，能將輸入進去的資料逐層順向傳遞，最後再輸出預測結果。因此，在二元分類的問題當中，最後那層輸出層就會有 2 個（編註：也可以只使用 1 個神經元，因為神經網路可以只判斷「是不是正例」就好），而在多元分類的問題當中，輸出層就會有與類別數量相同個數的神經元，每個神經元都代表了各自所屬的類別，因此輸出的預測值就直接代表了該類別的機率值。

如果我們只在神經網路中配置了一層神經元，此為最基本的神經網路，又稱單層感知器。以此類推，若有多層的神經元則稱為多層感知器。當我們提到神經網路時，通常是指有多層的神經元之網路架構。

神經網路的函式庫

　　欲建立神經網路模型，會需要下述的函式庫。Kaggle 平台上的 Notebook 都已經提供這些函式庫，只要開啟新的 Notebook 並匯入函式庫，即可開始建立神經網路模型。

- TensorFlow

- Keras

- PyTorch

- Chainer

　　其中以 Google 所研發的 TensorFlow 最廣為人知，不過 PyTorch 也不遑多讓。以往最多人使用的是 Keras，這個函式庫的後台就是 TensorFlow。但自從 TensorFlow 2.0 開始，一部分的 API 已經整合到 Keras，現在只要匯入 TensorFlow 就能直接使用 Keras。在本書的第 4 章我們會說明如何使用 TensorFlow 建立神經網路。

神經網路的超參數調整

　　使用上述如 TensorFlow 等函式庫，建模就不會很困難。只要知道必要的 Method 名稱、超參數即可。只不過，神經網路有許多超參數可以設定，如何正確且適當地設定，將會是提升準確率的關鍵點。

- 神經網路要有幾層

- 每 1 層該有多少個神經元

- 怎麼設定每個神經元的激活函數（如 Sigmoid、ReLU 等）

- 怎麼設定損失函數（又稱誤差函數、目標函數）

- 怎麼設定反向傳播（Backpropagation）中的梯度下降（Gradient Descent）演算法。簡言之：怎麼設定優化器（如 SGD、Adam 等）

- 批次大小（訓練時所使用的樣本數量）

- 訓練次數（訓練的重複次數）

- 學習率

除此之外，還有丟棄特定比例神經元輸出的丟棄率（drop-out rate）、或是設定常規化（ 編註： 像是 L1、L2 常規化）。超參數很多很繁雜，建模時很需要耐性。還不知如何設定之前，可先直接使用預設值，再來只要去參考 Kaggle 上公開的 Notebook 中實際的神經網路案例，慢慢熟悉就行了。

在本書的第 4 章，我們會介紹神經網路的超參數調整、使用函式庫來進行超參數自動探索。另外在第 6 章，會接著介紹自動調整學習率、以達高準確率的各種方法。敬請期待。

2.5.4 卷積神經網路（Convolutional Neural Network, CNN）

卷積神經網路用於辨識一般物體，或是分類、檢測聲音類型的等任務上，其受歡迎程度不輸神經網路。

卷積神經網路是神經網路的進化版，歸類在「深度學習（Deep Learning）」型的神經網路。最大的特徵是它的神經元具備了「卷積計算」，能把資料的特徵檢測出來的功能。從網路的結構上來看，想設定單層或是多層可執行卷積計算的神經元所構成的「卷積層」都可以，並在最後的輸出層當中設定與類別數量同樣多的神經元。

　　卷積神經網路在執行卷積時的卷積核數量，以及執行池化時的窗口大小（Window Size）等等新的超參數，這些值也必須設定。一般來說，雖然卷積神經網路執行需花費比神經網路更多的時間，但在圖像分類的問題當中能達到相對較高的準確率。然而，若處理時間過長，就需要評估使用 GPU 了。詳細的部分我們留到第 5 章再來跟讀者介紹。

2.5.5 循環神經網路（Recurrent Neural Network, RNN）

　　依時間順序排列、每隔一段時間就蒐集一次而成的資料，我們稱為時間序列資料。對話紀錄、客服 Q&A 歷史都屬於時間序列資料。另外，音訊也屬於時間序列資料的一種，而圖像資料若依照矩陣由上而下依序讀取每一列數據的話，也可以視為時間序列資料來處理。這種依時間順序排列的資料，正是循環神經網路一展長才的絕佳舞台。循環神經網路是將隱藏層輸出的數據重新輸入到該隱藏層中，有著自我回溯的神經網路。

　　這幾年對於梯度消失（Vanishing Gradient）、或梯度爆炸（Exploding Gradient）的問題，造成循環神經網路無法順利回溯的缺陷，目前普遍使用 LSTM（Long Short-Term Memory：長短期記憶）來解決。在本書的第 9 章，我們將以預測 Mercari 商品售價為題材，介紹 LSTM 與神經網路所組成的複合式模型案例。主辦單位所提供的表格資料中會包含商品說明等文字資料，我們將會使用 LSTM 處理文字資料、神經網路處理數值資料，最後再將各層的輸出進行結合，進而得到商品售價的預測結果。

2.6 模型驗證（Validation）

　　驗證指的是對建立好的模型輸入模型不曾看過的資料，評估模型的預測能力。我們在 2.1 節已經介紹過如何評價一個模型的預測能力，但是驗證時「該使用什麼資料好呢」則又是另一個問題。

　　我們雖能用測試資料來確認模型的性能，但基本上我們無法在開發的過程中每次都用這個方法去評斷模型的功效，畢竟有時我們手上的測試資料並沒有含答案。因此，使用 scikit-learn 或是 TensorFlow 等函式庫製作而成的模型當中，在訓練模型的過程時，也具備可以同時執行驗證的功能，也就能運用手邊具有答案的資料來同時進行訓練、驗證。

　　驗證手法會依資料性質的不同，採取拆分驗證或交叉驗證。

 拆分驗證（Hold-Out Validation）

　　拆分驗證是將手上具有答案的資料隨機分割成訓練資料跟驗證資料兩群，這是最簡單的方法。

▼ 拆分驗證

train：從具有答案的資料當中扣除用於驗證的資料後所剩下的部分

valid：用於驗證的資料

需要注意訓練資料可能會出現某些規則。例如在多元分類的任務中，原始手上的資料若是依照每個類別依序排列的話，此時沒有正確分割資料就會造成訓練資料有所偏頗，不僅無法正確地訓練模型，連驗證也可能不準。有鑑於此，欲分割資料時，記得先將資料進行隨機打散後再分割。這樣的作法可以讓那些看似隨機排列，實際上卻有特別規則的資料也能充分打散。

scikit-learn 或 TensorFlow 等函式庫當中有分割資料專用的函式，只要設定好參數，就能將資料打散，進而達到隨機分割資料進行訓練、驗證的目標。

交叉驗證（Cross Validation）

透過重複多次拆分驗證，最後達成了輪流使用了所有資料來進行驗證模型的方法。

▼ 交叉驗證

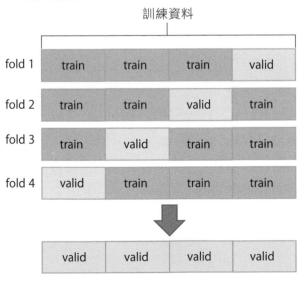

從手中具有答案的資料中取出部分驗證用的資料，這個動作稱為「折（fold）」。以上圖範例來說，重複 4 次 fold 的動作，就能讓所有手中的資料都輪流當過驗證資料。雖然要執行 4 次驗證，但透過 4 次平均出來的分數，可以盡量減少單個 fold 可能產生的偏差（bias）。

在 scikit-learn 的 K 折驗證（K-Fold Validation）中，有交叉驗證的函式庫。將手中的資料透過指定的 fold 數進行分割，再用各次取出的資料作為驗證資料，對模型進行評估，最後取平均。這時若將 fold 的數量從 2 增加到 4，耗費的時間雖然倍增了，但訓練時能用的資料會從手中的資料的 50% 變成 75%，故更有機會訓練出準確率較高的模型。但是，fold 數與可運用的訓練資料，其實並非是等比例成長，所以並非是一味地增多 fold 就好。一般而言，fold 數量在 4 或 5 就已經足夠（ 編註： 5 個 fold 變成 10 個 fold，訓練資料從 80% 變成 90%，但是耗時增加一倍，不太划算）。

另一方面，遇到手上擁有非常大量的資料時，改變驗證資料所使用的資料佔比，基本上不會影響模型的準確率。這時可以將 fold 數設定為 2，乾脆地執行拆分驗證，也是一個選擇。

分層抽樣（Stratified K-fold）

二元分類或多元分類這樣的任務當中，要讓每個 fold 當中包含的類別之佔比幾乎相同，這稱為分層抽樣。這個方法是希望依據測試資料中各類別的佔比，來對手中具有答案的資料進行分層抽樣，使驗證資料與測試資料的類別分佈相似，藉此提高驗證的品質。

　　尤其是出現較極端的分佈時（ 編註: 某些類別資料量超少），隨機抽取驗證資料，反而會使各個類別的比例產生偏移，就算讓每個 fold 的分數都相似，也可能有無法忽略的偏差（ 編註: 這是指每個 fold 的驗證分數都相似，很可惜每個 fold 的驗證結果都不準的情況），此時可以使用分層抽樣。scikit-learn 有提供 StratifiedFold 函式來執行分層抽樣。

Kaggle 平台的測試資料

Kaggle 平台的測試資料有以下幾種：

- 直接公布用來判定最終名次的測試資料，且測試資料中含有標籤

- 直接公布用來判定最終名次的測試資料，但測試資料中沒有標籤

- 2回合制。第1回合提供開發模型專用的測試資料，第2回合拿到真正用來判定最終名次的測試資料。

雖然有些專案會在一開始就提供了「完整版」的測試資料，但大多是沒有提供。因此，建議分析時還是分割一部分手上的資料，作為驗證模型使用。

MEMO

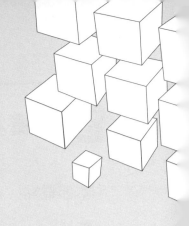

CHAPTER

3

建立迴歸與
梯度提升決策樹模型
（Gradient Boosting Decision Tree Model, GBDT Model）

3.1 資料預處理

本節重點

● 確認 Kaggle 的「House Prices: Advanced Regression Techniques」是什麼任務,再來研究該如何分析。

● 執行以下的預處理,讓資料得以用於分析。

- 檢查數值變數是否為偏態分佈,並以對數轉換使其趨近常態分佈

- 用 One-hot encoding 轉換類別變數

- 將缺失值代換為資料的平均值

使用的 Kaggle 範例

House Prices: Advanced Regression Techniques

「House Prices: Advanced Regression Techniques」[註]目前公開於 Kaggle 的「Getting Started」頁面當中,做為學習使用。現在還可以製作 Notebook 進行提交,讓自己的名字出現在排行榜上。這也是最適合練習隨機森林(Random Forest)跟梯度提升決策樹的範例。在本章中,我們會運用 Ridge 迴歸、LASSO 迴歸、梯度提升決策樹來預測房價。

(註)「House Prices: Advanced Regression Techniques」
　　　https://www.kaggle.com/c/house-prices-advanced-regression-techniques/

▼ Kaggle 上的「House Prices: Advanced Regression Techniques」專案頁面

3.1.1 「House Prices: Advanced Regression Techniques」概要

在「House Prices: Advanced Regression Techniques」(以下簡稱「House Prices」)的主辦單位提供了實際銷售的房屋資訊及其售價作為訓練資料,我們必須使用訓練好的模型去預測其他房屋(測試資料)的售價。

🧊 House Prices 的資料為表格資料

訓練資料為 CSV 檔案,裡頭包含了房屋的規格、售價等共 81 個特徵,總計 1460 筆資料。CSV 檔的內容會用逗號隔開欄位,所以我們可以直接將其讀取到 Pandas 的 DataFrame 中。

▼ 訓練資料欄位內容

Id	1～1460 項的流水號
MSSubClass	建物分類（為 20、60 等整數值）
MSZoning	房屋所在區域類別（以文字顯示為 'RL' 等類別）
LotFrontage	臨路路寬（英尺）
LotArea	土地面積（平方英尺）
Street	通往街道的形式（全部都是 'Pave'）
Alley	通往巷弄的形式（以文字顯示為 'Grvl'、'Pave' 等類別，含有多項缺失值）
LotShape	土地形狀（以文字顯示為 'IR1' 等類別）
LandContour	土地的平坦程度（以文字顯示為 'Lvl' 等類別）
Utilities	公共設施（全部都是 'Allpub'）
LotConfig	房屋配置（以文字顯示為 'Inside' 等類別）
LandSlope	土地的坡度（以文字顯示為 'Mod' 等類別）
Neighborhood	鄰房的情況（以文字顯示為 'BrkSide' 等類別）
Condition1	鄰近主要幹道或鐵路（以文字顯示為 'Norm' 等類別）
Condition2	鄰近主要幹道或鐵路（以文字顯示為 'Norm' 等類別）
BldgType	建造類型（以文字顯示為 '1Fam' 等類別）
HouseStyle	居家風格（以文字顯示為 '1Story' 等類別）
OverallQual	整體建材與裝修的品質（整數值）
OverallCond	整體狀態的評價（整數值）
YearBuilt	起造年份（西元年）
YearRemodAdd	改建年份（西元年）
RoofStyle	屋頂的類型（以文字顯示為 'Gable' 等類別）
RoofMatl	屋頂的金屬材質（全部都是 'CompShg'）
Exterior1st	住宅外牆裝修材（以文字顯示為 'VinylSd' 等類別）
Exterior2nd	住宅外牆裝修材（有使用多種材料時）（以文字顯示為 'VinylSd' 等類別）
MasVnrType	砌石的板材類型
MasVnrArea	砌石板材的平方英尺面積（整數值）
ExterQual	外牆裝修材料的品質（以文字顯示為 'TA' 等類別）
ExterCond	外牆裝修材料的現狀（以文字顯示為 'TA' 等類別）
Foundation	基礎的類型（以文字顯示為 'PConc' 等類別）
BsmtQual	地下室樓高（以文字顯示為 'Gd' 等類別）
BsmtCond	地下室概況（以文字顯示為 'Gd' 等類別）
BsmtExposure	地下室牆面（以文字顯示為 'Gd' 等類別）
BsmtFinType1	地下室裝修（以文字顯示為 'GLQ' 等類別）
BsmtFinSF1	類型 1 裝修完成之平方英尺面積（整數值）

BsmtFinType2	類型 2 裝修（以文字顯示為 'Unf' 等類別）
BsmtFinSF2	類型 2 裝修完成之平方英尺面積（整數值）
BsmtUnfSF	地下室未完成裝修的平方英尺面積（整數值）
TotalBsmtSF	地下室的平方英尺總面積（整數值）
Heating	空調暖氣的類型（以文字顯示為 'GassA' 等類別）
HeatingQC	加溫的品質與狀態（以文字顯示為 'Ex' 等類別）
CentralAir	中央空調（'Y' 或 'N'）
Electrical	電力系統（以文字顯示為 'SBrkr' 等類別）
1stFlrSF	1 樓的平方英尺面積（整數值）
2ndFlrSF	2 樓的平方英尺面積（整數值）
LowQualFinSF	已完成裝修、但品質低落的平方英尺面積（所有樓層）（整數值）
GrLivArea	地上（Grade）的客廳範圍平方英尺面積（整數值）
BsmtFullBath	地下室全套浴室（整數值）
BsmtHalfBath	地下室半套浴室（整數值）
FullBath	地上層全套浴室
HalfBath	半套浴室
BedroomAbvGr	臥室數量（整數值）
KitchenAbvGr	廚房數量（整數值）
KitchenQual	廚房品質（以文字顯示為 'Gd' 等類別）
TotRmsAbvGrd	地上層房間數總計（不含浴室）
Functional	對居住機能的評價（以文字顯示為 'Typ' 等類別）
Fireplaces	暖爐數量（整數值）
FireplaceQu	暖爐品質（以文字顯示為 'Gd' 等類別）
GarageType	車庫位置（以文字顯示為 'Attchd' 等類別）
GarageYrBlt	車庫建造年份（西元年）
GarageFinish	車庫內部裝修（以文字顯示為 'Rfn' 等類別）
GarageCars	車庫可容納之車輛數量（整數值）
GarageArea	車庫面積（整數值）
GarageQual	車庫品質（以文字顯示為 'Gd' 等類別）
GarageCond	車庫狀態（以文字顯示為 'Gd' 等類別）
PavedDrive	私有道路是否完成鋪面（'Y' 或 'N'）
WoodDeckSF	木棧道範圍的平方英尺面積（整數值）
OpenPorchSF	開放式入口門廊的平方英尺面積（整數值）
EnclosedPorch	封閉式入口門廊的平方英尺面積（整數值）
3SsnPorch	季節風情入口門郎的平方英尺面積（整數值）
ScreenPorch	屏風入口門廊的平方英尺面積（整數值）

3

建立迴歸與梯度提升決策樹模型（Gradient Boosting Decision Tree Model, GBDT Model）

PoolArea	泳池面積（整數值）
PoolQC	泳池品質（以文字顯示為 'Gd' 等類別，含有多項缺失值）
Fence	圍籬品質（以文字顯示為 'MnPrv' 等類別）
MiscFeature	其他功能（以文字顯示為 'Shed' 等類別，含有多項缺失值）
MiscVal	其他功能（整數值）
MoSold	銷售月份（數字 1～12）
YrSold	銷售年份（西元年）
SaleType	銷售類型（以文字顯示為 'New' 等類別）
SaleCondition	銷售條件（以文字顯示為 'Normal' 等類別）
SalePrice	房屋售價（美金）。目標變數（正確答案，標籤）

3.1.2 對「House Prices」的資料預處理

我們點選專案首頁的 Code，接著點選 New Notebook 開啟新的 Notebook 畫面。接著在新的 Notebook 的右邊點選 Add data，在新跳出來的畫面中選擇 Competition Data，輸入專案名稱後點選 Add（**編註：** 若對於流程不熟悉的讀者，可以看本書 1-12 頁的說明）。最後，將資料讀取到 Pandas 的 DataFrame 中：

▼ 將訓練資料和測試資料讀取到 DataFrame 中（Cell 1）

```
import pandas as pd
train = pd.read_csv("../input/house-prices-advanced-regression\
-techniques/train.csv")
test = pd.read_csv("../input/house-prices-advanced-regression\
-techniques/test.csv")
print('train shape:', train.shape) # 輸出訓練資料的資料量
print('test shape:', test.shape)   # 輸出測試資料的資料量
```

▼ 輸出

```
train shape: (1460, 81)   # 訓練資料 1460 筆，80 個特徵，1 個標籤
test shape: (1459, 80)    # 測試資料 1459 筆，80 個特徵，沒有標籤
```

訓練資料有 1,460 筆、測試資料則有 1,459 筆。訓練資料有 81 欄
（編註：80 個特徵，1 個標籤），但測試資料當中沒有「SalePrice」（房屋
售價），所以是 80 欄（編註：只有 80 個特徵，SalePrice 是標籤，也就
是我們要預測的）。接著我們以 DataFrame 的 info() 函式來看看資料概
況。

▼ 輸出訓練資料的資訊（Cell 2）

```
train.info()
```

▼ 輸出

```
<class 'pandas.core.frame.DataFrame'>
RangeIndex: 1460 entries, 0 to 1459
Data columns (total 81 columns):
 #   Column         Non-Null Count   Dtype
---  ------         --------------   -----
 0   Id             1460 non-null    int64
 1   MSSubClass     1460 non-null    int64
 2   MSZoning       1460 non-null    object
 3   LotFrontage    1201 non-null    float64
 4   LotArea        1460 non-null    int64
 5   Street         1460 non-null    object
 6   Alley          91 non-null      object
 7   LotShape       1460 non-null    object
 8   LandContour    1460 non-null    object
 9   Utilities      1460 non-null    object
 10  LotConfig      1460 non-null    object
 11  LandSlope      1460 non-null    object
 12  Neighborhood   1460 non-null    object
 13  Condition1     1460 non-null    object
 14  Condition2     1460 non-null    object
 15  BldgType       1460 non-null    object
 16  HouseStyle     1460 non-null    object
 17  OverallQual    1460 non-null    int64
 18  OverallCond    1460 non-null    int64
 19  YearBuilt      1460 non-null    int64
 20  YearRemodAdd   1460 non-null    int64
```

→ 接下頁

3

建立迴歸與梯度提升決策樹模型（Gradient Boosting Decision Tree Model, GBDT Model）

21	RoofStyle	1460 non-null	object
22	RoofMatl	1460 non-null	object
23	Exterior1st	1460 non-null	object
24	Exterior2nd	1460 non-null	object
25	MasVnrType	1452 non-null	object
26	MasVnrArea	1452 non-null	float64
27	ExterQual	1460 non-null	object
28	ExterCond	1460 non-null	object
29	Foundation	1460 non-null	object
30	BsmtQual	1423 non-null	object
31	BsmtCond	1423 non-null	object
32	BsmtExposure	1422 non-null	object
33	BsmtFinType1	1423 non-null	object
34	BsmtFinSF1	1460 non-null	int64
35	BsmtFinType2	1422 non-null	object
36	BsmtFinSF2	1460 non-null	int64
37	BsmtUnfSF	1460 non-null	int64
38	TotalBsmtSF	1460 non-null	int64
39	Heating	1460 non-null	object
40	HeatingQC	1460 non-null	object
41	CentralAir	1460 non-null	object
42	Electrical	1459 non-null	object
43	1stFlrSF	1460 non-null	int64
44	2ndFlrSF	1460 non-null	int64
45	LowQualFinSF	1460 non-null	int64
46	GrLivArea	1460 non-null	int64
47	BsmtFullBath	1460 non-null	int64
48	BsmtHalfBath	1460 non-null	int64
49	FullBath	1460 non-null	int64
50	HalfBath	1460 non-null	int64
51	BedroomAbvGr	1460 non-null	int64
52	KitchenAbvGr	1460 non-null	int64
53	KitchenQual	1460 non-null	object
54	TotRmsAbvGrd	1460 non-null	int64
55	Functional	1460 non-null	object
56	Fireplaces	1460 non-null	int64
57	FireplaceQu	770 non-null	object
58	GarageType	1379 non-null	object
59	GarageYrBlt	1379 non-null	float64
60	GarageFinish	1379 non-null	object

→ 接下頁

```
61   GarageCars      1460 non-null    int64
62   GarageArea      1460 non-null    int64
63   GarageQual      1379 non-null    object
64   GarageCond      1379 non-null    object
65   PavedDrive      1460 non-null    object
66   WoodDeckSF      1460 non-null    int64
67   OpenPorchSF     1460 non-null    int64
68   EnclosedPorch   1460 non-null    int64
69   3SsnPorch       1460 non-null    int64
70   ScreenPorch     1460 non-null    int64
71   PoolArea        1460 non-null    int64
72   PoolQC          7 non-null       object
73   Fence           281 non-null     object
74   MiscFeature     54 non-null      object
75   MiscVal         1460 non-null    int64
76   MoSold          1460 non-null    int64
77   YrSold          1460 non-null    int64
78   SaleType        1460 non-null    object
79   SaleCondition   1460 non-null    object
80   SalePrice       1460 non-null    int64
dtypes: float64(3), int64(35), object(43)
memory usage: 924.0+ KB
```

> 資料類型為 int64、float64、object。object 表示裡面有文字資料。另外，我們可以看出有 19 個特徵的 non-null 數字不為 1460，表示其中有缺失值。

🧊 對售價執行對數轉換，使其呈現常態分佈

　　在訓練資料的「SalePrice」當中，雖然有房屋的銷售價格，但其分佈狀態則是偏重在低價位那一端。因此，我們透過對數轉換，讓資料的分佈趨近於常態分佈。

▼ **將房屋售價的分佈進行對數轉換後、比較看看（Cell 3）**

```
import numpy as np
import matplotlib.pyplot as plt
from scipy.stats import skew
%matplotlib inline
```
→ 接下頁

建立迴歸與梯度提升決策樹模型（Gradient Boosting Decision Tree Model, GBDT Model）

3

```python
# 對 SalePrice+1 後執行以 e 為底數的對數轉換
# 將原始值一同登錄至 DataFrame 中
prices = pd.DataFrame({'price':train['SalePrice'],
    'log(price + 1)':np.log1p(train['SalePrice'])})
print(prices, '\n')
# 輸出轉換前與轉換後的 "SalePrice" 的偏度
print('price skew :', skew(prices['price']))
print('log(price+1) skew:', skew(prices['log(price + 1)']))
# 將轉換前與轉換後的 "SalePrice" 做成直方圖
# 設定描繪圖型的尺寸
plt.rcParams['figure.figsize'] = (12.0, 6.0)
prices.hist()
```

▼ 輸出

```
       price    log(price + 1)
0      208500       12.247699
1      181500       12.109016
2      223500       12.317171
3      140000       11.849405
4      250000       12.429220
...       ...             ...
1455   175000       12.072547
1456   210000       12.254868
1457   266500       12.493133
1458   142125       11.864469
1459   147500       11.901590

[1460 rows x 2 columns]

price skew : 1.880940746034036
log(price+1) skew: 0.12122191311528363
```

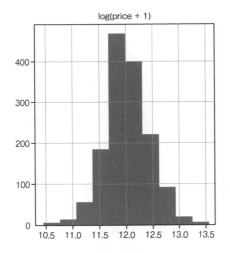
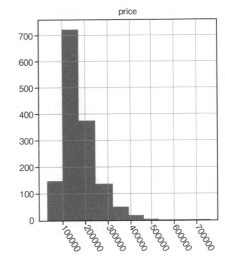

3

建立迴歸與梯度提升決策樹模型（Gradient Boosting Decision Tree Model, GBDT Model）

　　我們可以執行 NumPy 的 np.log1p(x) 函式，以 e 為底數的 x+1 對數，來進行對數轉換計算。對數無法計算 0 以下的數字，所以在使用 np.log(x) 去求以 e 為底數的 x 的對數時，若輸入負數，則傳回值是 NaN；若輸入的數值為 0，則會顯示為負無限大 inf。由於房價通常不會是負數，但可能是 0 元，因此才使用 np.log1p() 函式來解決 log(0) 的問題。

　　以結果來說，「SalePrice」原始值的偏度為 0.1212，經對數轉換後的偏度為 0.0092，變成了相當小的數值。偏度是一項指標，用來判斷分佈呈現不對稱性的程度，越接近 0 則表示呈現的樣貌越接近左右對稱的常態分佈。

　　在上方的圖中，我們可以看到對數轉換之後，與轉換之前相比之下已經幾乎接近常態分佈了。因此這邊我們將對數轉換後的「SalePrice」存回去。

▼ 將 SalePrice 的值，轉換成以 e 為底數的 x +1 對數（Cell 4）

```
train["SalePrice"] = np.log1p(train["SalePrice"])
```

連結訓練資料與測試資料，進行預處理

　　為了要一次完成資料預處理，我們要先將訓練資料與測試資料連結（concatenate）成一個 DataFrame。在預處理當中，不需要「id」和「SalePrice」這兩行，因此我們排除前述兩行，僅取出「MSSubClass」～「SaleCondition」來進行連結。

▼ 從訓練資料和預測資料擷取出「MSSubClass」～「SaleCondition」的欄位
　進行連結（Cell 5）

```
all_data = pd.concat((train.loc[:,'MSSubClass':'SaleCondition'],
                      test.loc[:,'MSSubClass':'SaleCondition']))
# 輸出完成連結的資料
print(all_data.shape)
print(all_data)
```

▼ 輸出

```
(2919, 79)
      MSSubClass MSZoning  LotFrontage  LotArea Street Alley LotShape  \
0             60       RL         65.0     8450   Pave   NaN      Reg
1             20       RL         80.0     9600   Pave   NaN      Reg
2             60       RL         68.0    11250   Pave   NaN      IR1
3             70       RL         60.0     9550   Pave   NaN      IR1
4             60       RL         84.0    14260   Pave   NaN      IR1
...          ...      ...          ...      ...    ...   ...      ...
1454         160       RM         21.0     1936   Pave   NaN      Reg
1455         160       RM         21.0     1894   Pave   NaN      Reg
1456          20       RL        160.0    20000   Pave   NaN      Reg
1457          85       RL         62.0    10441   Pave   NaN      Reg
1458          60       RL         74.0     9627   Pave   NaN      Reg

     LandContour Utilities LotConfig  ... ScreenPorch PoolArea PoolQC  Fence  \
0            Lvl    AllPub    Inside  ...           0        0    NaN    NaN
1            Lvl    AllPub       FR2  ...           0        0    NaN    NaN
2            Lvl    AllPub    Inside  ...           0        0    NaN    NaN
```

→ 接下頁

3	Lvl	AllPub	Corner	...	0	0	NaN	NaN
4	Lvl	AllPub	FR2	...	0	0	NaN	NaN
...	...	...	...	...	...	...	...	...
1454	Lvl	AllPub	Inside	...	0	0	NaN	NaN
1455	Lvl	AllPub	Inside	...	0	0	NaN	NaN
1456	Lvl	AllPub	Inside	...	0	0	NaN	NaN
1457	Lvl	AllPub	Inside	...	0	0	NaN	MnPrv
1458	Lvl	AllPub	Inside	...	0	0	NaN	NaN

	MiscFeature	MiscVal	MoSold	YrSold	SaleType	SaleCondition
0	NaN	0	2	2008	WD	Normal
1	NaN	0	5	2007	WD	Normal
2	NaN	0	9	2008	WD	Normal
3	NaN	0	2	2006	WD	Abnorml
4	NaN	0	12	2008	WD	Normal
...	...	...	...	...	...	...
1454	NaN	0	6	2006	WD	Normal
1455	NaN	0	4	2006	WD	Abnorml
1456	NaN	0	9	2006	WD	Abnorml
1457	Shed	700	7	2006	WD	Normal
1458	NaN	0	11	2006	WD	Normal

[2919 rows x 79 columns]

數值變數分佈有偏頗時，採以對數轉換進行處理

　　「SalePrice」之外，資料當中也有許多欄位是數值變數。我們要確認這些欄位是否呈現常態分佈，若分佈有偏頗時就得先以對數轉換進行預處理。剛剛有提到偏度是用來判斷分佈是否具有不對稱性的指標，偏度的算法如下：

★ 偏度

$$偏度 = \frac{1}{n} \sum_{i=1}^{n} (\frac{x_i - \mu_x}{\sigma_x})^3$$

其中 x 為原始資料、μ_x 為資料的平均值、σ_x 為資料的標準差。為什麼要 3 次方呢？因為如果 $\dfrac{x-\mu_x}{\sigma_x}$ 得出的是負值，2 次方會讓負號消失，所以才要 3 次方來讓值依然維持是負的。當偏度大於 0 的時候，資料會呈現右邊較細長的分佈。

▼ **偏度 >0**

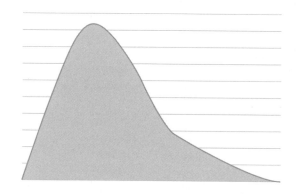

　　偏度為 0 時，會呈現左右對稱的分佈。只是，嚴格來說並不是左右對稱分佈，只不過是右邊資料計算出來的結果，左邊資料的結果一樣罷了。

▼ **偏度 =0**

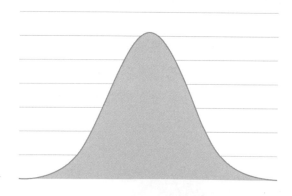

　　然後，當偏度小於 0 時，資料會呈現左邊較細長的分佈。

▼ **偏度 <0**

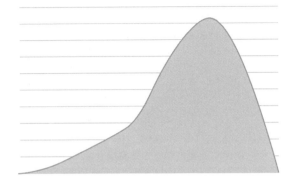

統計學中對於偏度的解釋（經驗法則）通常如下：

● 偏度小於 -1、或是大於 1 時，表示分佈非常偏頗。

● 偏度介於 -1 到 -0.5 之間、或是 0.5 到 1 之間時，表示分佈稍微有偏頗。

● 偏度介於 -0.5 到 0.5 之間時，表示分佈約略呈現對稱狀態。

現在，我們來特別看看「偏度 = 0.75」。當偏度為 0.75 時，會呈現右邊較細長的分佈，幾乎跟剛剛「偏度 >0」的圖長得一樣，依照經驗法則就是「分佈稍微有偏頗」的狀態。在此資料集裡，有 21 個特徵的偏度都大於 0.75，偏度是負值的部分都沒有小於 -0.75。因此，我們將偏度大於 0.75 的特徵，也就是特徵呈現右邊細長的分佈，採取對數轉換的預處理，使其趨近於常態分佈。

▼ **若特徵的偏度超過 0.75，則執行對數轉換（Cell 6）**

```
from scipy.stats import skew
# 取得非 object 類型的欄的 index
numeric_feats = all_data.dtypes[all_data.dtypes != "object"].index
print('-----Column of non-object type-----')
print(numeric_feats)
# 除去缺失值，求出非 object 類型欄位的偏度
skewed_feats = train[numeric_feats].apply(lambda x: skew(x.dropna()))
```

→ 接下頁

（右側直書）建立迴歸與梯度提升決策樹模型（Gradient Boosting Decision Tree Model, GBDT Model）

```
print('-----Skewness of non-object type column-----')
print(skewed_feats)
# 僅將偏度大於 0.75 的欄位再帶入 skewed_feats
skewed_feats = skewed_feats[skewed_feats > 0.75]
print('-----Skewness greater than 0.75-----')
print(skewed_feats)
# 取得所選出的欄位的 index
skewed_feats = skewed_feats.index
# 將偏度大於 0.75 的欄位進行對數轉換
all_data[skewed_feats] = np.log1p(all_data[skewed_feats])
all_data[skewed_feats] # 對偏度大於 0.75 的欄位執行對數轉換後輸出
```

▼ 輸出

```
-----Column of non-object type-----
Index(['MSSubClass', 'LotFrontage', 'LotArea',
       'OverallQual', 'OverallCond', 'YearBuilt',
       'YearRemodAdd', 'MasVnrArea', 'BsmtFinSF1',
       'BsmtFinSF2', 'BsmtUnfSF', 'TotalBsmtSF',
       '1stFlrSF', '2ndFlrSF', 'LowQualFinSF',
       'GrLivArea','BsmtFullBath', 'BsmtHalfBath',
       'FullBath', 'HalfBath', 'BedroomAbvGr',
       'KitchenAbvGr', 'TotRmsAbvGrd', 'Fireplaces',
       'GarageYrBlt', 'GarageCars', 'GarageArea',
       'WoodDeckSF', 'OpenPorchSF', 'EnclosedPorch',
       '3SsnPorch', 'ScreenPorch', 'PoolArea',
       'MiscVal', 'MoSold', 'YrSold'],
      dtype='object')
-----Skewness of non-object type column-----
MSSubClass          1.406210
LotFrontage         2.160866
LotArea            12.195142
OverallQual         0.216721
OverallCond         0.692355
YearBuilt          -0.612831
YearRemodAdd       -0.503044
MasVnrArea          2.666326
BsmtFinSF1          1.683771
BsmtFinSF2          4.250888
BsmtUnfSF           0.919323
```

→ 接下頁

```
TotalBsmtSF        1.522688
1stFlrSF           1.375342
2ndFlrSF           0.812194
LowQualFinSF       9.002080
GrLivArea          1.365156
BsmtFullBath       0.595454
BsmtHalfBath       4.099186
FullBath           0.036524
HalfBath           0.675203
BedroomAbvGr       0.211572
KitchenAbvGr       4.483784
TotRmsAbvGrd       0.675646
Fireplaces         0.648898
GarageYrBlt       -0.648708
GarageCars        -0.342197
GarageArea         0.179796
WoodDeckSF         1.539792
OpenPorchSF        2.361912
EnclosedPorch      3.086696
3SsnPorch         10.293752
ScreenPorch        4.117977
PoolArea          14.813135
MiscVal           24.451640
MoSold             0.211835
YrSold             0.096170
dtype: float64
-----Skewness greater than 0.75-----
MSSubClass         1.406210
LotFrontage        2.160866
LotArea           12.195142
MasVnrArea         2.666326
BsmtFinSF1         1.683771
BsmtFinSF2         4.250888
BsmtUnfSF          0.919323
TotalBsmtSF        1.522688
1stFlrSF           1.375342
2ndFlrSF           0.812194
LowQualFinSF       9.002080
GrLivArea          1.365156
BsmtHalfBath       4.099186
```

→ 接下頁

建立迴歸與梯度提升決策樹模型（Gradient Boosting Decision Tree Model, GBDT Model）

```
KitchenAbvGr      4.483784
WoodDeckSF        1.539792
OpenPorchSF       2.361912
EnclosedPorch     3.086696
3SsnPorch        10.293752
ScreenPorch       4.117977
PoolArea         14.813135
MiscVal          24.451640
dtype: float64
```

	MSSubClass	LotFrontage	LotArea	MasVnrArea	BsmtFinSF1	BsmtFinSF2	BsmtUnfSF	TotalBsmtSF	1stFlrSF	2ndFlrSF
0	4.110874	4.189655	9.042040	5.283204	6.561031	0.0	5.017280	6.753438	6.753438	6.751101
1	3.044522	4.394449	9.169623	0.000000	6.886532	0.0	5.652489	7.141245	7.141245	0.000000
2	4.110874	4.234107	9.328212	5.093750	6.188264	0.0	6.075346	6.825460	6.825460	6.765039
3	4.262680	4.110874	9.164401	0.000000	5.379897	0.0	6.293419	6.629363	6.869014	6.629363
4	4.110874	4.442651	9.565284	5.860786	6.486161	0.0	6.196444	7.044033	7.044033	6.960348
...	...	...	...	...	...	...	...	...	...	...
1454	5.081404	3.091042	7.568896	0.000000	0.000000	0.0	6.304449	6.304449	6.304449	6.304449
1455	5.081404	3.091042	7.546974	0.000000	5.533389	0.0	5.686975	6.304449	6.304449	6.304449
1456	3.044522	5.081404	9.903538	0.000000	7.110696	0.0	0.000000	7.110696	7.110696	0.000000
1457	4.454347	4.143135	9.253591	0.000000	5.823046	0.0	6.356108	6.816736	6.878326	0.000000
1458	4.110874	4.317488	9.172431	4.553877	6.632002	0.0	5.476464	6.904751	6.904751	6.912743

2919 rows × 21 columns

GrLivArea	BsmtHalfBath	KitchenAbvGr	WoodDeckSF	OpenPorchSF	EnclosedPorch	3SsnPorch	ScreenPorch	PoolArea	MiscVal
7.444833	0.000000	0.693147	0.000000	4.127134	0.000000	0.0	0.0	0.0	0.000000
7.141245	0.693147	0.693147	5.700444	0.000000	0.000000	0.0	0.0	0.0	0.000000
7.488294	0.000000	0.693147	0.000000	3.761200	0.000000	0.0	0.0	0.0	0.000000
7.448916	0.000000	0.693147	0.000000	3.583519	5.609472	0.0	0.0	0.0	0.000000
7.695758	0.000000	0.693147	5.262690	4.442651	0.000000	0.0	0.0	0.0	0.000000
...	...	...	...	...	...	...	...	...	...
6.996681	0.000000	0.693147	0.000000	0.000000	0.000000	0.0	0.0	0.0	0.000000
6.996681	0.000000	0.693147	0.000000	3.218876	0.000000	0.0	0.0	0.0	0.000000
7.110696	0.000000	0.693147	6.163315	0.000000	0.000000	0.0	0.0	0.0	0.000000
6.878326	0.693147	0.693147	4.394449	3.496508	0.000000	0.0	0.0	0.0	6.552508
7.601402	0.000000	0.693147	5.252273	3.891820	0.000000	0.0	0.0	0.0	0.000000

用 One-hot encoding 轉換類別變數

在 House Prices 的資料當中存在著許多類別變數。例如（土地形狀）就包含了 IR1（不規則型 1）、IR2（不規則型 2）、IR3（不規則型 3）、Reg（有規則的）這 4 種項目，我們可以把資料依據「LotShape」分成 4 類。

現在，我們要將類別變數進行 One-hot encoding，藉此將類別變數轉換成「有或沒有」、「是不是某個項目」這種方法來表示。編碼後所產生的二元變數（又稱虛擬變數，Dummy Variable）只有「1」或「0」兩種數值。以下我們用「LotShape」來當範例進行 One-hot encoding。

▼ **將 LotShape（土地形狀）進行 One-hot encoding（Cell 7）**

```
cc_data = pd.get_dummies(train['LotShape'])
# 新增原本的「LotShape」
cc_data['LotShape'] = train['LotShape']
# 輸出 20 列
cc_data[:20]
```

▼ **輸出**

```
   IR1 IR2 IR3 Reg LotShape
0    0   0   0   1  Reg
1    0   0   0   1  Reg
2    1   0   0   0  IR1
3    1   0   0   0  IR1
4    1   0   0   0  IR1
5    1   0   0   0  IR1
6    0   0   0   1  Reg
7    1   0   0   0  IR1
8    0   0   0   1  Reg
9    0   0   0   1  Reg
10   0   0   0   1  Reg
```

→ 接下頁

建立迴歸與梯度提升決策樹模型（Gradient Boosting Decision Tree Model, GBDT Model）

3

```
11    1    0    0    0    IR1
12    0    1    0    0    IR2
13    1    0    0    0    IR1
14    1    0    0    0    IR1
15    0    0    0    1    Reg
16    1    0    0    0    IR1
17    0    0    0    1    Reg
18    0    0    0    1    Reg
19    0    0    0    1    Reg
```

　　Pandas 的 get_dummies() 函式會自動偵測 DataFrame 中屬於類別
變數的欄位，將其進行 One-hot encoding。

▼ 使用 get_dummies() 進行 One-hot encoding（Cell 8）

```
all_data = pd.get_dummies(all_data)
```

 ## 將缺失值代換為平均值

　　剛剛我們在確認資料內容的時候，已經知道有 19 個特徵含有缺失值
（此資料集的缺失值會呈現 NaN。有缺失值的特徵，在呼叫 train.info()
時，該特徵 non-null 就會低於資料筆數 1460 個），此時我們運用該特
徵的平均值來填補缺失值。不過，我們只會從訓練資料當中求出平均值，
這是為了避免在訓練模型的過程中，使用太多測試資料的內容（編註：使
用太多測試資料很像洩題）。

▼ 將呈現 NaN 的缺失值代換為該特徵的平均值（從訓練資料求出平均值）（Cell 9）

```
all_data = all_data.fillna(all_data[:train.shape[0]].mean())
```

3.2 訓練迴歸（Regression）模型

本節重點

◉ 訓練 Ridge 迴歸模型，並最小化均方根誤差（Root Mean Squared Error, RMSE）。

◉ 訓練 LASSO 迴歸模型，並最小化均方根誤差。

使用的 Kaggle 範例

House Prices: Advanced Regression Techniques

本節就要開始講解建模，會從 Ridge 迴歸、LASSO 迴歸這 2 種迴歸模型開始介紹。

3.2.1　Ridge 迴歸、LASSO 迴歸兩者常規化上的差異

線性迴歸使用的數學結構，一般來說是多個變數的多項式：

★ 線性迴歸數學結構

$$f_w(x) = w_0 + w_1 x_1 + w_2 x_2 + w_3 x_3 + \cdots + w_n x_n$$

$f_w(x)$ 是變數 x、權重 w 的函數，函數的輸出為預測值。線性迴歸的目標就是在於找出讓 $f_w(x)$ 值跟真實值（正確答案，標籤）的誤差能夠最小化的 w。此時，要量測誤差 $E(w)$ 最單純的方法，就是均方誤差（Mean Squared Error, MSE）。

★ 均方誤差

$$E(w) = \frac{1}{n} \sum_{i=1}^{n} (t_i - f_w(x_i))^2$$

- n：資料筆數

- $f_w(x_i)$：第 i 筆資料的預測值

- t_i：第 i 筆資料的真實值（正確答案，標籤）

在 House Prices 這個範例，即是將均方誤差計算結果再開根號的均方根誤差（Root Mean Squared Error, RMSE）作為誤差函數（損失函數）。均方根誤差在預測值大幅超過真實值，誤差 $E(w)$ 就會很大，適合用來評估售價預測的準確率。

★ 均方根誤差

$$E(w) = \sqrt{\frac{1}{n} \sum_{i=1}^{n} (t_i - f_w(x_i))^2}$$

不只是線性迴歸，其他如神經網路，都致力於改變權重值以縮小誤差。但隨著訓練時間越久，越會產生過度配適（Overfitting）。過度配適的意思是因為模型精密地匹配訓練資料、欠缺靈活性，導致在面對未知的測試資料時難以得到好的預測結果。

Ridge 迴歸

Ridge 迴歸是常規化（Regularization）線性迴歸的一種。此處，常規化的做法是在誤差函數加上「權重的平方和」，又稱 L2 範數（L2 Norm），L2 範數在數學上也可視為歐幾里得距離，公式如下：

★ L2 範數

$$\lambda \sum_{j=1}^{m} w_j^2$$

在 Ridge 迴歸中使用方均根誤差以及 L2 範數，可以得到最終的誤差函數：

★ Ridge 迴歸

$$E(w) = \sqrt{\frac{1}{n} \sum_{i=1}^{n} (t_i - f_w(x_i))^2} + \lambda \sum_{j=1}^{m} w_j^2$$

藉由增加超參數 λ 的值，能加大 L2 範數對誤差函數的影響力，進而提升常規化的強度，以縮小模型的權重數值。控制權重數值不要變得過大，就能避免模型產生過度配適。當運用 L2 範數來進行常規化的情形中，因為權重通常不會被壓縮成 0，所以當特徵越多，模型還是會越複雜（ 編註： 但接下來介紹的 L1 範數，有機會在特徵很多的時候，模型不會變複雜）。

LASSO 迴歸

LASSO 迴歸也是常規化線性迴歸的一種，跟 Ridge 迴歸的差異在於：LASSO 使用「權重絕對值和」，又稱 L1 範數，公式如下：

★ L1 範數

$$\lambda \sum_{j=1}^{m} |w_j|$$

建立迴歸與梯度提升決策樹模型（Gradient Boosting Decision Tree Model, GBDT Model）

在 LASSO 迴歸中使用方均根誤差以及 L1 範數，可以得到最終的誤差函數：

★ LASSO 迴歸

$$E(w) = \sqrt{\frac{1}{n}\sum_{i=1}^{n}(t_i - f_w(x_i))^2} + \lambda\sum_{j=1}^{m}\left|w_j\right|$$

與 Ridge 迴歸不同，Lasso 迴歸的特性是會將判斷為無效特徵的係數（權重）歸 0。這表示只有會影響到標籤的特徵留在模型，所以模型當中所包含的特徵數量會較少、變得相對容易解讀。只是，當存在著多數關聯性較強的特徵時，整個模型卻只用少數的特徵來做預測，也就表示模型的效能受限於局部特徵。

3.2.2 建立 Ridge 迴歸模型

首先我們來嘗試 Ridge 迴歸。我們準備 10 種常規化強度，來研究每一種強度會造成多少程度的損失。第一步，先將資料預處理時結合起來的訓練資料與測試資料切分開來，並將對數轉換後的房屋售價當作是訓練時的正確答案。

▼ 分開訓練資料與測試資料（Cell 10）

```
X_train = all_data[:train.shape[0]]
X_test = all_data[train.shape[0]:]
y = train.SalePrice
```

定義計算均方根誤差的函式

我們會用均方根誤差來評估模型的預測準確率，驗證機制採用 5-fold 交叉驗證（Cross Validation）。

▼ **定義均方根誤差以及交叉驗證（Cell 11）**

```python
from sklearn.model_selection import cross_val_score
def rmse_cv(model):
    """ 均方根誤差
    Parameters:
        model(obj): Model object
    Returns:
        (float) 訓練資料的輸出值與真實值的 RMSE
    """
    # 使用交叉驗證取得均方根誤差
    rmse = np.sqrt(-cross_val_score(model, X_train, y,
                    scoring="neg_mean_squared_error", # 均方根誤差
                    cv = 5)) # 將資料分為 5 份
    return(rmse)
```

使用 sklearn.model_selection.cross_val_score() 即可以進行交叉驗證，並輸出模型分數。語法如下：

語法	sklearn.model_selection.cross_val_score(　　estimator, X, y = None, 　　groups = None, scoring = None, cv = None, 　　n_jobs = None, verbose = 0, fit_params = None, 　　pre_dispatch = '2 * n_jobs', 　　error_score = nan)
	estimator	模型。
	X	特徵。
	y	標籤。
	groups	將資料分組，同一組資料不會被拆開成訓練資料、驗證資料。預設為 None。
	scoring	評等模型時所使用的誤差函數。
參數說明	cv	交叉驗證的 fold 數。
	n_jobs	用於計算的 CPU 的數量。預設的 None 代表 1 的意思。設定為 −1 時則表示會使用所有的處理器。
	verbose	印出細節資訊。預設為 0。
	fit_params	fit() 函式的參數。
	per_dispatch	控制同時 dispatch 的工作（job）數量。設定小一點可以避免當工作數量比 CPU 能處理的量還多時，所造成的記憶體不足。預設為 '2 * n_jobs'。
	error_score	訓練過程出問題時，模型的評價分數。若設定為「raise」就會直接產生錯誤訊息，若是指定數字就只會產生 FitFailedWarning 訊息。預設為 nan。

建立 Ridge 迴歸模型

使用 scikit-learn 的 sklearn.linear_model.Ridge 來建立 Ridge 迴歸模型，並準備 10 種 L2 常規化強度。

▼ **建立 Ridge 迴歸模型（Cell 12）**

```python
from sklearn.linear_model import Ridge

# 建立 Ridge 迴歸模型
model_ridge = Ridge()

# 準備 10 種 L2 常規化強度
alphas = [0.05, 0.1, 0.5, 1, 5, 10, 15, 30, 50, 75]
# 套用各種常規化強度並執行 Ridge 迴歸
# 將資料分割為 5 個部分進行交叉驗證，求出 RMSE、並取得該平均值
cv_ridge = [rmse_cv(Ridge(alpha = alpha)).mean()
            for alpha in alphas]


# 將 cv_ridge 轉換為 Series object
cv_ridge = pd.Series(cv_ridge, index = alphas)
# 輸出分數
print('Ridge RMSE loss:')
print(cv_ridge, '\n')
# 輸出分數的平均
print('Ridge RMSE loss Mean:')
print(cv_ridge.mean())

# 將各個常規化的強度製作為圖表
plt.figure(figsize=(10, 5)) # 描繪區域的尺寸
plt.plot(cv_ridge) # 將 cv_ridge 描繪為圖形
plt.grid() # 顯示格線
plt.title('Validation - by regularization strength')
plt.xlabel('Alpha')
plt.ylabel('RMSE')
plt.show()
```

▼ **輸出**

```
Ridge RMSE loss:
0.05      0.138937
0.10      0.137777
0.50      0.133467
1.00      0.131362
5.00      0.127821
10.00     0.127337
15.00     0.127529
30.00     0.128958
50.00     0.130994
75.00     0.133163
dtype: float64

Ridge RMSE loss Mean:
0.13173438128730303
```

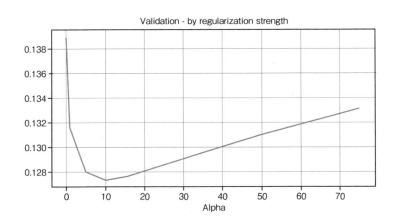

3.2.3 建立 LASSO 迴歸模型

接著，我們來嘗試 LASSO 迴歸。建立 Lasso 迴歸可以用 scikit-learn 裡的 sklearn.linear_model.Lasso，我們指定 L1 常規化的強度為 [1, 0.1, 0.001, 0.0005] 這 4 種，4 個模型都訓練好後，我們會選分數最高的模型來做後續的預測。sklearn.linear_model.Lasso.LassoCV() 的語法如下：

語法	sklearn.linear_model.LassoCV(	
	eps=0.001, n_alphas=100, alphas=None,	
	fit_intercept=True, normalize=False, precompute='auto',	
	max_iter=1000, tol=0.0001, copy_X=True, cv=None,	
	verbose=False, n_jobs=None, positive=False,	
	random_state=None, selection='cyclic')	
主要參數說明	eps	最小常規化除以最大常規化的值。預設為 0.001。
	n_alphas	常規化強度（alpha）清單的尺寸。預設為 100。
	alphas	用於學習的常規化強度（alpha）清單。
	fit_intercept	是否計算模型的截距。預設為 Ture。
	normalize	當本參數為 Ture 時，資料會於事前進行常規化。預設為 False。fit_intercept 被設定為 False 時，則本參數會自動被忽略。
	max_iter	反覆處理的最大次數。預設為 1000。
	tol	最佳化的容許範圍。若更新時的數值必 tol 值還要小的話，就會持續進行最佳化直到超過 tol 值為止。預設為 0.0001。
	cv	交叉驗證的方法。當指定為整數值時，會依據所指定之數字進行分割。

▼ 建立 LASSO 迴歸模型（Cell 13）

```
from sklearn.linear_model import LassoCV

# 使用 LASSO 迴歸模型進行推斷
# 使用 4 種 L1 範數進行嘗試
model_lasso = LassoCV(alphas = [1, 0.1, 0.001, 0.0005]).fit(X_train, y)

print('Lasso regression RMSE loss:')                 # 透過交叉驗證
print(rmse_cv(model_lasso))                           # 輸出 RMSE

print('Average loss:', rmse_cv(model_lasso).mean()) # 輸出 RMSE 的平均
print('Minimum loss:', rmse_cv(model_lasso).min())# 輸出 RMSE 的最小值
print('Best alpha :', model_lasso.alpha_)   # 輸出被系統選用的 alpha 值
```

▼ 輸出

```
Lasso regression RMSE loss:
[0.10330995 0.13147299 0.12552458 0.10530461 0.14723333]
Average loss: 0.12256909294466997
Minimum loss: 0.10330995071896422
Best alpha : 0.0005
```

3.3 建立梯度提升決策樹
（Gradient Boosting Decision Tree, GBDT）模型

> **本節重點**
>
> ◉ 訓練梯度提升決策樹模型，並最小化均方根誤差。
>
> **使用的 Kaggle 範例**
>
> | House Prices: Advanced Regression Techniques |
> | --- |

　　最後，我們來建立梯度提升決策樹（Gradient Boosting Decision Tree, GBDT）來預測房價。我們使用 XGBoost 函式庫來建立梯度提升決策樹。

3.3.1 梯度提升決策樹基本介紹

　　梯度提升決策樹的特色是將目前預測值與真實值（標籤）的誤差，交由後面的決策樹來縮小。一個一個往下傳遞的過程中，逐漸縮小誤差值。

　　相反的，機器學習當中經常使用的隨機森林（Random Forest）演算法中，若我們要建立 3 棵決策樹時，隨機森林會平行訓練這 3 棵決策樹，最後用多數決的方式來決定預測值。而梯度提升決策樹的理念，則是隨著決策樹的增加，讓每棵決策樹所要處理的誤差越來越小。

▼ 梯度提升決策樹的思維

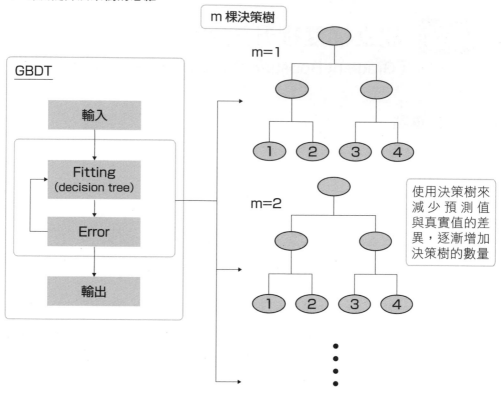

　　在 XGBoost、LightGBM、CatBoost 等函式庫都能建立梯度提升決策樹，匯入即可使用，這次我們選用 XGBoost。XGBoost 有 Learning API 版本跟 scikit-learn API 版本這 2 種，我們會分別將這 2 種版本應用在驗證與製作模型上頭。

▌編註：若想要了解梯度提升決策樹的詳細演算法，可以參考旗標出版的「Kaggle 競賽攻頂秘笈 – 揭開 Grandmaster 的特徵工程心法，掌握制勝的關鍵技術」第 4 章。

3.3.2 XGBoost 模型主要函式

 xgboost.DMatrix()

DMatrix 是 XGBoost 專用的資料格式，在記憶體效能與訓練速度兩者都達到最佳化。如果需要填補缺失值時，則可使用 missing option。

語法	xgboost.DMatrix(
	    data, label=None, weight=None, base_margin=None,
	    missing=None, silent=False, feature_names=None,
	    feature_types=None, nthread=None)

 xgboost.cv()

為了確認誤差的走勢，我們使用 Learning API 的 xgboost.cv()（編註： scikit-learn API 也有對應的函式，兩者差異不大）。這個函式會使用交叉驗證（Cross Validation）來評估模型性能，並把歷程紀錄傳回。

語法	xgboost.cv(
	    params, dtrain, num_boost_round=10, nfold=3,
	    stratified=False, folds=None, metrics=(), obj=None,
	    feval=None, maximize=False, early_stopping_rounds=None,
	    fpreproc=None, as_pandas=True, verbose_eval=None,
	    show_stdv=True, seed=0, callbacks=None, shuffle=True)	

主要參數說明	params	模型超參數
	dtrain	訓練資料
	num_boost_round	決策樹的創建數量（Boosting 的反覆次數）。預設為 10。
	nfold	交叉驗證時的分割數量。預設為 3。
	early_stopping_rounds	指定提前中止（Early Stopping）的監控次數。預設為 None。
	verbose_eval	是否顯示進行狀況。當為 True 時，會顯示 Boost 階段的進行狀況。指定為整數時，會顯示所有指定的 Boosting Stage 的進行狀況。預設為 None。
	callbacks	回呼函式清單。
	shuffle	在擷取用於驗證資料的樣本時是否要針對資料進行洗牌。預設為 True。

XGBoost 模型主要的超參數

超參數	說明
eta	學習率。可設定於 0～1 的範圍內。預設為 0.3。
gamma	新增分支時至少目標函數要減少多少。若此數值一旦變大，目標函數只減少了一點點時，就不會產生分枝。預設為 0。
max_depth	決策樹的最大深度。將此數值設定越大、模型將越複雜，可能產生過度配適（Overfitting）。預設為 6。
min_child_weight	每個葉片最少需含的資料量。此值越大，會限制一片葉子不能含太少資料，所以分支會變少。預設為 1。
subsample	每次建立決策樹時，是否只用隨機抽出的資料來訓練。預設為 1。
alpha	對決策樹的葉子節點的權重施以 L1 常規化時的強度。預設為 0。
lambda	對決策樹的葉子節點的權重施以 L2 常規化時的強度。預設為 1。

3.3.3 XGBoost 模型超參數調整重點

 eta（學習率）

雖然將學習率調低、增加決策樹的數量，可以提高模型預測能力，但訓練時間也會增加。因此，一開始先從較大的 0.1 開始嘗試，視情況若有需要追求更細緻的準確率時，不妨再去嘗試如 0.01 或 0.05 這類較小的數值。

 num_boost_round（決策樹數量）

將其設定為 1000，或是 1000 以上的值。設定這個數值時需要考慮提前中止的設定（**編註：** 決策樹數量跟提前中止數字太大，容易造成模型過度配適）。

early_stopping_rounds（進行提前中止的監控回數）

一般而言會定在 50 左右。不過，這通常還需臨機應變。倘若還沒訓練出一個好的成果，訓練過程中就停止了，那可能要設定大一點。

 max_depth

管控決策樹的深度，會影響模型的複雜程度。範圍為 3~9 的正整數。建議先用 5。

 min_child_weight

管控決策樹的分枝度，會影響模型的複雜程度。範圍為 0.1～10.0。建議先用預設值。

 alpha、lambda

alpha 決定 L1 常規化強度，lambda 決定 L2 常規化強度。alpha 預設值為 0、lambda 預設值為 1。建議一開始先用預設值。行有餘力，可以試試看用極細微的調整來找出更好的數值。

 subsample

這個超參數可以讓訓練過程增加隨機性。當產生過度配適時，可以試試看 0.9，或是在 0.6～0.95 的範圍內以每 0.5 間隔為單位嘗試調整看看。

編註：若想要了解更多梯度提升決策樹的超參數調整，可以參考旗標出版的「Kaggle 競賽攻頂秘笈 — 揭開 Grandmaster 的特徵工程心法，掌握制勝的關鍵技術」第 6 章。

3.3.4 建立梯度提升決策樹

 使用 Learning API 的建模

首先展示 Learning API 的建模流程。將決策樹的深度設為 3，學習率設為 0.1，決策樹的數量設定為 1000，並透過提前中止（監控次數設為 50）來控制訓練時間。我們會發現由於提前中止發揮功效，決策樹建立了 410 棵後訓練就停止了。

▼ 建立梯度提升決策樹（Cell 14）

```python
import xgboost as xgb

dtrain = xgb.DMatrix(X_train, label = y)

# 決策樹深度為 3、學習率為 0.1
params = {"max_depth":3, "eta":0.1}
# 使用 xgboost 模型執行交叉驗證
cross_val = xgb.cv(params,
                   dtrain,
                   num_boost_round=1000,        # 決策樹的數量
                   early_stopping_rounds=50)    # 提前中止的監控次數
cross_val
```

▼ 輸出

	train-rmse-mean	train-rmse-std	test-rmse-mean	test-rmse-std
0	10.380516	0.003151	10.380511	0.007227
1	9.345150	0.002914	9.345144	0.007585
2	8.413392	0.002711	8.413386	0.007926
3	7.574889	0.002511	7.575220	0.007951
4	6.820173	0.002320	6.820488	0.007688
...	... ...	...		
405	0.040728	0.000315	0.125469	0.013440
406	0.040664	0.000320	0.125464	0.013418
407	0.040607	0.000326	0.125434	0.013416

→ 接下頁

```
408  0.040534    0.000332    0.125432    0.013409
409  0.040472    0.000354    0.125412    0.013406
410 rows × 4 columns
```

▼ 將 **30** 次以後的驗證資料與訓練資料的 **RMSE** 畫出來（**Cell 15**）

```
plt.figure(figsize=(8, 6))    # 描繪區域的尺寸
plt.plot(cross_val.loc[30:,["train-rmse-mean"]], linestyle = '--',
        label = 'Train')
plt.plot(cross_val.loc[30:,["test-rmse-mean"]],
        label = 'Validation')
plt.grid()   # 顯示格線
plt.xlabel('num_boost_round')
plt.ylabel('RMSE')
plt.legend()
plt.show()
```

▼ 輸出

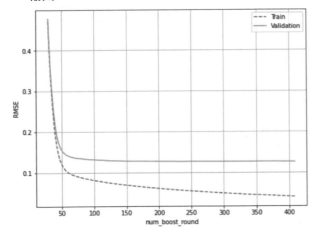

使用 scikit-learn API 建模：

接下來，我們來運用 scikit-learn 的 XGBoost 中所搭載的 XGBModel()，生成決策樹數量 410、深度 3、學習率 0.1 的梯度提升決策樹模型。

▼ 使用 xgboost 學習（Cell 16）

```
model_xgb = xgb.XGBRegressor(n_estimators=410,    # 決策樹數量
                             max_depth=3,          # 決策樹深度
                             learning_rate=0.1)    # 學習率 0.1
model_xgb.fit(X_train, y)
print('xgboost RMSE loss:')
print(rmse_cv(model_xgb).mean()) # 透過交叉驗證輸出 RMSE 的平均
```

▼ 輸出

```
xgboost RMSE loss:
0.12437590040488114
```

3.4 運用 LASSO 迴歸與梯度提升決策樹進行集成（Ensemble）、預測

本結重點

◉ 運用 LASSO 跟梯度提升決策樹這兩個模型來對測試資料進行預測。

◉ 將模型們各自得出的預測結果進行集成，嘗試提升到更高的準確率。

◉ 將提交集成後的預測結果，確認測試資料的預測準確率。

使用的 Kaggle 範例

House Prices: Advanced Regression Techniques

　　截至目前為止，我們練習了 Ridge 迴歸模型、LASSO 迴歸模型、梯度提升決策樹三個方法。依循前述的結果，我們選用效能較好的 LASSO 迴歸與梯度提升決策樹，先各自做預測。待預測完後，將他們的預測結果進行集成來完成最終預測結果，並實際提交。

3.4.1 使用 LASSO 迴歸與梯度提升決策樹進行預測

無論是 LASSO 迴歸、還是梯度提升決策樹，都可以使用 predict() 這個函式來做預測。不過要注意的是，我們的訓練資料中的房價已經做了對數轉換，因此模型做完預測之後要記得逆轉換回房價。逆轉換可以用 NumPy 的 expm1() 這個函式（編註： 請注意此函式名稱的最後一個字是數字 1，不是英文 L 的小寫）。

▼ **使用 LASSO 迴歸與梯度提升決策樹進行預測（Cell 17）**

```
lasso_preds = np.expm1(model_lasso.predict(X_test))
xgb_preds = np.expm1(model_xgb.predict(X_test))
```

3.4.2 對預測結果進行集成

對 LASSO 迴歸與梯度提升決策樹的預測結果進行加權平均來集成，計算出最終版本的預測結果。我們可以根據損失函數來設定兩個模型的權重，由於 LASSO 表現較好，因此我們給 LASSO 模型的權重為 0.7，梯度提升決策樹的權重則為 0.3。

▼ **對 LASSO 迴歸與 GBDT 的預測進行集成（Cell 18）**

```
preds = lasso_preds * 0.7 + xgb_preds * 0.3
```

3.4.3 實際提交，看看預測準確率如何

將房屋售價的預測資料整理為用來提交的 CSV 檔案。

▼ **製作提交用的 CSV 檔案（Cell 19）**

```
solution = pd.DataFrame({"id":test.Id, "SalePrice":preds})
solution.to_csv("ensemble_sol.csv", index = False)
```

3

建立迴歸與梯度提升決策樹模型（Gradient Boosting Decision Tree Model, GBDT Model）

製作完成後，按下 Notebook 右上方的 **Save Version**，再將 **Save Version** 對話框中的 **Save & Run All (Commit)** 設為 ON，最後按下 **Save**。此時 Notebook 會再執行一次全部程式碼，並且產生輸出。最後，在 Notebook 右邊的 **output** 可以下載輸出。

存檔完成後，到「House Prices: Advanced Regression Techniques」首頁點選 **Submit Predictions** 頁籤，在 **Step 1** 的位置上傳我們剛剛儲存的輸出 ensemble_sol.csv，接著在 **Step 2** 裡寫上與這次繳交相關的註解，最後點 **Make Submission**。

▼ 提交預測結果

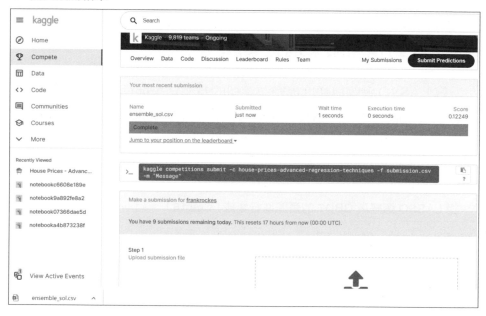

提交後，系統進行測試資料的驗證，確認損失為「0.12249」，便完成這次任務了。

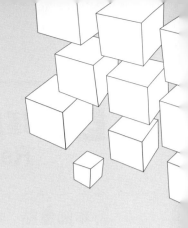

CHAPTER

4

運用神經網路
進行圖像辨識

4.1 運用神經網路處理「Digit Recognizer」圖像辨識

本節重點

◉ 圖像資料所須的預處理：對像素值資料執行正規化（Min-Max Scaling）。

◉ 運用神經網路進行圖像辨識多元分類。

使用的 Kaggle 範例

Digit Recognizer

　　「Digit Recognizer」是辨識圖像（光學字元辨識軟體，Optical Character Recognition）的經典題材，也是 Kaggle 的 Getting Stared 入門專案，可以隨時提交訓練結果看看自己的排名，開設至今也累積了非常多專家貢獻自己的分析技巧。

　　要獲得比別人高的模型準確率，經常會使用深度學習（Deep Learning）中的卷積神經網路（Convolutional Neural Network, CNN）。不過在這一章中我們打算先用基本款：前饋神經網路（Feed-Forward Neural Network, FFNN），用來說明以下 2 點：

● 必備的神經網路相關知識

● 提高訓練成效的各種微調方法

4.1.1 前饋神經網路（Feed-Forward Neural Network, FFNN）

神經網路不僅用於圖像辨識，也可用於辨識如音訊、自然語言處理等，更進一步還會用於透過客戶資料推估他們在市場上購買物品的需求（ 編註： 也就是推薦系統的應用）等用途。

 ## 神經網路的神經元

用一句話來闡述何謂神經網路，就是「我們在程式裡面建構了模擬動物腦細胞的人工神經元，並將其連結成網路」。以圖像辨識來說，將貓咪圖像輸入神經網路，在神經網路模型的輸出就會得出「那張圖像當中是貓咪」這種概念。

動物的大腦是由許多神經細胞所建構而成的巨大網路，我們將每一個神經細胞稱為神經元（Neuron）。在神經元前端有著樹狀突起物：突觸，能接收來自其他神經元的訊號，並藉由突觸與其他神經元連結在一起。因此，我們可以想成大腦有一組巨大的網路，可以處理進入大腦的視覺訊息，其訊息量龐大、複雜，且牽涉到許多神經元。當我們看見某個物體時，訊息會從眼睛進入到大腦網路中，每通過一個神經元，訊號就產生改變，最後所輸出的就是我們辨識的結果。粗略來說，動物的大腦就是藉由流動在由神經元所構成的網路系統當中的訊息，來處理外界與內部的資訊。而神經網路模型是透過多個類似神經元的人工神經元數學模型所建構而成的網路，藉此模擬大腦行為。

▼ 神經元發出訊號的流程

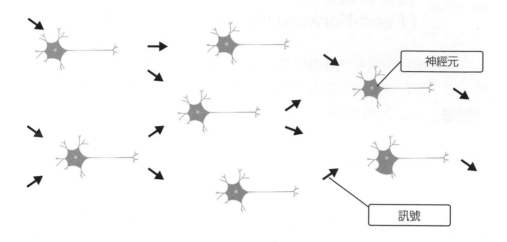

　　人工神經元，就是人們嘗試將腦內的神經元以數學表現在電腦上。人工神經元從其他多個神經元接收訊號，在內部進行轉換（激活函數，後面會介紹），再傳給其他的神經元。

▼ 人工神經元

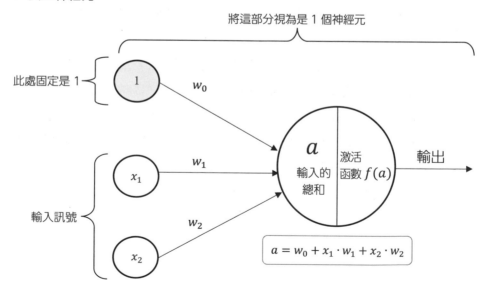

神經網路由多個人工神經元組成網路，透過訓練改變彼此之間的連結強度，進而成為足以解決問題的模型。

以動物的神經元來說，當神經元接收到某種電位訊號傳入的刺激時，會改變電位差而產生「動作電位」，動作電位的任務就是「觸發神經元」。至於傳入的刺激是否會產生動作電位，與產生動作電位所需要的閾值高低有關：電位差超過閾值才會出現動作電位。人工神經元為了要做到這一點，就得將其他神經元傳出的訊號（圖中的 1、x_1、x_2）套用（實際上是乘法）「權重」（圖中的 w_1、w_2），接著「傳入訊號全部加總」（ $a = w_0 + w_1 \times x_1 + w_2 \times x_2$，包含偏值 w_0 ），最後帶入激活函數（圖中的 $f(a)$ ），就輸出了 1 個「觸發／不觸發」的訊號。像這樣只有輸入端跟人工神經元共 2 層結構的模型，稱之為單層感知器（perceptron）。如上圖所示，輸入訊號經過運算後僅輸出 1 個結果。

另一方面，雖然在神經網路當中，單一神經元輸出的訊號只有 1 個，但卻可以將同樣的輸出同時傳遞給多個神經元。上圖當中只有一個訊號輸出，不過實際上箭頭應該更多，也就是輸出給多個神經元的概念。

到這邊我們先來整理神經元、神經網路的基本作動原理。在神經網路當中，是依循以下的流程，以人工方式製造出神經元的網路系統：

輸入訊號→權重（ w_1、w_2 ）、偏值（ w_0 ）→激活函數→輸出（觸發／不觸發）

不過，是否觸發看起來跟「激活函數的輸出」有關，但真要說起來，輸入到激活函數的數值才是決定一切的關鍵。也因為這樣，如何只在正確的時候觸發神經元，而不是隨機觸發神經元，就需要正確調整權重與偏值了。所謂的偏值，指的是直接輸入常數值（ **編註：** 將常數設定為 1，再調整 w_0 來改變偏值），避免輸入的訊號之總和為 0 或者為趨近於 0 的極小值，用意是「將底往上抬」。

所謂訓練，就是將權重、偏值更新為適當的數值

　　整理至此，可見人工神經元要能發揮作用，就得仰賴「權重、偏值」與「激活函數」。激活函數種類繁多，有些是超越特定閾值就能觸發神經元的函數，另一些是輸出觸發神經元的機率的函數（後面會介紹不同種類的激活函數）。然而，權重跟偏值其實不是某個固定的值，因此得在訓練當中去找到合適的值才行。進入人工神經元的訊號，是從其他神經元所傳遞過來的值乘上權重（4-4 頁下方圖中的 w_1、w_2）、還有偏值（4-4 頁下方圖中的 w_0）的加總值。因此無論是哪種激活函數，只要無法有適當的權重跟偏值，人工神經元就無法正確發揮功效。我們用下圖來說明。

▼ **神經網路**

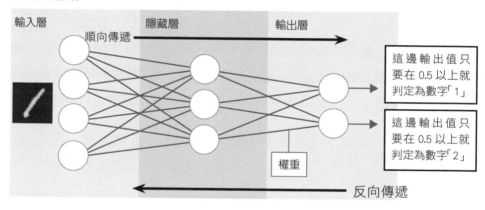

　　本章的範例是「Digit Recognize」，是要辨識 28 x 28 像素的灰階圖像矩陣。但是當圖像輸入至前饋神經網路模型時，圖像需轉換成 784（28 x 28）個像素值所排列而成的陣列，這個陣列稱為輸入層。連接在輸入層之後的則是隱藏層（**編註：** 在輸入層和輸出層之間都屬於隱藏層），圖中的隱藏層往後連接了兩個輸出層的神經元。我們假設當上方的神經元被觸發時，則會將輸入的手寫數字圖像判定為「1」，而下方的神經元被觸發時,則會將輸入的手寫數字圖像判定為「2」。觸發輸出層神經元機制的閾值設定為 0.5,0.5 以上就觸發神經元。而激活函數在此處所展現的功能就是:依據輸入值決定輸出是 0 或 1,或者是收斂在 0～1 範圍內的值。只要手寫數字是 1 的時候上方神經元有觸發就是預測正確。

但是,一開始的權重跟偏值都是隨機決定。可能我們的正確答案為「1」,所以希望觸發上方神經元。但是上方神經元卻輸出 0.1,而下方神經元輸出 0.9(編註: 最後會將答案誤判為「2」)。於是,當數值進行順向傳遞後,就需要測量上方神經元的輸出(0.1),與正確答案(0.5 以上的值)的誤差,並調整那些連接在輸出層的權重與偏值來讓誤差消失。接著還要將調整好的權重與偏值,往前修改前一個隱藏層的權重與偏值,這種跟順向傳遞的方向相反,一步步調整出能讓誤差消失的權重與偏值,我們稱之為反向傳播(Backpropagation)。

若以學術觀點來看,神經網路當中的人工神經元,是將生物體的神經元所執行的動作進行極度簡化之後的產物。單純進行順向傳遞的前饋神經網路,就是最初的神經網路型態。而目前我們口頭上說的神經網路,都是加進了反向傳播來調整權重和偏值,而且可以有很多層,因此又稱為多層感知器(Multilayer Perceptron),具有多層隱藏層的神經網路也就是機器學習領域最熱門的深度學習(Deep Learning)。

如果順向輸出有錯,那就反方向進行修正,進而完成 1 次的訓練

機器學習以及其中的深度學習所提到的「學習」,其實就是指「順向輸出,並透過反向傳播來修正權重與偏值」的過程。不過,只訓練一次當然是不夠。在上頁的案例中,假設我們已經針對這張圖像修正權重與偏

值，將「同一張的手寫數字圖像」再次輸入到神經網路中，上方的神經元無疑是會被觸發。但倘若把數字寫法稍微做些改變（比方說 1 稍微寫得斜斜的）再將圖像輸入，也許就會換成是下方的神經元被觸發。為什麼會這樣呢？這是因為，這個案例當中的神經網路，只針對一開始那張圖像來調整權重和偏值，因此「只能辨識訓練時使用過的圖像」。

我們可以透過輸入了很多張各式各樣寫法的「1」來修正權重與偏值，讓模型去學習無論是什麼樣的「1」都能正確辨識。假設我們已經準備了很多張 1 和 2 的手寫圖像，將這些圖像都輸入到模型，然後得到一個結果（不管對不對），就算「完成了 1 次的模型訓練」。

我們肯定無法用一次的模型訓練，就能夠去正確判別手寫數字 1 與 2（ 編註： 無法讓大多數的圖像輸入後會觸發正確的神經元），所以還得再用同一套圖像資料再繼續訓練模型。模型訓練好之後，我們輸入不同的「1」，應該都只會觸發上方的神經元。運用同樣的方式，輸入「2」的圖像應該也只會觸發下方的神經元。這些就是機器學習當中關於圖像辨識的基本概念。如何讓這樣的訓練過程「正確且有效率地執行」，就是「Digit Recognize」圖像辨識的關鍵點。

4.1.2 製作特徵量（MNIST 資料預處理）

「Digit Recognizer」當中所使用的圖像是 MNIST 資料集，我們先從「Digit Recognizer」頁面上的 **Overview** 看看摘要吧。

「Digit Recognizer」Overview 頁面上的摘要

運用 R 語言或 Python、或是某程度上已具備實務經驗者能夠學習神經網路。

● 說明

手寫圖像辨識資料庫 MNIST（Modified NIST，這裡的 NIST 指的是 National Institute of Standards and Technology（美國國家標準暨技術研究院））自從 1999 年發佈以來，就一直是分類演算法中最具指標性的基礎之一。即使後來機器學習技術日新月異，MNIST 依然是開發人員與學習者相當好用的資源。

此專案的目標是正確地判別幾萬張手寫圖像當中的數字。由參與者所上傳的成果，更是包含了從迴歸手法到神經網路，想學什麼、就有什麼可以參考。

● 目標習得技巧

- 簡單的神經網路電腦視覺基礎

- 支援向量機（Support Vector Machine, SVM）或K-近鄰演算法等分類方法

建立「Digit Recognizer」的 Notebook

　　來到 Kaggle 首頁的查詢欄位輸入「Digit Recognizer」，從查詢結果當中點按「Digit Recognizer」的連結。

▼ 「Digit Recognizer」首頁

切換到 Code 頁面，再按一下 New Notebook，準備開始撰寫程式：

▼ 製作 Notebook

如果是第一次製作 Notebook，就會跳出請我們確認是否已詳閱規章的對話框，請點按 I Understand and Accept。

▼ 是否已詳閱規章的對話框

🧊 MNIST 圖像預處理

　　Notebook 的標題可以自行更改。在 Cell 當中已有預設的程式碼，按下 **Run Current Cell** 執行。

▼ 執行預設程式（Cell 1）

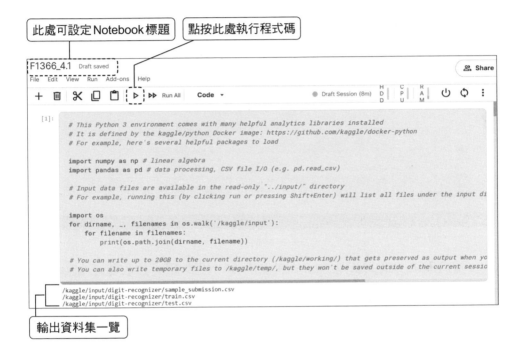

此處可設定 Notebook 標題　　點按此處執行程式碼

輸出資料集一覽

　　此時能從 Notebook 的顯示看到在 input/digit-recognizer/ 裡面有 3 個檔案。

- sample_submission.csv

- train.csv

- test.csv

　　我們將 train.csv 讀入，看看裡面究竟放了些什麼。

▼ 將 train.csv 讀入 pandas 的 DataFrame 當中，顯示內容（Cell 2）

```
train = pd.read_csv('/kaggle/input/digit-recognizer/train.csv')
train
```

▼ 顯示 train.csv 裡面的資料

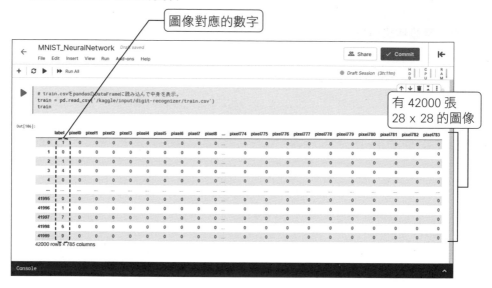

資料有 0～41999 列，每一列就代表一張圖像，共收錄了 42000 張圖像。在 label 那欄則寫了各自對應的手寫數字是 0~9 當中的何者（標籤），隨後的 pixel0～pixel783 欄則是圖像本身的資料（特徵）。手寫數字圖像為 28 x 28 的灰階影像資料，故總共有 28 x 28=784 個像素值排列而成。

為了讓 train.csv 的資料能輸入到神經網路當中，我們要對 train.csv 做以下預處理：

● 將總共 42000 組的資料，分為 31500 組資料用於訓練、10500 組資料用於驗證。

● 將圖像的像素值除以 255.0，限制數值在 0~1.0 範圍當中。

● 將正確答案（標籤）使用 One-hot encoding。

圖像的像素會是灰階色調 0～255 之間的值。可是，神經元中所配置的激活函數，輸出範圍是從 0 到 1.0 的值，為了互相搭配，就必須將所有的像素值除以 255.0，讓像素值的範圍落在 0～1.0 之間。與此同時，圖像上面顯示的答案是從 0 到 9 之間的數字，因此神經網路模型輸出層的數量要設定為 10，這個數量其實就是對應了正確答案當中的 0～9。0～9 總共是 10 種類別，因此將此視為是 10 種類別的多元分類，來解決圖像辨識的問題。這 10 個神經元的輸出，隨著重複訓練模型，就會像下圖所示般逐漸能夠正確辨別。

▼ **輸出層神經元的輸出值與分類結果之間的關係**

輸出層的神經元	輸出「3」的情況	輸出「0」的情況	輸出「9」的情況	分類到的數字
①	0.00	0.99	0.00	0
②	0.00	0.00	0.00	1
③	0.01	0.00	0.01	2
④	0.99	0.01	0.00	3
⑤	0.00	0.00	0.40	4
⑥	0.02	0.02	0.00	5
⑦	0.00	0.00	0.01	6
⑧	0.01	0.01	0.00	7
⑨	0.00	0.00	0.00	8
⑩	0.00	0.00	0.99	9

編註：左邊神經元是從 1 開始編號，這是數學上的習慣，稍後提到矩陣運算也是一樣會從 1 開始，不過由於 Python 索引是從 0 開始編號，因此在解說時容易搞錯，後文提到程式碼時，會盡量加上 "索引" 兩個字方便區分，也請讀者多留意。

正確答案的範圍要配合輸出層的神經元數量，在程式裡會以 10 個元素的陣列來顯示。例如當正確答案是 3 的時候，其陣列內容就會是：[0,

0, 0, 1, 0, 0, 0, 0, 0, 0]。索引 3 的位置會顯示為 1，就表示正確答案是 3（ 編註： 提醒一下，索引是從 0 開始）。像這樣只有 1 個元素是 High（1）、其他都是 Low（0），就稱之為 One-hot encoding。

再來我們在 Cell 3 當中輸入以下的程式碼，進行預處理。

▼ 預處理 MNIST 資料集（Cell 3）

```python
import numpy as np
import pandas as pd
from tensorflow.keras.utils import to_categorical
from sklearn.model_selection import KFold

# 將 train.csv 讀入 pandas 的 DataFrame
train = pd.read_csv('/kaggle/input/digit-recognizer/train.csv')
# 從 train 取出圖像資料，放於 DataFrame object
train_x = train.drop(['label'], axis=1)
# 從 train 取出正確答案，放於 Series object
train_y = train['label']
# 將 test.csv 讀入 pandas 的 DataFrame
test_x = pd.read_csv('/kaggle/input/digit-recognizer/test.csv')

# 將 train 的資料分為 4 個部分，其中 3 個用於訓練、1 個用於驗證
kf = KFold(n_splits=4, shuffle=True, random_state=123)
# 取得用於訓練、以及用於驗證的列的索引
tr_idx, va_idx = list(kf.split(train_x))[0]
# 分別取得訓練圖像資料與驗證圖像資料以及正確答案
tr_x, va_x = train_x.iloc[tr_idx], train_x.iloc[va_idx]
tr_y, va_y = train_y.iloc[tr_idx], train_y.iloc[va_idx]

# 將圖像的像素值除以 255.0，限制在 0 ~ 1.0 範圍內，並轉換為 numpy.array
tr_x, va_x = np.array(tr_x / 255.0), np.array(va_x / 255.0)

# 將正確答案轉換為 One-hot encoding
tr_y = to_categorical(tr_y, 10) # numpy.ndarray object
va_y = to_categorical(va_y, 10) # numpy.ndarray object
```

→ 接下頁

```
# 輸出 tr_x、tr_y、va_x、va_y 的 shape
print(tr_x.shape)
print(tr_y.shape)
print(va_x.shape)
print(va_y.shape)
```

▼ 輸出

```
(31500, 784)
(31500, 10)
(10500, 784)
(10500, 10)
```

可以看到訓練資料跟驗證資料都變成了 2 維陣列：每一列代表一張圖像，每一行代表所有圖像同一個位置的像素值。正確答案的部分，每一列的欄位數為 10，代表確實有順利轉換為 One-hot encoding。接著我們來看看訓練資料當中 0～9 的數字各有幾張。

▼ 每個數字各有幾張影像（Cell 4）

```
from collections import Counter
count = Counter(train['label']) # 確認 0 ~ 9 各有幾張
count
```

▼ 輸出

```
Counter({1: 4684,
         0: 4132,
         4: 4072,
         7: 4401,
         3: 4351,
         5: 3795,
         8: 4063,
         9: 4188,
         2: 4177,
         6: 4137})
```

```
import seaborn as sns
sns.countplot(train['label'] ) # 將 0 ~ 9 的張數製成圖表
```

▼ 輸出

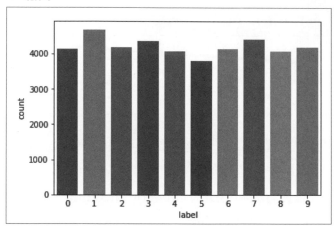

我們嘗試輸出訓練資料中索引 0 的圖像。

▼ 輸出索引 0 的圖像資料（Cell 6）

```
print(tr_x[0]) # 輸出訓練資料的第 0 列
```

▼ 第 1 張圖像

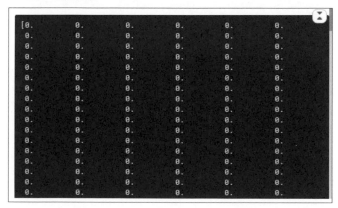

　　這樣有點難懂，我們將內容貼到記事本，以 28 x 28 的形式呈現，就能看出這個數字是 5。

▼ **在記事本中以 28 x 28 的方式呈現圖像資料**

```
[[ 0   0   0   0   0   0   0   0   0   0   0   0   0   0   0   0   0   0   0   0   0   0   0   0   0   0   0   0]
 [ 0   0   0   0   0   0   0   0   0   0   0   0   0   0   0   0   0   0   0   0   0   0   0   0   0   0   0   0]
 [ 0   0   0   0   0   0   0   0   0   0   0   0   0   0   0   0   0   0   0   0   0   0   0   0   0   0   0   0]
 [ 0   0   0   0   0   0   0   0   0   0   0   0   0   0   0   0   0   0   0   0   0   0   0   0   0   0   0   0]
 [ 0   0   0   0   0   0   0   0   0   0   0   3  18  18  18 126 136 175  26 166 255 247 127   0   0   0   0   0]
 [ 0   0   0   0   0   0   0   0  30  36  94 154 170 253 253 253 253 253 225 172 253 242 195  64   0   0   0   0]
 [ 0   0   0   0   0   0   0  49 238 253 253 253 253 253 253 253 253 251  93  82  82  56  39   0   0   0   0   0]
 [ 0   0   0   0   0   0   0  18 219 253 253 253 253 253 198 182 247 241   0   0   0   0   0   0   0   0   0   0]
 [ 0   0   0   0   0   0   0   0  80 156 107 253 253 205  11   0  43 154   0   0   0   0   0   0   0   0   0   0]
 [ 0   0   0   0   0   0   0   0   0  14   1 154 253  90   0   0   0   0   0   0   0   0   0   0   0   0   0   0]
 [ 0   0   0   0   0   0   0   0   0   0   0 139 253 190   2   0   0   0   0   0   0   0   0   0   0   0   0   0]
 [ 0   0   0   0   0   0   0   0   0   0   0  11 190 253  70   0   0   0   0   0   0   0   0   0   0   0   0   0]
 [ 0   0   0   0   0   0   0   0   0   0   0   0  35 241 225 160 108   1   0   0   0   0   0   0   0   0   0   0]
 [ 0   0   0   0   0   0   0   0   0   0   0   0   0  81 240 253 253 119  25   0   0   0   0   0   0   0   0   0]
 [ 0   0   0   0   0   0   0   0   0   0   0   0   0   0  45 186 253 253 150  27   0   0   0   0   0   0   0   0]
 [ 0   0   0   0   0   0   0   0   0   0   0   0   0   0   0  16  93 252 253 187   0   0   0   0   0   0   0   0]
 [ 0   0   0   0   0   0   0   0   0   0   0   0   0   0   0   0   0 249 253 249  64   0   0   0   0   0   0   0]
 [ 0   0   0   0   0   0   0   0   0   0   0   0   0  46 130 183 253 253 207   2   0   0   0   0   0   0   0   0]
 [ 0   0   0   0   0   0   0   0   0   0  39 148 229 253 253 253 250 182   0   0   0   0   0   0   0   0   0   0]
 [ 0   0   0   0   0   0   0   0  24 114 221 253 253 253 253 201  78   0   0   0   0   0   0   0   0   0   0   0]
 [ 0   0   0   0   0   0   0  23  66 213 253 253 253 253 198  81   2   0   0   0   0   0   0   0   0   0   0   0]
 [ 0   0   0   0   0   0  18 171 219 253 253 253 253 195  80   9   0   0   0   0   0   0   0   0   0   0   0   0]
 [ 0   0   0   0  55 172 226 253 253 253 253 244 133  11   0   0   0   0   0   0   0   0   0   0   0   0   0   0]
 [ 0   0   0   0 136 253 253 253 212 135 132  16   0   0   0   0   0   0   0   0   0   0   0   0   0   0   0   0]
 [ 0   0   0   0   0   0   0   0   0   0   0   0   0   0   0   0   0   0   0   0   0   0   0   0   0   0   0   0]
 [ 0   0   0   0   0   0   0   0   0   0   0   0   0   0   0   0   0   0   0   0   0   0   0   0   0   0   0   0]
 [ 0   0   0   0   0   0   0   0   0   0   0   0   0   0   0   0   0   0   0   0   0   0   0   0   0   0   0   0]
 [ 0   0   0   0   0   0   0   0   0   0   0   0   0   0   0   0   0   0   0   0   0   0   0   0   0   0   0   0]]
```

　　再來我們將訓練資料中前 50 張以 Matpolitlib 的圖表功能進行描繪。

▼ **描繪手寫數字的資料（Cell 7）**

```python
import matplotlib.pyplot as plt
%matplotlib inline

# 從訓練資料當中取出 50 張，進行繪製
plt.figure(figsize=(12,10))
x, y = 10, 5 # 用 5X10 方式排列
for i in range(50):
    plt.subplot(y, x, i+1)
    plt.imshow(tr_x[i].reshape((28,28)),interpolation='nearest')
plt.show()
```

▼ 輸出

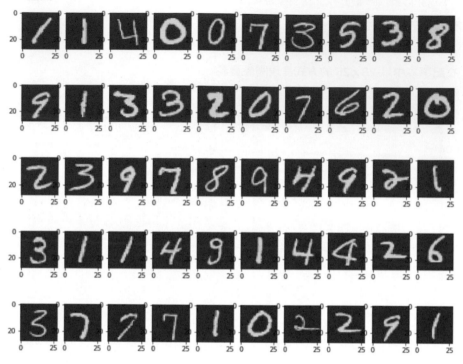

4.1.3 建立神經網路來辨識圖像

　　接著我們來建立能辨識手寫數字圖像的神經網路模型，其具有如下圖所示的雙層結構網路（輸入層就是資料本身，所以不計入網路層數的計算）：

▼ **雙層結構的神經網路**

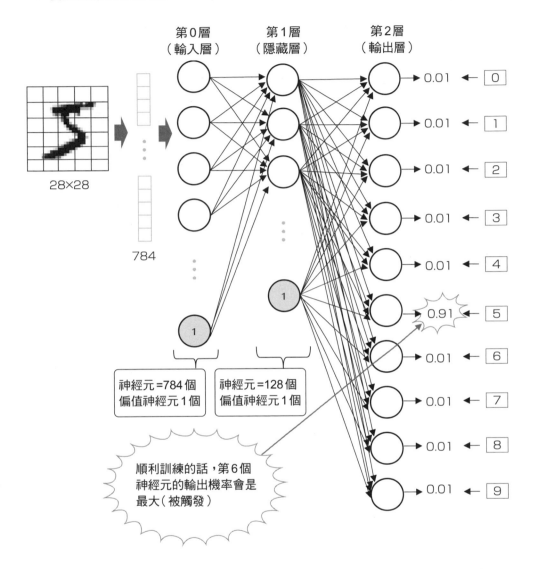

我們用一張數字「5」的圖像作為範例解說。灰底的神經元（圓形單元當中寫了個「1」）是偏值神經元。若要調整偏值的影響，只需要調整偏值神經元到下一個神經元的參數值（4-4頁圖中的 w_0）大小即可。

將輸入的數值乘上權重、加上偏值這件事，會在隱藏層（第 1 層）跟輸出層所有的神經元當中執行，最後觸發輸出層中某個神經元。以手寫數字「5」來說，就是觸發由上往下數第 6 個（因為是從 0 開始）神經元。之後我們會使用 Keras 函式庫來實作這個神經網路。

 ## 第 1 層（隱藏層）的結構

為了之後方便解說神經網路，我們把偏值神經元到下一個神經元的參數（4-4 頁圖中的 w_0）改以 b 來表示，而神經網路中的其他參數（權重）以 w 來表示，並且搭配上下標來定義神經網路內的訊號。

▼ 參數以及其上下標的意思

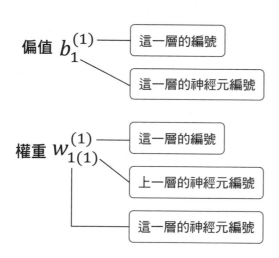

第 0 層（輸入層）是完成預處理的資料本身，這部分（在上一小節）已經做好了，故我們從第 1 層（隱藏層）開始寫程式碼。從第 0 層到第 1 層的結構以下圖呈現。第 0 層有從 $x_1^{(0)}$ 到 $x_{784}^{(0)}$ 以及偏值神經元，共 785 個神經元。

▼ **輸入層到隱藏層**

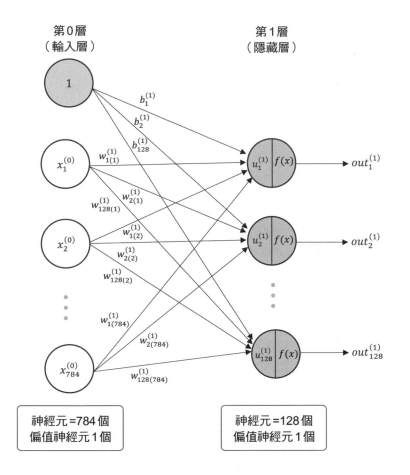

$w_{2(3)}^{(1)}$ 代表上一層，也就是第 0 層的 3 號神經元，跟第 1 層的 2 號神經元，中間的權重。

第 0 層（輸入層）至第 1 層（隱藏層）的處理

用 NumPy 儲存圖像資料，就能將資料放在二維矩陣並以矩陣方式進行計算。這次輸入的訓練資料有 31500 張圖像，每張圖像有 784 個像素值，就形成了 31500 列、784 行的輸入資料矩陣。

▼ 輸入訓練資料

$$
\begin{pmatrix}
x_1^{(0)} & x_2^{(0)} & \cdots & x_{784}^{(0)} \\
x_1^{(0)} & x_2^{(0)} & \cdots & x_{784}^{(0)} \\
\vdots & \vdots & \ddots & \vdots \\
x_1^{(0)} & x_2^{(0)} & \cdots & x_{784}^{(0)}
\end{pmatrix}
$$

行數為一張圖像的資料數，共 784 欄

列數為圖像的張數 31500（編註：此處圖像不編號，因此 $x_1^{(0)} \sim x_{784}^{(0)}$ 出現很多次）

先著眼於第 0 層（輸入層）的第 1 號神經元 $x_1^{(0)}$，它會跟第 1 層（隱藏層）128 個神經元連結，所以 $x_1^{(0)}$ 會乘上 128 個不同的權重值並進入到第 1 層。而第 0 層有 784 個神經元，每一個神經元都會乘上 128 個不同的權重進入第 1 層。因此，從第 0 層到第 1 層中間的權重，可以形成 784 列、128 行的第一層權重矩陣。第 1 層當中的每個神經元會將接收到來自第 0 層 784 個神經元乘上權重的值，並做加總，最後加上偏值。

矩陣乘法是「第一個矩陣的一列，與第二個矩陣的一行相乘，再進行加總」，稱之為矩陣的內積。舉例來說，（2, 3）矩陣與（3, 2）矩陣的內積如下所示，第一個矩陣的列數與第二個矩陣的行數必須是相同。

$$
X \times Y = \begin{pmatrix} 2 & 3 & 4 \\ 5 & 6 & 7 \end{pmatrix} \begin{pmatrix} a & d \\ b & e \\ c & f \end{pmatrix} = \begin{pmatrix} 2a+3b+4c & 2d+3e+4f \\ 5a+6b+7c & 5d+6e+7f \end{pmatrix}
$$

這次輸入的資料是 31500 列、784 行，所以可以與 784 列、128 行計算內積。算出來的矩陣就是 31500 列，128 行。

到這邊先停一下，我們回去看看剛才的神經網路示意圖。第 0 層的每一筆資料有 784 個像素，這跟輸入資料矩陣（31500 列，784 行）的行數是一樣的。也就是說「神經網路的神經元數量會等於矩陣的行數」的法

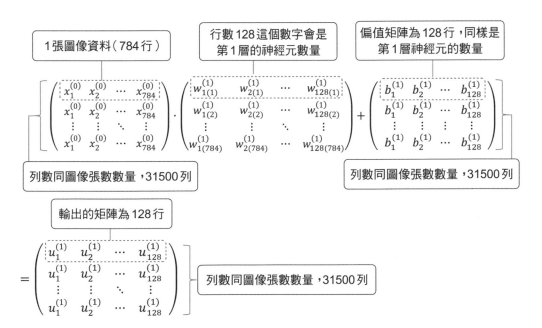

則。所以「權重矩陣的行數」即為「下一層的神經元數量」。以我們的網路結構來說，第 1 層有 128 個神經元，因此我們要準備 784 列、128 行的第 1 層權重矩陣。這時內積的結果會是 31500 列、128 行的矩陣，再準備偏值矩陣來加總，就完成了第 1 層的計算。

▼ 將從輸入層接收的訊號套用第 1 層（隱藏層）的權重與偏值

到這邊已經將訊息傳遞到第 1 層的神經元，再來就是套用各個神經元內的激活函數，以下範例使用 sigmoid 激活函數。

$$
\begin{pmatrix}
sigmoid(u_1^{(1)}) & sigmoid(u_2^{(1)}) & \cdots & sigmoid(u_{128}^{(1)}) \\
sigmoid(u_1^{(1)}) & sigmoid(u_2^{(1)}) & \cdots & sigmoid(u_{128}^{(1)}) \\
\vdots & \vdots & \ddots & \vdots \\
sigmoid(u_1^{(1)}) & sigmoid(u_2^{(1)}) & \cdots & sigmoid(u_{128}^{(1)})
\end{pmatrix}
=
\begin{pmatrix}
out_1^{(1)} & out_2^{(1)} & \cdots & out_{128}^{(1)} \\
out_1^{(1)} & out_2^{(1)} & \cdots & out_{128}^{(1)} \\
\vdots & \vdots & \ddots & \vdots \\
out_1^{(1)} & out_2^{(1)} & \cdots & out_{128}^{(1)}
\end{pmatrix}
$$

Sigmoid 函數

Sigmoid 函數是用來輸出預測機率的激活函數。首先我們先看激活函數的公式：

★ 使用權重 w 與輸入資料 x 求出輸出值

$$out = f_w(x) = u = {}^t wx$$

此函數為「使用權重 w 的轉置與輸入 x 求得輸出值」，${}^t w$ 是將參數向量從行向量轉置成列向量^(註)，x 則是輸入資料行向量。因為轉置了 w，所以就能求其與 x 的內積。此函數，$f_w(x)$，可作為激活函數。不過我們這次所希望的是能夠輸出預測結果的可信度，而可信度會以機率的方式呈現，因此得將函數的輸出值收斂在 $0\sim1$ 之間。為了要將輸出值收斂在 $0\sim1$ 之間，就會使用下述的激活函數：

★ Sigmoid 函數

$$out = f_w(x) = \frac{1}{1+\exp(-u)} = \frac{1}{1+\exp(-{}^t wx)}$$

$\exp(-{}^t wx)$ 為「指數函數」，$\exp(x)$ 表示的是 e^x。會寫成 $\exp(-{}^t wx)$，是因如果寫成 $e^{-{}^t wx}$ 的話，指數部分的字太小、看不清楚。指數函數是將指數的部分作為變量的函數。公式如下：

(註) 雖然大多會用 w^T 或 w^t 來標示轉置，但考量本書中很多情況都會用到右上標，因此將轉置在左上方 ${}^t w$ 來標示（ **編註：** 一般數學上，我們可以會把權重跟資料都擺成行陣列，統一表示法。但是在作數學運算的時候，同樣都是行陣列，是沒辦法直接作內積。因此要把權重矩陣轉置成列向量，這樣就可以進行權重乘資料的運算）。

★ 指數函數

$$y = a^x$$

a 是指數的底數，底數 a 大於 0 但不能是 1。若是將指數函數圖形化，a 大於 1 時就是一路增加，反之 a 介於 0 到 1 之間時則是一路減少。此外，函數的輸出值永遠為正。

▼ 指數函數

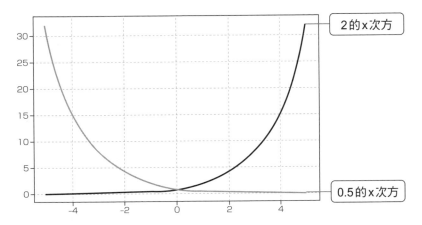

e^x 的 e 稱為尤拉（Euler）數，是個數學常數，具體來說其實是 2.7182…的數值（編註： 日文書都稱納皮爾（John Napier）常數，不過台灣比較常說尤拉數或自然常數）。以 e 作為底數的指數函數 e^x 無論經過多少次的微分，或是多少次的積分，都還是 e^x，因此很多方程式當中都會有 e 在內。NumPy 函式庫裡面也有以 e 做為底數的指數函數 exp()，因此要實作 Sigmoid 函數並非難事。

▼ Python 中實作 Sigmoid 函數

```python
def sigmoid(x):
    return 1 / (1 + np.exp(-x))
```

np.exp(-x) 所對應的算式是 $\exp(-{}^t\!wx)$。若將 ${}^t\!wx$ 的結果以陣列傳遞給 Sigmoid()，代表參數 x 是陣列、np.exp(-x) 也是陣列。但是「1+np.exp(-x)」當中加 1 的部分是純量（Scalar），因此就會變成是純量加陣列。NumPy 當中有所謂的「陣列擴張（Broadcast）」功能：純量與陣列相加會是陣列個別元素與純量相加之後，得到一個新的陣列。以下為一個範例：

★ ${}^t\!wx = \begin{pmatrix} 1 & 2 & 3 \end{pmatrix}$ 的時候

$$1+{}^t\!wx = 1+\begin{pmatrix} 1 & 2 & 3 \end{pmatrix} = \begin{pmatrix} 1+1 & 1+2 & 1+3 \end{pmatrix} = \begin{pmatrix} 2 & 3 & 4 \end{pmatrix}$$

接著我們來編寫將 Sigmoid 函數輸出為圖表的程式碼：

▼ 繪製 Sigmoid 函數圖

```
# inline 顯示圖表
%matplotlib inline
# 匯入函式庫
import numpy as np
import matplotlib.pyplot as plt

def sigmoid(x): # Sigmoid 函數
    return 1 / (1 + np.exp(-x))

# 從 -5.0 到 5.0，以每 0.01 為刻度製成等差數列
x = np.arange(-5.0, 5.0, 0.01)
y = sigmoid(x) # 將等差數列作為引數，執行 Sigmoid 函數
plt.plot(x, # 將等差數列設為 x 軸
         y) # 將 Sigmoid 函數的結果作為 y 軸、描繪圖型
plt.grid(True) # 顯示網格
plt.show()
```

▼ 輸出 Sigmoid 函數圖

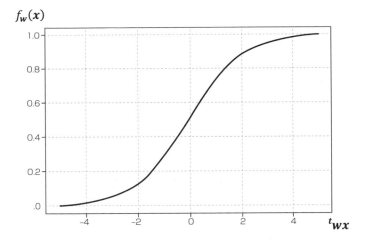

　　若增加 ^twx 的值，則 $f_w(x)$ 就會從 0 往 1 的方向滑順地上升，而 $f_w(x)$ 會介於 0 到 1 之間。另外，在 $f_w(x) = 0.5$ 時，$f_w(x) = 0.5$。

編寫第 1 層（隱藏層）的程式

　　現在要來寫第 1 層的程式。我們在下一個 Cell 要填入以下的程式碼：

▼ 建立第 1 層（Cell 8）

```
# 建立神經網路
# 從 tensorflow.keras.models 匯入 Sequential
from tensorflow.keras.models import Sequential
# 從 tensorflow.keras.layers 匯入 Dense、Activation
from tensorflow.keras.layers import Dense, Activation

# 建立 Sequential object
model = Sequential()
# 第 1 層（隱藏層）
model.add(Dense(128,                        # 神經元數量
                input_dim=tr_x.shape[1],    # 指定輸入的資料之大小
                activation='sigmoid'        # 激活函數為 Sigmoid
                ))
```

keras.models.Sequential 是神經網路當中最基本的物件。使用 Keras 要先建立這個物件，再增加必要的層，進而將模型建構完成。神經網路的隱藏層屬於 keras.layers.Dense 類型的物件，可以用 Sequential 的 add() 來建立一層隱藏層。

Dense() 的第 1 個超參數是神經元的數量，activation 超參數是激活函數，如此一來就能生成神經網路的隱藏層。不過，在前一層是輸入層的時候，我們會需要運用 input_dim 指定欲輸入資料的大小：

```
input_dim=tr_x.shape[1]
```

然後，各位應該會好奇權重與偏值此時該怎麼設定，其實初始化的預設值為 -1.0～1.0 的均勻隨機數。

第 1 層（隱藏層）至第 2 層（輸出層）的處理

我們用下圖來表示從第 1 層（隱藏層）到第 2 層（輸出層）的構造。第 1 層所輸出的是 $out_1^{(1)}$ 到 $out_{128}^{(1)}$，這些經過權重與偏值後，傳到輸出層 10 個神經元。

▼ 第 1 層隱藏層→第 2 層輸出層

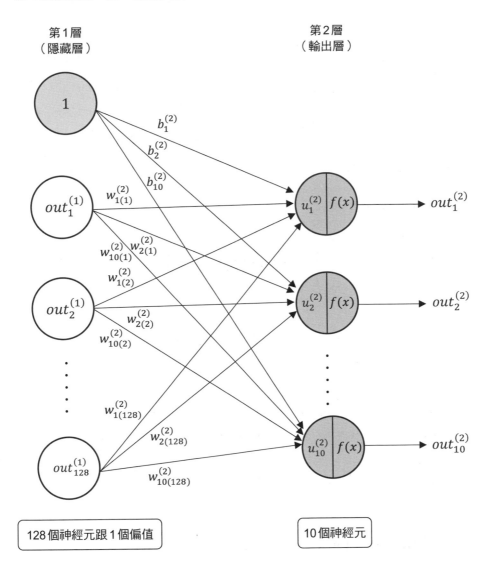

來看看第 2 層是怎麼運作：

▼ 從第 1 層（隱藏層）傳遞過來的訊息搭配上第 2 層（輸出層）的權重與偏值

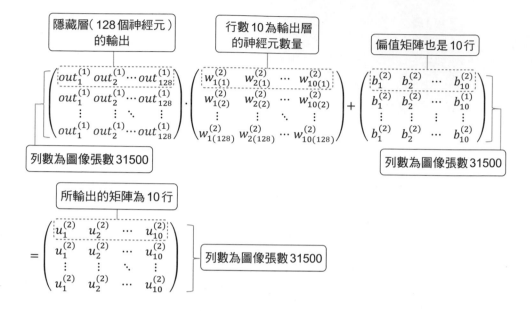

然後是套用各個神經元的激活函數，我們使用「Softmax 函數」作為第 2 層的激活函數：

$$\begin{pmatrix} softmax(u_1^{(2)}) & softmax(u_2^{(2)}) & \cdots & softmax(u_{10}^{(2)}) \\ softmax(u_1^{(2)}) & softmax(u_2^{(2)}) & \cdots & softmax(u_{10}^{(2)}) \\ \vdots & \vdots & \ddots & \vdots \\ softmax(u_1^{(2)}) & softmax(u_2^{(2)}) & \cdots & softmax(u_{10}^{(2)}) \end{pmatrix} = \begin{pmatrix} out_1^{(2)} & out_2^{(2)} & \cdots & out_{10}^{(2)} \\ out_1^{(2)} & out_2^{(2)} & \cdots & out_{10}^{(2)} \\ \vdots & \vdots & \ddots & \vdots \\ out_1^{(2)} & out_2^{(2)} & \cdots & out_{10}^{(2)} \end{pmatrix}$$

Softmax 函數

在這裡我們使用 Softmax 函數作為輸出層的激活函數。這是用於多元分類的函數，會輸出 0～1.0 的實數，特色是所有類別的輸出的加總會是 1。也就是說，我們可以將輸出到 10 個神經元的數值解讀為「機率」。例如辨識「0」的神經元的輸出是 80%，我們可以說輸入的圖像有數字 0 的機率是 80%。

★ Softmax 函數

$$out_k = \frac{\exp(u_k)}{\sum_{i=1}^{n} \exp(u_i)}$$

這個公式在輸出層的神經元總共有 n 個，可求出第 k 個神經元的輸出值 out_k。Softmax 函數的分子是傳入的訊息 u_k 的指數函數，分母則是所有傳入訊息的指數函數加總。透過下述 Python 程式碼實作 Softmax 函數。

▼ 實作 Softmax 函數

```
def softmax(x):
    exp_x = np.exp(x)
    sum_exp_x = np.sum(exp_x)
    y = exp_x / sum_exp_x
    return y
```

不過，實際操作 Softmax 函數時，其實是在計算指數函數，所以運算數值太大可能會出問題。舉例來說，e^{100} 就會是 40 個以上的 0 的數值，非常龐大；要是 e^{1000} 的話，會導致電腦溢位而讓傳回值變成是 inf。

因此在執行 Softmax 函數的指數函數計算時，為了避免這種極大值彼此相除的問題，我們可以在 Softmax 運算結果沒有太大差異的情形下，加上或減掉某些定數。只要取得傳入訊息當中的最大值，執行以下減法，就能避免溢位、正確進行計算了：

xp_x = np.exp(x – 最大值)

▼ 實作改良版 Softmax 函數

```
def softmax(x):
    ''' Softmax 函數
    Parameters:
```

→ 接下頁

```
        x: 套用函數的資料
    '''
    c = np.max(x) # 取傳入的 x 矩陣之最大值
    exp_x = np.exp(x - c) # 將矩陣元素都先減去最大值，避免溢位
    sum_exp_x = np.sum(exp_x)
    y = exp_x / sum_exp_x
    return y
```

 編寫第 2 層（輸出層）的程式

現在要來寫第 2 層的程式。接續第 1 層程式碼，我們要填入以下的程式碼。

▼ 製作第 2 層（輸出層）（接續 Cell 8）

```
# 第 2 層（輸出層）
model.add(Dense(10,                        # 神經元數量與類別數相同
                activation='softmax')) # 指定要適合用於多元分類的 Softmax
```

4.1.4 訓練神經網路

 反向傳播的目的與其進行的處理

現在已經將程式寫到第 2 層（輸出層）了，所以建立前饋神經網路模型就告一段落，剩下的就是要建立專為訓練模型的反向傳播。接著我們就用較為單純的網路結構作為範例，一窺反向傳播的運算流程。

第 1 層（隱藏層）跟第 2 層（輸出層）彼此都有權重與偏值，為了要讓最後輸出與真實值的誤差能夠越小越好，我們一邊調整第 2 層（輸出層）的權重與偏值，一邊同步調整前一層的權重跟偏值。

▼ 雙層網路結構的反向傳遞

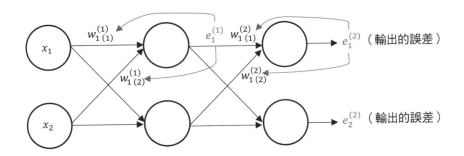

如圖所示，往第 2 層（輸出層）的前一層（反方向）傳遞訊息，並更新權重與偏值，就是執行反向傳播的目的。

第 2 層（輸出層）第一個神經元的輸出誤差為 $e_1^{(2)}$，將誤差分配到第 2 層的權重 $w_{1(1)}^{(2)}$ 與 $w_{1(2)}^{(2)}$。不過，雖然第 2 層的輸出誤差是 $e_1^{(2)}$ 與 $e_2^{(2)}$，但是第 1 層（隱藏層）沒有正確答案（標籤）可以參考，因此無法求出誤差。此時，我們要利用「第 2 層的神經元其實連接著兩個第 1 層神經元」，將輸出誤差 $e_1^{(2)}$ 分配給 $w_{1(1)}^{(2)}$ 和 $w_{1(2)}^{(2)}$，接著再將 $e_2^{(2)}$ 分配給 $w_{2(1)}^{(2)}$ 和 $w_{2(2)}^{(2)}$。

▼ 從第 2 層（輸出層）到第 1 層（隱藏層）的反向傳播

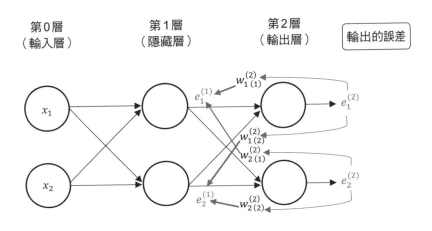

對第 1 層（隱藏層）的輸出值而言，並不存在正確答案，但我們先假設第 1 層第一個神經元的輸出誤差為 $e_1^{(1)}$。$e_1^{(1)}$ 根據權重 $w_{1(1)}^{(2)}$ 與 $w_{2(1)}^{(2)}$ 分配給第 2 層（輸出層）的兩個神經元，這意思是說，我們可以根據第 2 層的誤差，以及權重 $w_{1(1)}^{(2)}$ 與 $w_{2(1)}^{(2)}$，算出第 1 層第一個神經元的輸出誤差 $e_1^{(1)}$。以下的公式為第 1 層的誤差：

★ 求第 1 層（隱藏層）的誤差 $e_1^{(1)}$

$$e_1^{(1)} = e_1^{(2)} \times \frac{w_{1(1)}^{(2)}}{w_{1(1)}^{(2)} + w_{1(2)}^{(2)}} + e_2^{(2)} \times \frac{w_{2(1)}^{(2)}}{w_{2(1)}^{(2)} + w_{2(2)}^{(2)}}$$

★ 求第 1 層（隱藏層）的誤差 $e_2^{(1)}$

$$e_2^{(1)} = e_1^{(2)} \times \frac{w_{1(2)}^{(2)}}{w_{1(1)}^{(2)} + w_{1(2)}^{(2)}} + e_2^{(2)} \times \frac{w_{2(2)}^{(2)}}{w_{2(1)}^{(2)} + w_{2(2)}^{(2)}}$$

這些公式所要表達的，是將與「配合各自相連神經元的權重大小來分配它們應得到的誤差」。以下我們實際計算一次看看：

▼ 從第 2 層（輸出層）到第 1 層（隱藏層）的反向傳播計算範例

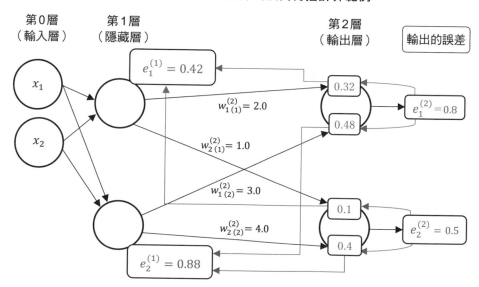

第 2 層（輸出層）第一個神經元的誤差是 0.8，這個神經元連結的權重分別是 2.0 跟 3.0，所以依照權重來重新分配誤差後會變成是 0.32 跟 0.48（**編註**：第 2 層第二個神經元的誤差也可用此方式，依照權重來重新分配誤差，得到 0.1 和 0.4）。另一方面，第 1 層（隱藏層）第一個神經元的誤差則會是反向接收到的誤差合計，所以 0.32 加上 0.1 之後就是變成 0.42。同樣的方法，我們可以得到第 0 層（輸入層）的誤差：

▼ 從第 1 層（隱藏層）到第 0 層（輸入層）的反向傳播計算範例

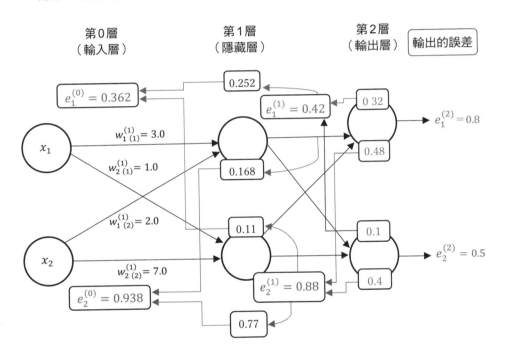

編註：建議這邊可以花點時間用手算一下前面兩張圖方框中的數字，只要算過一次，對反向傳播就很有感了。

到這裡我們已經計算到第 0 層（輸入層）的誤差 $e_1^{(0)}$ 跟 $e_2^{(0)}$ 了，所以可使用這些誤差來更新權重與偏值。不過，這公式是基本形，實際上會運用到的接下來後要介紹的「交叉熵誤差函數」。

交叉熵（Cross Entropy）誤差函數

在運行反向傳播時，必須要先量測輸出值的誤差（神經網路的輸出與真實值的差異）。然而除了輸出層之外，其餘各層都不存在真實值。因此，在推斷真實值時，就必須透過量測現有神經網路的輸出與真實值的差異，並持續調整權重與偏值，讓神經網路的輸出趨近於真實值。量測神經網路的輸出與真實值的差異所用的函數稱為損失函數（Loss Function），剛剛提到的交叉熵誤差函數，就是損失函數的一種。首先我們就看看交叉熵誤差函數原本的樣貌：概似函數（Likelihood Function）。

★ 概似函數

$$L(w) = \prod_{i=1}^{n} P(t_i = 1 \mid x_i)^{t_i} P(t_i = 0 \mid x_i)^{1-t_i}$$

Π（Pai）為連乘的符號（Σ 為連加的符號）。 $P(t_i = 1 \mid x_i)$ 的意思是「在已知訓練資料為 x_i 的條件之下，真實值 t_i 是 1 的機率」，$P(t_i = 1 \mid x_i)$ 的值就是當我們選 Sigmoid 函數（ $f_w(x) = \dfrac{1}{1 + \exp(-^t wx)}$ ）作為輸出層的激活函數時，Sigmoid 函數的輸出值，因此我們的概似函數就是要檢查 Sigmoid 函數的輸出跟真實值的差異。概似函數在統計學上來說，是在已知某些子空間之下，推論產生這個子空間的樣本空間（ 編註： 剛好跟機率相反，機率是在已知樣本空間的情況下，計算某個子空間發生的機率）。公式當中的 $L(w)$ 函數是為了要求出參數 w 的概似函數。只要調整 w（可以是權重，或是偏值）讓函數的輸出為最大值時，就是在訓練模型。我們也稱求此函數最大、最小值的問題為最佳化問題。

最佳化問題常用「微分」來處理。例如「求出函數 $f(x) = x^2$ 的最小值」這個問題當中，$f'(x) = 2x$，可以看出 $x = 0$ 就會是函數最小值 $f(0) = 0$。像這樣去思考函數的最大、最小時，會先將參數進行偏微分，求出梯度。因此，當我們在思考最佳化概似函數時，會使用概似函數對各個參數的偏微分。

話雖如此，因為概似函數持續相乘，所以數值會越來越小，這對電腦而言精確度會出問題，遑論運算乘法所帶來的負擔比加法更大（ **編註：** 概似函數是一堆機率函數連乘，每一個機率函數都是介於 0 到 1 的值，相乘之後會變成非常小的數值，電腦可能無法表示這麼小的數字）。因此我們要在概似函數的等號兩邊作對數運算，讓之後的計算變成是加法、而不是乘法。取對數之後的概似函數，稱之為對數概似函數。

★ **對數概似函數**

$$\log(L(w)) = \log(\prod_{i=1}^{n} P(t_i=1 \mid x_i)^{t_i} P(t_i=0 \mid x_i)^{1-t_i})$$

只要近一步將對數概似函數對參數作偏微分之後，就能找出什麼參數才能最佳化對數概似函數。現在，我們把剛剛上述的算式加上 Sigmoid 後，作一些調整：

★ **對數概似函數加上 Sigmoid 激活函數**

$$\log(L(w)) = \log(\prod_{i=1}^{n} P(t_i=1 \mid x_i)^{t_i} P(t_i=0 \mid x_i)^{1-t_i})$$

$$= \sum_{i=1}^{n} \log P(t_i=1 \mid x_i)^{t_i} P(t_i=0 \mid x_i)^{1-t_i}$$

$$= \sum_{i=1}^{n} (\log P(t_i=1 \mid x_i)^{t_i} + \log P(t_i=0 \mid x_i)^{1-t_i})$$

$$= \sum_{i=1}^{n} (t_i \log P(t_i=1 \mid x_i) + (1-t_i) \log P(t_i=0 \mid x_i))$$

$$= \sum_{i=1}^{n} (t_i \log f_w(x_i) + (1-t_i) \log(1-f_w(x_i)))$$

我們想找一個參數 w 讓對數概似函數變成最大化,但是我們常常是想「如何讓誤差最小」,因此只要在這個對數概似函數加上負號,就會變成是找一個參數 w 讓負的對數概似函數最小化。而這就是交叉熵誤差函數。我們將交叉熵誤差設為 $E(w)$,其公式如下所示。

★ 交叉熵誤差函數

$$E(w) = -\sum_{i=1}^{n} (t_i \log f_w(x_i) + (1 - t_i) \log(1 - f_w(x_i)))$$

所求出的誤差表示的就是「現有的輸出與期待的輸出之間的偏差程度」。當激活函數是 Sigmoid 函數與 Softmax 函數時,就會使用對數概似函數作為誤差函數(損失函數)。現在,我們要知道交叉熵誤差函數對某一個參數 w_j 作偏微的結果:

★ 交叉熵誤差函數對參數 w_j 作偏微

$$\frac{\partial E(w)}{\partial w_j} = -\frac{\partial}{\partial w_j} \sum_{i=1}^{n} (t_i \log f_w(x_i) + (1 - t_i) \log(1 - f_w(x_i)))$$

中間的計算過程省略(編註: 讀者若有興趣計算過程,可以參考旗標出版的「決心打底! Python 深度學習基礎養成」),算完結果如下:

★ 交叉熵誤差函數對參數 w_j 作偏微的結果

$$\frac{\partial E(w)}{\partial w_j} = -\sum_{i=1}^{n} (t_i - f_w(x_i)) x_{j(i)}$$

導出參數的更新公式

　　所謂的最大概似估計（Maximum Likelihood Estimation, MLE），目標就是將概似函數最佳化，所以我們要推導出參數的更新公式。不過，雖然這裡要求的是「交叉熵誤差函數對參數 w_j 偏微等於 0」，但是要直接解出「等於 0」是滿困難。此時會利用梯度下降法（Gradient Descent），透過反覆地訓練來「逐漸更新參數」：

★ **梯度下降法**

$$w_j := w_j - \eta \frac{\partial E(w)}{\partial w_j}$$

　　w 是權重向量，η（唸作 Eta）是學習率，學習率用於調整參數更新率，而 := 這個符號，則是表示將左邊更新為右邊計算結果的意思。梯度下降法用於交叉熵誤差函數，即是「現在的參數值減去斜率可以降低交叉熵誤差函數」，因此，就會變成如下所示：

★ **交叉熵誤差函數參數更新公式**

$$w_j := w_j - \eta \frac{\partial E(w)}{\partial w_j} = w_j + \eta \sum_{i=1}^{n} (t_i - f_w(x_i)) x_{j(i)} \cdots\cdots (1)$$

 梯度下降法的思維

　　我們來看為什麼梯度下降法有用吧！就如同它的名稱是降低梯度，為了要找到最小值，持續地促使它往梯度較低的方向前進。先用簡單的二次函數 $g(x) = (x-1)^2$ 來看看，如圖表所示，當 $x = 1$ 時，函數有最小值 $g(1) = 0$。

▼ 二次函數 $g(x) = (x-1)^2$ 的圖形

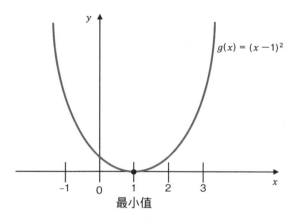

我們假設一個初始值，再去想辦法靠近最小值。第一步我們要先展開 $g(x) = (x-1)^2 = x^2 - 2x + 1$ ，再算微分 $g'(x) = 2x - 2$ 。這樣一來，梯度為正數時就往左更新值、梯度為負數時就往右更新值，如此慢慢趨近最小值。如果從 $x = -1$ 開始的話梯度為負值，此時往右更新值，也就是增加 x ，即可讓 $g(x)$ 值變小。

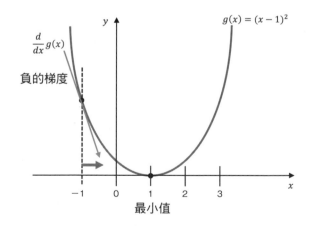

假設初始值是 $x = 3$ ，梯度為正值，當要讓 $g(x)$ 值變小時，就將 x 往左移動，減少 x 值。

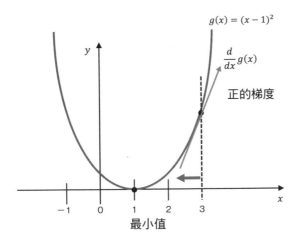

像這樣重複減少 x 值，直到足夠趨近最小值為止。

設定學習率

然而，剛剛的方法的重點之一是「不要越過最小值」。如果說，移動 x 值卻越過了最小值，就會變成不斷在最小值左右永無止盡地來回奔走，甚至開始偏離最小值變成發散的狀態。所以我們得要「一點一滴」更新 x 值。

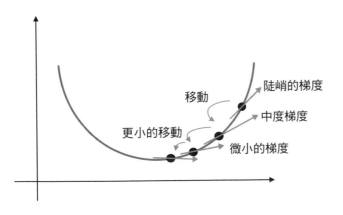

4

運用神經網路進行圖像辨識

像這樣往梯度 $\dfrac{dg(x)}{dx}$ 的符號相反方向「一點一滴地移動」，就會慢慢地趨近最小值。此時學習率 $\eta > 0$ 的話，可以寫成如下的算式：

★ **套用梯度下降法找 $g(x)$ 最小值**

$$x_{i+1} = x_i - \eta \frac{dg(x_i)}{dx}$$

這是用 x_i 去算 x_{i+1}，所以像這種透過 x_i 定義 x_{i+1}，可以用下式表示：

★ **套用梯度下降法找 $g(x)$ 最小值**

$$x := x - \eta \frac{dg(x)}{dx}$$

$\dfrac{dg(x)}{dx}$ 是 $g(x)$ 對 x 微分，也可解讀對 x 來說 $g(x)$ 的變化程度是多少（某瞬間的變化量），我們可以想成「因為 x 的細微變化所導致 $g(x)$ 函數值產生多少變化」。在梯度下降法當中，當 x 的移動方向與使用微分獲得的梯度相反時，就會越接近最小值（讓 $g(x)$ 變成最小）。

這裡的重點是「學習率 η」，它是大於零的數值，大多是 0.1 或 0.01 這種極小值。學習率的大小會對我們抵達最小值的移動（更新）次數有影響，這稱為「收斂速度的變化」。不管怎樣，使用梯度下降法的過程中，如果越接近最小值時梯度也會越小，就比較不需要擔心會越過最小值。重複這些動作一直到幾乎沒什麼在移動時，就可以判定是「收斂」，將該點當作最小值。

神經網路中梯度下降法的更新公式

交叉熵誤差函數含有 $f_w(x_i)$，而 $f_w(x_i)$ 是含有權重 w 與偏值 b 兩種參數。權重 w 與偏值 b 是神經網路中可以調整的參數，因此可以將誤差函數寫為 $E(w,b)$。現在我們打算使用梯度下降法的更新公式來讓誤差函數 $E(w,b)$ 最小。

★ **使用梯度下降法時的參數更新公式**

$$w_j := w_j - \eta \frac{\partial E(w,b)}{\partial w_j}$$

$$b_j := b_j - \eta \frac{\partial E(w,b)}{\partial b_j}$$

前面也有介紹過，這算式是為了使交叉熵誤差最小化的「梯度下降法更新公式」。我們帶入學習率 η，讓權重 w 與偏值 b 一點一滴地更新，當我們判斷誤差已經達到最小時就可以結束訓練。

 權重更新的一般化

接下來會有蠻多瑣碎的算式，各位可以簡單瀏覽。我們將損失函數簡寫為 E，E 對第 L 層第 k 個神經元的輸入訊號去偏微可得 $\delta_k^{(L)}$（唸作「Delta」）：

$$\delta_k^{(L)} = \frac{\partial E}{\partial u_k^{(L)}}$$

這個公式除了偏值神經元之外，其餘所有神經元都需要計算。輸出層 L 的權重 $w_{j(i)}^{(L)}$（j 是輸出層的神經元編號，i 則是上一層的神經元編號）透過梯度下降法所寫出來的更新公式為：

★ 使用梯度下降法的輸出層權重更新公式

$$w_{j(i)}^{(L)} := w_{j(i)}^{(L)} - \eta \frac{\partial E}{\partial w_{j(i)}^{(L)}}$$

接著，對 $\dfrac{\partial E}{\partial w_{j(i)}^{(L)}}$ 使用連鎖律，就會變成：

$$\frac{\partial E}{\partial w_{j(i)}^{(L)}} = \frac{\partial E}{\partial u_j^{(L)}} \frac{\partial u_j^{(L)}}{\partial w_{j(i)}^{(L)}} = \delta_j^{(L)} o_i^{(L-1)} \cdots \cdots (1)$$

其中 $u_j^{(L)}$ 是輸出層第 j 個神經元的輸入訊號，$o_i^{(L-1)}$ 為上一層第 i 個神經元的輸出（ 編註： 損失函數對參數的微分，等於損失函數對激活函數輸入的微分，乘上激活函數輸入對參數的微分）。再將其帶入梯度下降法的輸出層的權重更新公式，就能將其簡化為：

★ 使用梯度下降法的輸出層權重更新公式

$$w_{j(i)}^{L} := w_{j(i)}^{L} - \eta \delta_j^{(L)} o_i^{(L-1)}$$

此時我們將 $\delta_j^{(L)}$ 展開，算式如下：

★ 展開輸出層 $\delta_j^{(L)}$，算式中的。表示阿達瑪（Hadamard）乘積

$$\delta_j^{(L)} = \frac{\partial E}{\partial u_j^{(L)}} = \frac{\partial E}{\partial o_j^{(L)}} \frac{\partial o_j^{(L)}}{\partial u_j^{(L)}} = (o_j^{(L)} - t_j) \circ f'(u_j^{(L)})$$

其中 $o_j^{(L)}$ 是輸出層第 j 個神經元的輸出訊號（預測值），t_j 為輸出層第 j 個神經元的正確答案，$f'(u_j^{(L)})$ 是輸出層第 j 個神經元的激活函數微

分（編註：損失函數對激活函數輸入的微分，等於損失函數對激活函數輸出的微分，乘上激活函數輸出對激活函數輸入的微分）。接著我們來看看輸出層以外的任意第 L 層，其梯度下降法的權重更新公式如下：

★ 第 L 層梯度下降法的權重更新公式

$$w_{i(h)}^{(L)} := w_{i(h)}^{(L)} - \eta \frac{\partial E}{\partial w_{i(h)}^{(L)}}$$

這裡面的 $\dfrac{\partial E}{\partial w_{i(h)}^{(L)}}$ 跟剛剛的算式 (1) 一樣可表示如下：

$$\frac{\partial E}{\partial w_{i(h)}^{(L)}} = \frac{\partial E}{\partial u_i^{(L)}} \frac{\partial u_i^{(L)}}{\partial w_{i(h)}^{(L)}} = \delta_i^{(L)} o_h^{(L-1)}$$

因此輸出層以外的權重更新公式就會變成：

$$w_{i(h)}^{(L)} := w_{i(h)}^{(L)} - \eta \delta_i^{(L)} o_h^{(L-1)}$$

乍看之下跟輸出層的公式很像，但是 $\delta_j^{(L)} = \dfrac{\partial E}{\partial u_j^{(L)}} = \dfrac{\partial E}{\partial o_j^{(L)}} \dfrac{\partial o_j^{(L)}}{\partial u_j^{(L)}}$ 就會出現不同的算式了。$\dfrac{\partial o_i^{(L)}}{\partial u_i^{(L)}}$ 是激活函數微分，$\dfrac{\partial E}{\partial o_i^{(L)}}$ 則可以運用多變數函數的合成函數微分公式展開如下：

$$\frac{\partial E}{\partial o_i^{(L)}} = \sum_{j=1}^{n} \delta_j^{(L+1)} w_{j(i)}^{(L+1)}$$

這邊要注意的是在算式當中出現了 $L+1$ 層的 δ。而 $\dfrac{\partial o_i^{(L)}}{\partial u_i^{(L)}}$ 為 $\dfrac{\partial o_i^{(L)}}{\partial u_i^{(L)}} = \dfrac{\partial f(\partial u_i^{(L)})}{\partial u_i^{(L)}} = f'(u_i^{(L)})$。這就是 L 在輸出層以外的 $\delta_i^{(L)}$ 的情況：

★ 輸出層以外的 $\delta_i^{(L)}$ 公式

$$\delta_i^{(L)} = \frac{\partial E}{\partial u_i^{(L)}} = \frac{\partial E}{\partial o_i^{(L)}} \frac{\partial o_i^{(L)}}{\partial u_i^{(L)}} = (\sum_{j=1}^{n} \delta_j^{(L+1)} w_{j(i)}^{(L+1)}) \circ f'(u_i^{(L)})$$

輸出層的誤差，就是模型輸出值與真實值的誤差。除此之外其他層都不存在所謂的「輸出的誤差」。也因為這樣，剛剛 Σ 所表示的部分是從第 $L+1$ 層開始「反向傳播」，而得出「前一層的輸出誤差」。將前述求出的輸出誤差，乘上輸出值得出乘積，再將其分配給權重，進行權重的更新。

下面這是將神經網路的第 L 層第 i 項的神經元 $u_i^{(L)}$ 的訊息傳入端所連接的權重更新一般化的算式。

★ 神經網路各層權重更新的一般式

$$w_{i(h)}^{(L)} := w_{i(h)}^{(L)} - \eta \delta_i^{(L)} o_h^{(L-1)}$$

不過，$\delta_i^{(L)}$ 在輸出層跟輸出層以外各層的內容是不一樣，需要區分情況來看：

★ $\delta_i^{(L)}$ 在不同情況的公式

當 L 為輸出層時

$$\delta_j^{(L)} = \frac{\partial E}{\partial u_j^{(L)}} = \frac{\partial E}{\partial o_j^{(L)}} \frac{\partial o_j^{(L)}}{\partial u_j^{(L)}} = (o_j^{(L)} - t_j) \circ f'(u_j^{(L)})$$

當 L 為輸出層以外的層時

$$\delta_i^{(L)} = \frac{\partial E}{\partial u_i^{(L)}} = \frac{\partial E}{\partial o_i^{(L)}} \frac{\partial o_i^{(L)}}{\partial u_i^{(L)}} = (\sum_{j=1}^{n} \delta_j^{(L+1)} w_{j(i)}^{(L+1)}) \circ f'(u_i^{(L)})$$

f' 是激活函數的微分，如果輸出層激活函數是 Sigmoid 函數時，則 $f' = (1 - f(x))f(x)$，那麼上面的算式當中的 $f'(u_i^{(L)})$ 代換後可得：

★ $\delta_i^{(L)}$ 在不同情況的公式

當 L 為輸出層時

$$\delta_j^{(L)} = \frac{\partial E}{\partial u_j^{(L)}} = \frac{\partial E}{\partial o_j^{(L)}} \frac{\partial o_j^{(L)}}{\partial u_j^{(L)}} = (o_j^{(L)} - t_j) \circ (1 - f(u_j^{(L)})) \circ f(u_j^{(L)})$$

當 L 為輸出層以外的層時

$$\delta_i^{(L)} = \frac{\partial E}{\partial u_i^{(L)}} = \frac{\partial E}{\partial o_i^{(L)}} \frac{\partial o_i^{(L)}}{\partial u_i^{(L)}} = (\sum_{j=1}^{n} \delta_j^{(L+1)} w_{j(i)}^{(L+1)}) \circ (1 - f(u_i^{(L)})) \circ f(u_i^{(L)})$$

實作反向傳播法

現在要使用 Notebook 實作反向傳播法，其實際的運作過程會在模型編譯的時候進行。我們之前已經建立 Sequential 物件以及第 1 層跟第 2 層，接下來使用 sequential.compile() 的函式編譯，並設定損失函數與最佳化演算法，就完成了。

▼ sequential.compile() 的語法

```
model.compile(loss=' 損失函數 ',
              optimizer=' 最佳化演算法 ',
              metrics=[' 評價指標 '])
```

損失函數當然是選用交叉熵誤差函數，可以使用 Keras 當中專門給二元分類與多元分類的 categorical_crossentropy，因此我們就將超參數 loss 指為用 categorical_crossentropy。最佳化演算法又稱優化器（optimizer），指的是電腦實際計算前述那一堆「權重更新公式」的方法，例如隨機梯度下降法（Stochastic Gradient Descent, SGD）。隨機梯度下降法可以從訓練資料當中，隨機抽取任意數量的資料，稱為批次（Mini batch），來訓練模型（後面有詳細說明，這邊我們先編寫好程式）。只要將 compile() 函式的超參數 optimizer 指定為 sgd，就可使用隨機梯度下降法。不過在 Keras 當中還有其他可以自動調整梯度下降法的學習率等多功能且種類繁多的最佳化演算法，這次我們選用廣受歡迎的 Adam。

在我們剛剛實作神經網路第 2 層的 Cell 8 程式碼中，再加上 compile() 函式，因此目前 Notebook 的 Cell8 裡面所有的程式碼如下：

▼ **編譯模型（Cell 8）**

```python
# 建立神經網路
# 從 tensorflow.keras.models 匯入 Sequential
from tensorflow.keras.models import Sequential
# 從 tensorflow.keras.layers 匯入 Dense、Activation
from tensorflow.keras.layers import Dense, Activation

# 生成 Sequential object
model = Sequential()
# 第 1 層（隱藏層）
model.add(Dense(128,                       # 神經元數量
                input_dim=tr_x.shape[1],   # 指定輸入的資料的 shape
                activation='sigmoid'))     # 激活函數為 Sigmoid

model.add(Dense(10,                        # 神經元數量與類別數相同
                activation='softmax'))     # 激活函數為 Softmax

# 新增 compile() 函式
model.compile(loss='categorical_crossentropy', # 使用交叉熵誤差函數
              optimizer='adam',            # 優化器為 Adam
              metrics=['accuracy'])        # 指定準確率做為評價指標

# 輸出模型的結構
model.summary()
```

Sequential 的 summary() 函式可以輸出神經網路的資訊，一併也加上去。按下 **Run** → **Run current cell**，就會看到如下圖的內容。

▼ **輸出神經網路結構**

```
Model: "sequential"
_____
Layer (type)                 Output Shape             Param #
===============================================================
dense (Dense)                (None, 128)               100480
_____
dense_1 (Dense)              (None, 10)                1290
===============================================================
Total params: 101,770
Trainable params: 101,770
Non-trainable params: 0
_____
```

dense（Dense）是第 1 層（隱藏層），此層的輸出矩陣 shape 為（None, 128）。行數是 128，即是第 1 層的神經元數量。當我們輸入 31500 張圖像的訓練資料之後，就會變成（31500, 128）。而顯示偏值與權重的總參數量是 100,480，這是來自於：

1 張圖像的像素值的數量 784 x Unit 數量 128 ＝ 100,352

100,352 + 128 個偏值＝ 100,480

dense_1（Dense）是第 2 層（輸出層），此層的輸出矩陣 shape 為（None, 10）。行數是 10，即是第 2 層的神經元數量。當我們輸入 31500 張圖像的訓練資料之後，就會變成（31500, 10）。而顯示偏值與權重的總參數量是 1290，這是來自於：

第 1 層 Unit 數量 128 x 第 2 層 Unit 數量 10 ＝ 1,280

1,280 + 10 個偏值＝ 1,290

4.1.5 使用神經網路進行預測

　　我們用訓練好的雙層神經網路，來預測 MNIST 資料集。先設定訓練次數為 5 次，批次大小則定為 100，並開始訓練模型。

▼ 訓練模型（Cell 9）

```
# 訓練模型
result = model.fit(tr_x, tr_y,                    # 訓練資料與正確答案
                   epochs=5,                      # 訓練 5 次
                   batch_size=100,                # 批次大小為 100
                   validation_data=(va_x, va_y),  # 設定驗證資料
                   verbose=1)                     # 輸出訓練結果
```

　　執行上述的程式碼，就會開始訓練模型，並在該 Cell 下方輸出訓練狀況。

▼ 輸出訓練的狀況

```
Epoch 1/5
315/315 [==============================] - 2s 5ms/step - loss:
1.1528 - accuracy: 0.7214 - val_loss: 0.3861 - val_accuracy: 0.8986
Epoch 2/5
315/315 [==============================] - 1s 3ms/step - loss:
0.3464 - accuracy: 0.9084 - val_loss: 0.2902 - val_accuracy: 0.9197
Epoch 3/5
315/315 [==============================] - 1s 3ms/step - loss:
0.2700 - accuracy: 0.9253 - val_loss: 0.2461 - val_accuracy: 0.9307
Epoch 4/5
315/315 [==============================] - 1s 3ms/step - loss:
0.2332 - accuracy: 0.9319 - val_loss: 0.2206 - val_accuracy: 0.9380
Epoch 5/5
315/315 [==============================] - 1s 3ms/step - loss:
0.1990 - accuracy: 0.9455 - val_loss: 0.1990 - val_accuracy: 0.9431
```

　　經過 5 次訓練之後，得出了 94.31% 的準確率。層數、神經元數、還有批次大小等超參數雖然只是隨興輸入的數字，但看起來結果還算是可以接受。

隨機梯度下降法與批次梯度下降法

　　梯度下降法當中，每更新一次權重，都會計算所有資料的誤差函數，因此當資料量龐大時就會相當耗時。而在隨機梯度下降法當中，每次訓練會會隨機抽出部分資料，僅計算部分資料的誤差函數梯度值。不過，因為還牽扯到訓練的次數，每次只抽出 1 個資料有時候效果不佳，因此這個方法會在每次的訓練當中隨機抽出 10～100 筆資料來計算梯度。隨機抽出的資料就稱為「批次」，因此，這個方法稱為是批次梯度下降法。

　　隨機梯度下降法或批次梯度下降法可以解決梯度下降法中「局部最佳解」問題，我們用下圖來跟讀者說明。

▼ **局部最佳解示意圖**

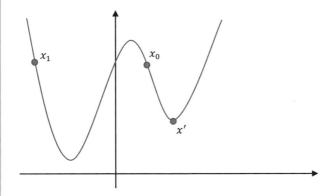

　　在圖中，如果從 x_0 出發的話，依照梯度下降法的思維，想必演算法會停在 x' 了吧，然而這並非最小值。像這種「單看局部區域雖然是最小值，但卻並非全域當中的最小值」，我們就稱之為局部最佳解。隨機梯度下降法則會隨機抽出資料，並運用當下的梯度來更新參數，所以比較不會陷入局部最佳解的問題。

→ 接下頁

以往的梯度下降法只要一旦陷入局部最佳解，就插翅難飛了。相反地，隨機梯度下降法、或是我們説批次梯度下降法，就不會像以往的梯度下降法直接依循所有資料計算出的梯度筆直地朝向整體誤差最小值去前進，而是可以透過隨機抽出的資料來計算，並加入「或多或少的隨機因素」的狀態下一步步朝向誤差最小值前進。隨機梯度下降法，是具備了「即便陷入局部最佳解，也有機會因參雜隨機性而跳出來」的方法。

而雖然有著這樣的優勢，隨機梯度下降法、批次梯度下降法卻難以根據訓練資料設定出最佳的學習率（編註：因為每次都不知道會抽出什麼樣的資料），此時我們就能使用 Adam 這種不需要設定學習率的演算法。

 ## 對測試資料進行預測，並提交 CSV

因為訓練好模型了，我們就來對測試資料（test.csv）進行預測，並將預測結果存為 CSV 檔案提交。測試資料已經在預處理的時候放在 NumPy 的 test_x 了，所以我們可以使用 Sequential.predict() 來對 test_x 進行預測。

▼ **對測試資料進行預測（Cell 10）**

```
# 使用測試資料進行預測
result = model.predict(test_x)
```

現在預測結果所呈現的狀態是 One-hot encoding 後的情形，為了要儲存成用於提交的 CSV 檔案，得因應主辦單位的要求，將答案（標籤）先轉換為 0～9 的數字。

▼ 確認預測結果，將 **One-hot encoding** 轉換為數字（**Cell 11**）

```
# 輸出前 5 個預測結果
print(result[:5])
# 輸出最大值的索引（所預測的數字）
print([x.argmax() for x in result[:5]])
y_test = [x.argmax() for x in result]
```

→ 接下頁

▼ 輸出

```
[[2.2708473e-05 7.4216604e-07 9.9981540e-01 1.4054909e-04 6.9362585e-07
  3.2084988e-06 7.1786167e-06 2.0491530e-06 6.2911085e-06 1.2387229e-06]
 [9.9792224e-01 8.1337566e-07 1.7075440e-04 1.8062996e-05 1.9292503e-07
  1.8236119e-03 2.5314164e-05 1.5443486e-05 2.2837577e-05 6.9072576e-07]
 [3.2496089e-07 1.4907834e-05 1.7572315e-04 3.0338069e-04 3.8971484e-02
  1.2374243e-03 1.9914614e-05 3.1365274e-05 1.3462720e-02 9.4578278e-01]
 [2.9155482e-02 4.9996568e-05 1.2806813e-01 1.2383447e-05 1.9601639e-01
  2.0094388e-04 7.8434480e-04 2.9143987e-02 1.7465992e-03 6.1482173e-01]
 [1.5900354e-04 9.4098056e-04 1.7141230e-01 8.2469666e-01 1.8717265e-06
  3.1302669e-04 2.2993205e-04 1.1513131e-04 2.1127246e-03 1.8453115e-05]]
[2, 0, 9, 9, 3]
```

　　需要提交的檔案是「sample_submission.csv」。我們將其讀入
DataFrame 中，待讀入完成後，輸出前 5 列的內容看看。

▼ 將提交用的 **CSV** 檔案讀入 **DataFrame**、輸出前 **5** 列（**Cell 12**）

```
submit_df = pd.read_csv('/kaggle/input/digit-recognizer/sample_
submission.csv')
# 輸出前 5 列
submit_df.head()
```

▼ 輸出

	ImageId	Label
0	1	0
1	2	0
2	3	0
3	4	0
4	5	0

　　可以看到圖像的 Label 欄全部都是 0（ 編註： 因為這是此專案提交的範例檔，可以想成答案都還是空的 ）。我們要將剛剛預測的結果轉換為 0~9 的數字並填入這欄。

▼ 在 DataFrame 的 Label 欄中放入預測值（ Cell 13 ）

```
submit_df['Label'] = y_test
# 輸出前 5 列
submit_df.head()
```

▼ 輸出

	ImageId	Label
0	1	2
1	2	0
2	3	9
3	4	9
4	5	3

　　雖然我們只輸出了前面 5 列，但看來 Label 裡面已經順利顯示數字了。最後我們要將 DataFrame 的內容寫入到 submission.csv 裡面。

▼ 將 DataFrame 的內容寫入用於提交的 CSV 檔案中（Cell 14）

```
submit_df.to_csv('submission.csv', index=False)
```

　　到這邊我們就完成的 CSV 檔案的製作了，接著要將 Notebook 存檔。我們按下 Notebook 右上方的 **Save Version**，進行存檔。

▼ 儲存 Notebook

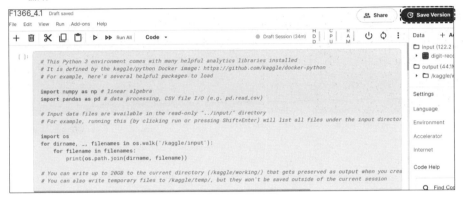

　　此時會跳出對話框，請選擇 **Save & Run All**，並按下 **Save**。

▼ 將 Cell 的程式碼執行結果跟 Notebook 一併儲存

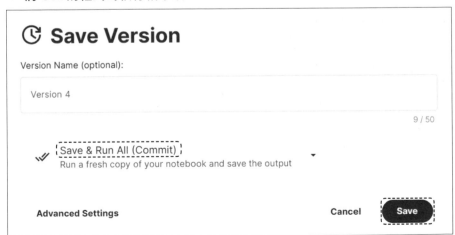

 **提交檔案**

　　那麼現在就來開啟存檔的 Notebook 吧。在「Digit Recognizer」首頁點按 **Code** 頁籤，接著點按 **Your Work**，就能在畫面上看到已儲存的 Notebook 列表，點按剛剛存檔的 Notebook 即可開啟。

▼ 開啟已儲存的 Notebook

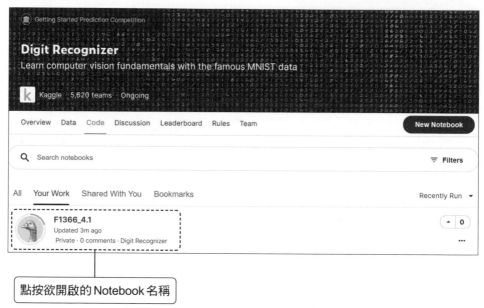

點按欲開啟的 Notebook 名稱

　　Notebook 開啟後，按下右側選單內的 **Output**。如果您已經儲存的多個 Notebook，右側選單當中會出現版本的標題，點按之後就可以打開欲開啟的 Notebook 了。

▼ 開啟已儲存的 Notebook

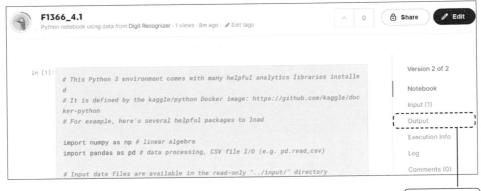

往下滾動畫面，就會看見已儲存的 CSV 檔案。

按下 **Submit**，就會將 CSV 檔案連同帳戶資訊一同被寄出到 Kaggle 數據分析競賽。

▼ 提交分析結果 CSV 檔案

ImageId	Label
1	2
2	0
3	9
4	9
5	3
6	7
7	0
8	3
9	0
10	3
11	5

點按 Submit

提交之後的結果可以在「Leaderboard」頁面看到。從「Digit Recognizer」首頁點按「Leaderboard」，就可以看見提交後的 CSV 檔案名稱與得分。再點按 **Jump to your position on the leaderboard**，就能看見自己當下的名次。

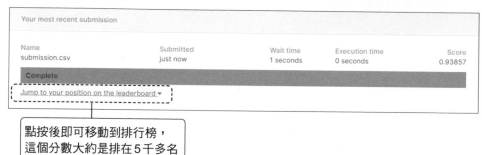

點按後即可移動到排行榜，
這個分數大約是排在 5 千多名

我們可以看見準確率是 0.93857 左右。如果我們往前段班的排名去查看，就會發現他們都不是使用單純的雙層神經網路，而是更多層的深度學習。現在我們還無法與他們一較高下，首先我們還是先從頭到尾檢視過所有的超參數、提升準確率開始著手吧。

4.2 使用貝氏優化作超參數微調（Fine Tune）

在神經網路當中，從層數、各層神經元數量，到激活函數種類等，有相當多的超參數是程式開發人員必須要自行決定，超參數調整會大幅影響準確率。所以在接下來這節當中，我們打算來看看如何運用技巧將繁多的超參數調整到最適當的數值，進而提升模型的預測準確率。

本節重點

◉ 説明神經網路的超參數調整需要注意的重點。

◉ 使用 Hyperopt 函式庫探尋最佳的超參數，提升模型的準確率。

使用的 Kaggle 範例

Digit Recognizer

4.2.1　何謂超參數微調

　　神經網路當中，從層數、神經元數量、到批次大小，都屬於超參數，且種類還不僅於此、族繁不及備載。在神經網路當中如果說到微調，基本上都是針對下列的超參數進行調整。

層數

　　探尋隱藏層該是 2 層、或 3 層，還是要更多層才是最好。

神經元數量

　　探尋配置於隱藏層的最佳神經元數量。

激活函數

　　除了 Sigmoid 函數、ReLU 之外，能讓 Sigmoid 函數的輸出轉化為線性、使其通過原點的 Tanh（Hyperbolic tangent function：雙曲正切函數）也經常使用。我們要找出每一層最合適的激活函數。

丟棄率

在訓練的過程中，為了要防範過度配適訓練資料，會在隱藏層運用丟棄法，隨機丟棄一定比率的神經元運算結果。我們要在每一層找出最合適的丟棄率，以求能到最高的預測準確率。

 優化器的選擇

神經網路的訓練當中，常用到的最佳化演算法（優化器）是隨機梯度下降法，還有其他像 Adam 或是 RMSprop 具備能夠自動調整學習率的演算法也廣受歡迎。不過，神經網路的結構會影響準確率，若要說哪個優化器才是最適合的，要視情況而定。

批次大小

探尋用於訓練時每個批次的大小。

除了上述之外，雖然也有需要調整學習率，不過像是在 Keras 當中所配置的各個優化器都已經內建預設的通用學習率數值。但畢竟只是通用的數值，真要說起來，學習率還是有微調的價值。

運用丟棄法（drop-out）來避免過度配適（overfitting）

雖然不斷重複訓練可以提升模型的準確率，但是當同一個模型經過無數次的訓練後，不免會產生過度配適的情況。舉例來說，我們學習了 10 個手寫數字，結果誤差卻收斂在 0。這種結果就是因為模型只是背下訓練資料所導致，即使放入測試資料也無法得出我們想要的預測結果。會產生過度配適主要有以下 2 個原因。

→ 接下頁

- 參數的數量太多

- 訓練的資料太少

由 M.C. Srivas、G.E. Hinton 等人所發表的論文當中介紹了「丟棄法」，用於防範過度配適，這個方法簡單、高效，因此廣泛運用於深度學習。這方法是隨機將一半的神經元（50%）、或是四分之一的神經元（25%）等的運算結果丟棄，不要輸出到下一層。可以想像宛如運用了多個神經網路各別訓練而得到的成效，換句話說可以想成這個方法重複訓練的神經網路，在其預測過程中是綜合了許多神經網路結果的集成。

4

4.2.2 該如何探尋超參數

有 2 種方法可以探尋我們想要的超參數。

手動探尋

顧名思義就是自己手動去找出最合適的超參數。透過每一次的驗證去體會改變超參數後分數會怎麼變化，確認模型與超參數的關係等等。雖然曠日費時，卻能加深自己對模型的理解。然而手動探尋宛如大海撈針，基本上還是先限縮在某個範圍內再來進行探尋，是比較有效率的做法。

因此，我們可以先運用接下來的自動探索後，等已經限縮到某個範圍，再來進行手動的探索。

自動探尋函式庫

使用 Python 函式庫自動找出最合適的超參數。

● 網格搜索

網格搜索是先決定好每個超參數的可能值,去名單中找出最佳組合。但為了不要因為所有可能組合太大導致執行過久,通常需要先人工篩選過範圍才行。可用 scikit-learn 函式庫中的 model_selection. GridSearchCV 進行網格探索。

● 隨機搜索

雖然跟網格搜索一樣得先決定好每個超參數的可能值,但這方法會依據我們指定的探索次數,隨機抽出部分超參數組合。因為可以指定超參數的分佈,演算法會依據每個超參數的分佈來抽出超參數組合。隨機搜索雖可在廣大的範圍內進行搜索,但有可能漏掉了最理想的超參數組合。因此,不妨先運用隨機搜尋篩選出一些超參數的可能值,再運用網格搜尋去搜索所有超參數組合。可用 scikit-learn 函式庫中的 model_selection.RandomizedSearchCV 進行隨機搜索。

● 貝氏優化

運用了貝氏定理當中在已知條件下的發生機率,使用剛剛搜尋過 n 次超參數組合 x_i 與得分 y_i 的集合 $D_n = \{(x_1, y_1),...,(x_n, y_n)\}$,來求出在已知「$n$ 次超參數與分數的集合」以及「新的超參數組合 x」的條件下,模型得到分數 y 的機率 $p = (y \mid x, D_n)$。雖然這方法一開始有可能會找到一些低準確率的超參數組合,不過貝氏優化考慮了過去探尋歷史的緣故,所以相對來說能有效率地找出高準確率的超參數組合。可用 Hyperopt、Optuna、scikit-optimize 等函式庫進行貝氏優化。在本節當中會選擇 Hyperopt 來找出我們想要的超參數。

將參數調整到極限的要點

就算想要調整超參數，但超參數本身的數量就很多，要怎麼去設定探尋的範圍也是一大煩惱。現在一起來想想該怎麼做才有效率吧。

● 搜尋影響力大的超參數

當超參數繁多時，我們可以先找出對準確率影響較大的超參數。例如我們打算搜索跟隱藏層有關的超參數，就必須先搜索隱藏層結構的超參數、再來探尋激活函數或是丟棄率。

● 更改探尋超參數的範圍

超參數可以指定特定範圍來進行探尋。這時候如果在探尋的上限已經得出最佳分數時，則再增加上限值也許能提高準確率，所以就可以將舊的上限值設定為探尋範圍起點。反之，當最佳分數出現在探尋範圍的下限時，也可以將舊的下限值設定成下次探索的上限值，再次探尋超參數。

● 決定超參數的 Baseline

實際上，要搜尋超參數時最重要、但又最困擾的就是要怎麼決定初始超參數了。對於神經網路得結構或是超參數微調，沒有明確的條理，只能從經驗設定初始超參數。不過話又說回來，其實去參考看看 Kaggle 中公開的 Notebook，就能判讀出初始超參數具有什麼樣的傾向。用神經網路當作關鍵字去搜尋 Kaggle 的話，就可以找到好幾個 Notebook，多看多學習。如此一來就會知道「雙層結構的神經網路模型準確率大約落在 90%，且會依神經元數量而上下波動」，也是一大斬獲。再來就是以雙層結構作為基本盤，去搜索神經元數量或其他超參數，就大致能掌握這類的模型是否適用。理解模型結構的好與壞對於評估超參數的探尋範圍會有很大的幫助。

4.2.3 將超參數調至極限，讓準確率 Level Up！

調整超參數的方法有很多，我們這裡選用 Hyperopt 函式庫進行貝氏優化，這個函式庫搭載 Tree-structured Parzen Estimator（TPE）演算法，是相當廣泛使用的函式庫（ 編註： 關於貝氏優化以及 TPE 演算法的細節，可以參考旗標出版的「Kaggle 競賽攻頂秘笈 – 揭開 Grandmaster 的特徵工程心法，掌握制勝的關鍵技術」第 6 章）。

 使用 Hyperopt 探尋超參數的步驟

Hyperopt 並沒有安裝在 Notebook 的執行環境中，我們得先在 Notebook 的 Cell 中執行 pip 指令來安裝。

```
!pip install hyperas
```

輸入上方的程式碼，進行安裝。「!」的符號是為了在讓 Notebook 執行 pip 指令而加上的，以便跟 Python 程式語法有所區隔。

 設定超參數的搜尋範圍

使用 Hyperopt 探尋超參數時，要用下方的函式先設定「超參數範圍」。這會與 Keras 的 Sequential 物件合併使用。

● hp.choice()：從多個候選當中挑選 1 個。引數必須是 list 或是 tuple（ 編註： 存放候選值）。

語法	hp.choice(options)
參數	options：list 或 tuple。
範例	batch_size = {{choice([100, 200])}}

● hp.uniform()：隨機抽出介於 low 與 high 之間的值，其機率分佈為均勻分佈。

語法	hp.uniform(low, high)
參數	low：探尋範圍的下限。 High：探尋範圍的上限。
範例	model.add(Dropout({{uniform(0, 1)}}))

● hp.quniform()：從 low 跟 high 之間以固定的間距抽出，得到如 round(uniform(low, high) / q) x q 的值。

語法	hp.quniform(low, high, q)
參數	low：探尋範圍的下限。 high：探尋範圍的上限。 q：間距。
範例	model.add(Dropout({{quniform(0.25, 0.4, 0.05)}}))

🧊 執行超參數搜尋

用 optim.minimize() 來執行超參數的搜尋，找出讓評價指標最好的超參數組合，並傳回結果。

語法	optim.minimize(model=create_model, 　　　　　　data=prepare_data, 　　　　　　algo=tpe.suggest, 　　　　　　max_evals=100, 　　　　　　eval_space=True, 　　　　　　notebook_name='__notebook_source__', 　　　　　　trials=Trials() 　　　　　　)

參數	mode：建立模型的函式。 data：資料處理的函式。 algo：用於分析的演算法。使用 TPE 時則指定為 tpe.sughgest max_evals：執行次數。 eval_space：搜尋選項中並非單純只是索引，裡面包含了有意義的值。預設為 True。 notebook_name：Notebook 名稱。在 Kaggle 裡的 Notebook 執行時需指定 '__notebook_source__'。 trials：檢查所有搜尋中所計算的傳回值，需將 Trials object 指定為 Trials()。

　　optim.minimize() 函式因為需要生成模型的函式、以及生成訓練資料的函式，所以這些函式要自行準備。

 ## 探尋神經網路的層數

　　如同方才所提到，從對準確率影響較大的超參數開始調整是較有效率的做法。因此，這邊分為兩個階段：要先決定好神經網路的結構，再來去找出合適的批次大小或丟棄率。網路結構的部份我們主要針對神經網路的隱藏層層數、每一層該有多少的神經元進行探索。

　　在 Notebook 最一開始的 Cell 中，我們輸入 pip 指令來安裝 Hyperopt。這需要連接網路，請將 Notebook 畫面右側側邊欄的 **Setting** 中的 **Internet** 設定為 ON，就能讓 Notebook 的程式與網路連線。

▼ 安裝 Hyperopt（Cell 1）

```
!pip install hyperas    #加上 ! 執行 pip 指令
```

　　接著要來輸入使用 Hyperopt 探尋超參數。我們先定義資料處理的函式 prepare_data()、以及建立模型的函式 create_model()，並使用 optim.minimize() 函式將它們呼叫出來，準備開始探尋超參數。超參數設定如下：

- 第 1 層（隱藏層）的神經元數量：500 或 784

- 是否配置第 2 層。若要配置，則神經元數量：100 或 200

- 是否配置第 3 層。若要配置，則神經元數量：25 或 50

　　至於怎麼實作「是否配置隱藏層」，可以如下使用 if、else 來完成：

▼ **分層結構之探尋範例**

```
# 探尋是否要在第 1 層之後配置第 2 層、或是配置第 2 層與第 3 層
if {{choice(['two', 'three', 'four'])}} == 'two':
    # 若選到了 two，則不新增層。
    Pass

elif {{choice(['two', 'three', 'four'])}} == 'three':
    # 若選到了 three，則配置第 2 層，接著探尋神經元數量
    model.add(Dense(
        {{choice([100, 200])}},
        activation='relu'
    ))

elif {{choice(['two', 'three', 'four'])}} == 'four':
    # 若選到了 four，則配置第 2 層與第 3 層，並接著探尋各自應有多少神經元數量
    model.add(Dense(
        {{choice([100, 200])}},
        activation='relu'
    ))
    model.add(Dense(
        {{choice([25, 50])}},
        activation='relu'
    ))
```

　　若選到了「two」，就不增加層，成為只有第 1 層（隱藏層）跟第 2 層（輸出層）的結構；若選到了「three」，就會變成第 1 層（隱藏層）、第 2 層（隱藏層）、跟第 3 層（輸出層）的 3 層結構，接著摸索神經元數量；若選到了「four」，就會變成是第 1 層（隱藏層）、第 2 層（隱藏層）、第 3 層（隱藏層）、跟第 4 層（輸出層）的 4 層結構。藉此可以了解網路結構應該需要有多深。

```
# 在這邊匯入 Hyperas
from hyperopt import hp
from hyperopt import Trials, tpe
from hyperas import optim
from hyperas.distributions import choice, uniform

def prepare_data():
    """

    準備資料
    """
    # 在這邊匯入外部函式庫
    import numpy as np
    import pandas as pd
    from sklearn.model_selection import KFold
    from tensorflow.keras.utils import to_categorical
    from tensorflow.keras.models import Sequential
    from tensorflow.keras.layers import Dense, Activation, Dropout

    # 將 train.csv 讀取到 pandas 的 DataFrame
    train = pd.read_csv('/kaggle/input/digit-recognizer/train.csv')
    train_x = train.drop(['label'], axis=1)    # 從 train 取出圖像資料
    train_y = train['label']        # 從 train 取出正確答案

    # 將 train 資料分為訓練資料與驗證資料
    kf = KFold(n_splits=4, shuffle=True, random_state=123)
    tr_idx, va_idx = list(kf.split(train_x))[0]
    tr_x, va_x = train_x.iloc[tr_idx], train_x.iloc[va_idx]
    tr_y, va_y = train_y.iloc[tr_idx], train_y.iloc[va_idx]
    # 圖像像素值除以 255.0，限制在 0 ~ 1.0 範圍內，並轉換為 numpy.array

    tr_x, va_x = np.array(tr_x / 255.0), np.array(va_x / 255.0)

    # 將正確答案以 One-hot encoding 呈現
    tr_y = to_categorical(tr_y, 10)
    va_y = to_categorical(va_y, 10)

    return tr_x, tr_y, va_x, va_y
```

→ 接下頁

```python
def create_model(tr_x, tr_y):
    """
    建立模型
    """
    # 建立 Sequential object。
    model = Sequential()

    # 配置第 1 層，神經元數量設為 500 或 784
    model.add(Dense(
        {{choice([500, 784])}},
        input_dim=tr_x.shape[1],
        activation='relu'
    ))
    model.add(Dropout(0.4))

    # 從 0,1,2 當中探尋要新增的層的數量
    if {{choice(['none', 'one', 'two'])}} == 'none':
        # 若選到 none 則不新增層
        pass
    elif {{choice(['none', 'one', 'two'])}} == 'one':
        # 若選到 one 則配置第 2 層、探尋神經元數量
        model.add(Dense(
            {{choice([100, 200])}},
            activation='relu'
        ))

    elif {{choice(['none', 'one', 'two'])}} == 'two':
        # 若選到 two 則配置第 3 層、探尋各層神經元數量
        model.add(Dense(
            {{choice([100, 200])}},
            activation='relu'
        ))
        model.add(Dense(
            {{choice([25, 50])}},
            activation='relu'
        ))

    # 配置輸出層
    model.add(Dense(10, activation="softmax"))
```

→ 接下頁

運用神經網路進行圖像辨識

4

```
    # 編譯模型
    # 嘗試使用優化器 Adam 與 RMSprop
    model.compile(loss="categorical_crossentropy",
    optimizer={{choice(['adam', 'rmsprop'])}},
    metrics=["accuracy"])

    epoch = 10 # 訓練次數
    batch_size = 100   # 批次大小

    # 進行訓練
    result = model.fit(tr_x,
                       tr_y,
                       epochs=epoch,
                       batch_size=batch_size,
                       validation_data=(va_x, va_y),
                       verbose=0)

    # 輸出探尋時的準確率
    validation_acc = np.amax(result.history['val_accuracy'])
    print('Accuracy in search:', validation_acc)

    return {'loss': -validation_acc,
            'status': STATUS_OK,
            'model': model}

# 執行探尋
nb_name = '__notebook_source__'
best_run, best_model = optim.minimize(model=create_model,
                                      data=prepare_data,
                                      algo=tpe.suggest,
                                      max_evals=100,
                                      eval_space=True,
                                      notebook_name=nb_name,
                                      trials=Trials())
```

　　執行次數定為 20 次，訓練次數則是 10 次。執行程式後就會開始循序漸進輸出中間過程，大約 30 分鐘左右就完成探索。

▼ **輸出**

```
>>> Imports:
#coding=utf-8

>>> Hyperas search space:

def get_space():    ◄—[編註：]所有超參數的候選值
    return {
        'Dense': hp.choice('Dense', [500, 784]),
        'Dense_1': hp.choice('Dense_1', ['none', 'one', 'two']),
        'Dense_2': hp.choice('Dense_2', ['none', 'one', 'two']),
        'Dense_3': hp.choice('Dense_3', [100, 200]),
        'Dense_4': hp.choice('Dense_4', ['none', 'one', 'two']),
        'Dense_5': hp.choice('Dense_5', [100, 200]),
        'Dense_6': hp.choice('Dense_6', [25, 50]),
        'optimizer': hp.choice('optimizer', ['adam', 'rmsprop']),
    }

>>> Data

(... 中間略 ...)

Accuracy in search:
0.9786666631698608
Accuracy in search:
0.9769523739814758
Accuracy in search:
0.9782857298851013
Accuracy in search:
0.9768571257591248
Accuracy in search:
0.9807618856430054
Accuracy in search:
0.9784761667251587
Accuracy in search:
0.977142870426178
Accuracy in search:
0.977238118648529
Accuracy in search:
0.9785714149475098
```

→ 接下頁

4

運用神經網路進行圖像辨識

```
Accuracy in search:
0.9770476222038269
Accuracy in search:
0.9787619113922119
Accuracy in search:
0.9767618775367737
Accuracy in search:
0.977904736995697
Accuracy in search:
0.9766666889190674
Accuracy in search:
0.9777143001556396
Accuracy in search:
0.9752380847930908
Accuracy in search:
0.9783809781074524
Accuracy in search:
0.9770476222038269
Accuracy in search:
0.9781904816627502
Accuracy in search:
0.9780952334403992
100%|████████████████████| 20/20 [07:48<00:00, 23.44s/trial, best
loss: -0.9807618856430054]
```

　　def get_space(): 下方的敘述很重要。這裡記載了超參數的搜索範圍。那麼我們現在要將準確率最好的模型、超參數值輸出，再用驗證資料來對模型進行驗證。

▼ 使用驗證資料進行驗證（Cell 3）

```
# 輸出準確率最好的模型
print(best_model.summary())
# 輸出準確率最好的超參數
print(best_run)

# 使用驗證資料來檢驗模型
_, _, va_x, va_y = prepare_data()
```

→ 接下頁

```
val_loss, val_acc = best_model.evaluate(va_x, va_y)
print("val_loss: ", val_loss) # 輸出損失
print("val_acc: ", val_acc) # 輸出準確率
```

▼ **輸出**

```
Model: "sequential_4"
_____
Layer (type)                 Output Shape              Param #
=================================================================
dense_11 (Dense)             (None, 784)               615440
_____
dropout_4 (Dropout)          (None, 784)               0
_____
dense_12 (Dense)             (None, 200)               157000
_____
dense_13 (Dense)             (None, 25)                5025
_____
dense_14 (Dense)             (None, 10)                260
=================================================================
Total params: 777,725
Trainable params: 777,725
Non-trainable params: 0
_____
None
{'Dense': 784, 'Dense_1': 'one', 'Dense_2': 'two', 'Dense_3': 200,
'Dense_4': 'two', 'Dense_5': 200, 'Dense_6': 25, 'optimizer':
'rmsprop'}
329/329 [==============================] - 1s 2ms/step - loss:
0.0840 - accuracy: 0.9808
val_loss:  0.08397219330072403
val_acc:  0.9807618856430054
```

　　看起來最佳神經網路結構為下圖所示的 4 層結構。優化器為 RMSprop。

運用神經網路進行圖像辨識

▼ 透過探尋超參數而得出的多層感知器結構

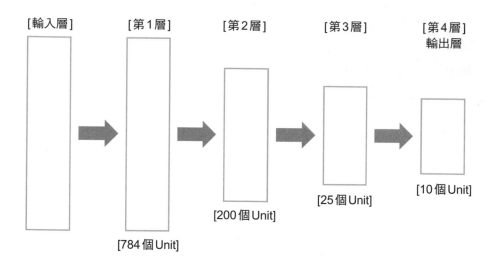

[輸入層]　　　　[第1層]　　　　[第2層]　　　　[第3層]　　　　[第4層]
　　　　　　　　　　　　　　　　　　　　　　　　　　　　　　輸出層

[784個Unit]　　　[200個Unit]　　[25個Unit]　　[10個Unit]

就以這個為基本雛型，再來調整各層的丟棄率與批次大小。

🧩 細部微調超參數

神經網路各層結構已經大致底定了，接著就來調整結構以外的超參數。此時要製作新的 Notebook，來探尋以下 3 點。

● 在 0.2～0.4 的範圍當中以每 0.05 為間距來探索各層的丟棄率

● 嘗試在隱藏層使用 Tanh 函數與 ReLU 函數作為激活函數

● 將批次大小嘗試設定為 100 跟 200

▼ 安裝 Hyperas（Cell 1）

```
# 加上 ! 執行 pip 指令、安裝 Hyperas
!pip install hyperas
```

▼ **執行超參數微調（Cell 2）**

```python
from hyperopt import hp
from hyperopt import Trials, tpe
from hyperas import optim
from hyperas.distributions import choice, uniform
import numpy as np

def prepare_data():
    """
    準備資料
    """
    # 在此匯入外部函式庫
    import numpy as np
    import pandas as pd
    from sklearn.model_selection import KFold
    from tensorflow.keras.utils import to_categorical
    from tensorflow.keras.models import Sequential
    from tensorflow.keras.layers import Dense, Activation, Dropout

    # 將 train.csv 讀入 pandas 的 DataFrame
    train = pd.read_csv('/kaggle/input/digit-recognizer/train.csv')
    train_x = train.drop(['label'], axis=1)  # 從 train 取出圖像資料
    train_y = train['label']                 # 從 train 取出正確答案
    test_x = pd.read_csv('/kaggle/input/digit-recognizer/test.csv')

    # 將 train 資料分為訓練資料跟驗證資料
    kf = KFold(n_splits=4, shuffle=True, random_state=123)
    tr_idx, va_idx = list(kf.split(train_x))[0]
    tr_x, va_x = train_x.iloc[tr_idx], train_x.iloc[va_idx]
    tr_y, va_y = train_y.iloc[tr_idx], train_y.iloc[va_idx]

    # 將圖像像素值除以 255.0，限制在 0 ~ 1.0 範圍內，並轉換為 numpy.array
    tr_x, va_x = np.array(tr_x / 255.0), np.array(va_x / 255.0)

    # 將正確答案轉換為 One-hot encoding 呈現
    tr_y = to_categorical(tr_y, 10)
    va_y = to_categorical(va_y, 10)

    return tr_x, tr_y, va_x, va_y
```

→ 接下頁

```python
def create_model(tr_x, tr_y):
    """
    建立模型
    """
    # 建立 Sequential object
    model = Sequential()

    # 第 1 層神經元數量為 784
    model.add(Dense(784,
                    input_dim=tr_x.shape[1],
                    activation={{choice(['tanh', 'relu'])}}
                ))
    # 在 0.2 ~ 0.4 的範圍內探尋第 1 層的丟棄率
    model.add(Dropout({{quniform(0.2, 0.4, 0.05)}}))

    # 第 2 層神經元數量為 200
    model.add(Dense(200,
                    activation={{choice(['tanh', 'relu'])}}
                ))
    # 在 0.2 ~ 0.4 的範圍內探尋第 2 層的丟棄率
    model.add(Dropout({{quniform(0.2, 0.4, 0.05)}}))

    # 第 3 層神經元數量為 25
    model.add(Dense(25,
                    activation={{choice(['tanh', 'relu'])}}
                ))
    # 在 0.2 ~ 0.4 的範圍內探尋第 3 層的丟棄率
    model.add(Dropout({{quniform(0.2, 0.4, 0.05)}}))

    # 配置輸出層。激活函數使用 Softmax
    model.add(Dense(10, activation="softmax"))

    # 編譯模型
    # 優化器定調為 RMSprop
    model.compile( loss="categorical_crossentropy",
                   optimizer='rmsprop',
                   metrics=["accuracy"])

    # 訓練 20 次
    epoch = 20
    # 批次大小從 100 與 200 選一個
```

→ 接下頁

```
    batch_size = {{choice([100, 200])}}
    result = model.fit( tr_x, tr_y,
                        epochs=epoch,
                        batch_size=batch_size,
                        validation_data=(va_x, va_y),
                        verbose=0)

    # 簡單地輸出訓練時的結果
    validation_acc = np.amax(result.history['val_accuracy'])
    print('Best validation acc of epoch:', validation_acc)

    return {'loss': -validation_acc,
            'status': STATUS_OK,
            'model': model}

# 執行探尋，次數為 100
best_run, best_model = optim.minimize(model=create_model,
                                      data=prepare_data,
                                      algo=tpe.suggest,
                                      max_evals=100,
                                      eval_space=True,
                                      notebook_name='__notebook_source__',
                                      trials=Trials())
```

▼ **輸出**

```
>>> Imports:
#coding=utf-8

>>> Hyperas search space:

def get_space():
    return {
        'activation': hp.choice('activation', ['tanh', 'relu']),
        'Dropout': hp.quniform('Dropout', 0.2, 0.4, 0.05),
        'activation_1': hp.choice('activation_1', ['tanh', 'relu']),
        'Dropout_1': hp.quniform('Dropout_1', 0.2, 0.4, 0.05),
        'activation_2': hp.choice('activation_2', ['tanh', 'relu']),
        'Dropout_2': hp.quniform('Dropout_2', 0.2, 0.4, 0.05),
        'batch_size': hp.choice('batch_size', [100, 200]),
```
→ 接下頁

```
      }

>>> Data

(... 中間略 ...)

Best validation acc of epoch:
0.980571448802948
Best validation acc of epoch:
0.9807618856430054
Best validation acc of epoch:
0.9759047627449036
Best validation acc of epoch:
0.9815238118171692
Best validation acc of epoch:
0.980571448802948
100%| ███████████ | 100/100 [1:38:35<00:00, 59.16s/trial, best
loss: -0.9823809266090393]
```

▼ **驗證結果（Cell 3）**

```
# 輸出準確率最好的模型
print(best_model.summary())
# 輸出準確率最佳的超參數值
print(best_run)

# 使用驗證資料驗證模型
_, _, va_x, va_y = prepare_data()
val_loss, val_acc = best_model.evaluate(va_x, va_y)
print("val_loss: ", val_loss) # 輸出損失
print("val_acc: ", val_acc) # 輸出準確率
```

▼ **輸出**

```
Model: "sequential_90"

_____
Layer (type)                 Output Shape              Param #
=================================================================
dense_360 (Dense)            (None, 784)               615440

_____
```

→ 接下頁

```
dropout_270 (Dropout)         (None, 784)              0
--------------------------------------------------------------
dense_361 (Dense)             (None, 200)              157000
--------------------------------------------------------------
dropout_271 (Dropout)         (None, 200)              0
--------------------------------------------------------------
dense_362 (Dense)             (None, 25)               5025
--------------------------------------------------------------
dropout_272 (Dropout)         (None, 25)               0
--------------------------------------------------------------
dense_363 (Dense)             (None, 10)               260
==============================================================
Total params: 777,725
Trainable params: 777,725
Non-trainable params: 0

--------------------------------------------------------------
None
{'Dropout': 0.35000000000000003, 'Dropout_1': 0.25, 'Dropout_2':
0.2, 'activation': 'relu', 'activation_1': 'relu', 'activation_2':
'tanh', 'batch_size': 100}
329/329 [==============================] - 1s 3ms/step - loss:
0.1165 - accuracy: 0.9778
val_loss:  0.11649440973997116
val_acc:  0.9778095483779907
```

運用神經網路進行圖像辨識

完成之後我們就知道了最佳的超參數，彙整如下：

- 第 1 層

神經元數量	784
激活函數	ReLU
丟棄率	0.35

- 第 2 層

神經元數量	200
激活函數	ReLU
丟棄率	0.25

- 第 3 層

神經元數量	25
激活函數	Tanh
丟棄率	0.2

- 第 4 層

神經元數量	10
激活函數	Softmax
批次大小	100
優化器	RMSprop

原本的準確率是 94.31%，使用自動搜索之後提高到了 97.78%。使用神經網路去分析「Digit Recognizer」，這個成果差不多是極限了。回過頭來看看「Digit Recognizer」的 Leaderboard，會發現位於排行榜前段的大都是運用深度學習，深度學習並非只是深化了神經網路而已，它是運用更高端的手法來捕捉圖像特徵，因此，下一章我們將運用深度學習的技巧來讓辨識準確率趨近於 100%吧

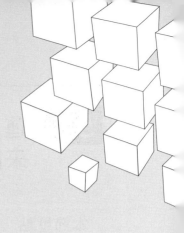

CHAPTER 5

運用卷積神經網路
（Convolutional Neural Network, CNN）
做圖像分類

5.1 運用強大的深度學習（Deep Learning）來解決圖像分類

本節重點

◉ 介紹卷積神經網路的概念。

◉ 學習如何去除圖像的歪斜或偏移，提升準確率。

◉ 在神經網路模型中加入池化層（Pooling Layer）來做圖像分類，提升準確率。

使用的 Kaggle 範例

Digit Recognizer

使用更多層的神經網路，也就是「深度神經網路」來進行訓練、預測，稱之為「深度學習」。基本上深度學習都在 3～4 層以上，但並非所有層都是布滿神經元的全連接層，有些還會配置一些具備特定分析功能類型的層（**編註：**常見的像是卷積層、池化層，本章之後會提到）。

5.1.1 用卷積層來檢測圖片中的特徵

上一章我們使用神經網路模型來辨識 MNIST 手寫數字時，會先將 28 × 28 的二維圖像矩陣轉換為一維陣列（784 個向量）後才輸入模型。

▼ 將二維圖像數據轉換為向量後再輸入

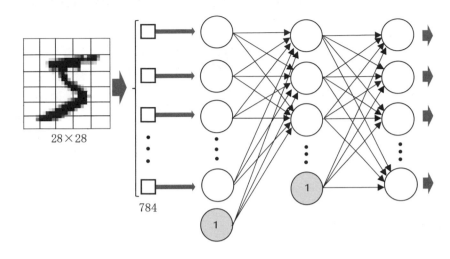

不過，將 28 × 28 的二維圖像矩陣轉換為一維陣列的時候就會丟失了二維資訊。比如說，如果所有像素都往左移一格，人眼依舊可以正確判斷出來。我們希望神經網路也有同樣的能力，就需要建立能夠讀取二維空間資訊的神經網路才行。

▼ 運用「卷積計算」讓神經元學習二維空間中的資訊

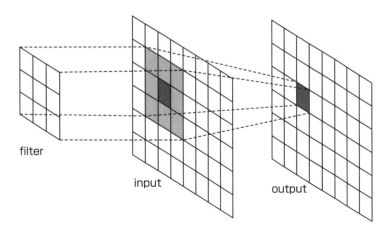

二維卷積核（Convolution Kernel，又稱 Filter）

我們可以使用卷積核來抓取二維空間的資訊。這邊所說的卷積核，是針對圖像施加特定的運算，來抓到圖像的空間特徵。卷積核是二維矩陣，例如我們有一個卷積核是用來檢測圖像是否有縱向邊界（邊界是上下方向的線），則卷積核可以用如下圖的 3 列、3 行矩陣來表示（ 編註： 此處用 0、1 只是方便計算，實際設計卷積核時可以依照影像特徵，使用其他數值）：

▼ **用於檢測縱向邊界的 3 × 3 卷積核**

0	1	1
0	1	1
0	1	1

準備好卷積核後，就將圖像的左上角與卷積核疊合，求圖像數值與卷積核個別元素乘積的總和，寫入原本圖像的中心。使用這個計算並讓卷積核走過整張圖片，稱為卷積計算（Convolution），計算過程請參照以下的流程圖：

▼ 卷積計算處理過程

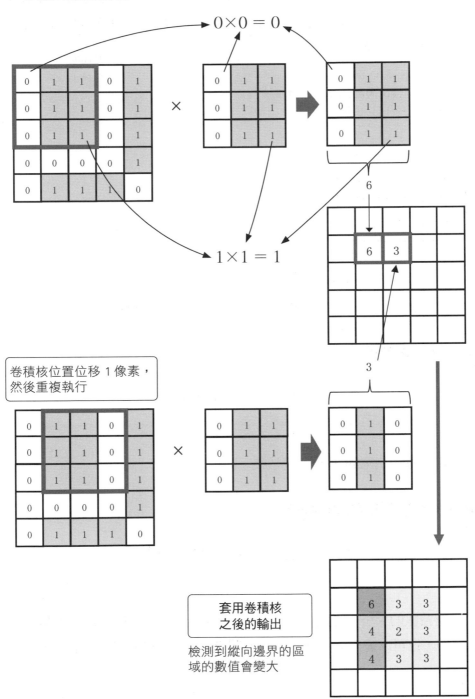

卷積核位置位移 1 像素，然後重複執行

套用卷積核之後的輸出

檢測到縱向邊界的區域的數值會變大

套用卷積核後就能檢測出縱向邊界在哪裡，邊界越明顯、數值越大。剛剛我們檢測縱向邊界了，接著我們改變卷積核的構造，用同樣的方法就可以檢測橫向邊界。

▼ 用於檢測橫向邊線的 3×3 卷積核

1	1	1
1	1	1
0	0	0

若定義圖像位置為 (i, j)，像素值為 $x(i, j)$，卷積核為 $h(i, j)$，卷積計算得出的值為 $c(i, j)$，則卷積計算可以如下以公式呈現：

★ 卷積計算公式

$$c(i, j) = \sum_{i, j}^{n} x(i, j) \bullet h(i, j)$$

範例當中使用的 3 × 3 卷積核，則公式如下：

★ 3×3 卷積核卷積計算公式

$$c(i, j) = \sum_{u=-1}^{1} \sum_{v=-1}^{1} x(i+u, j+v) \bullet h(u+1, v+1)$$

卷積核的大小，必須得是「能定義出正中心」的矩陣。所以不是只能 3 × 3，也可以是 5 × 5 或 7 × 7（編註： 4 × 4 可能就不太適合）。

用二維卷積核檢測手寫數字的邊界

　　面對 MNIST 資料集的手寫數字，我們運用二維卷積核來檢測看看縱向（上下）與橫向（左右）的邊界資訊吧。在訓練資料的索引 42 當中有一張手寫數字 4，我們將其取出，並將結果繪製出來。

▼ **準備資料（Cell 1）**

```python
import numpy as np
import pandas as pd

# 將 train.csv 讀入 pandas 的 DataFrame
train = pd.read_csv('/kaggle/input/digit-recognizer/train.csv')
# 從 train 取出圖像放入 DataFrame object
train_x = train.drop(['label'], axis=1)
 # 將圖像的像素值除以 255.0，限制在 0 ~ 1.0 的範圍，並轉換為 numpy.array
train_x = np.array(train_x / 255.0)

# 將二維矩陣的圖像轉換成（高度 = 28，寬度 = 28 ，通道 = 1）的四維矩陣
# 灰階圖片的通道值放入 1
# 稍後會說明 reshape 的功用
tr_x = train_x.reshape(-1,28,28,1)
```

▼ **製作卷積核（Cell 2）**

```python
# 檢測縱向邊界的 3 × 3 卷積核
vertical_edge_fil = np.array([[-2, 1, 1],
                              [-2, 1, 1],
                              [-2, 1, 1]],
                             dtype=float)
# 檢測橫向邊界的 3 × 3 卷積核
horizontal_edge_fil = np.array([[1, 1, 1],
                                [1, 1, 1],
                                [-2, -2, -2]],
                               dtype=float)
```

▼ 套用卷積核（Cell 3）

```python
# 要套用卷積核的圖像索引
img_id = 42
# 取得圖像的像素值
img_x = tr_x[img_id, :, :, 0]
img_height = 28 # 圖像的高度
img_width = 28  # 圖像的寬度
# 將圖像數據轉換為 28 × 28 矩陣
img_x = img_x.reshape(img_height, img_width)
# 準備縱向邊界卷積核的輸出矩陣
vertical_edge = np.zeros_like(img_x)
# 準備橫向邊界卷積核的輸出矩陣
horizontal_edge = np.zeros_like(img_x)

# 套用 3 × 3 卷積核
for h in range(img_height - 3):
    for w in range(img_width - 3):
        # 取得套用卷積核的範圍
        img_region = img_x[h:h + 3, w:w + 3]
        # 套用縱向邊界卷積核
        vertical_edge[h + 1, w + 1] = np.dot(
            # 將圖像像素值轉換為一維序列
            img_region.reshape(-1),
            # 將縱向邊界卷積核轉換為一維序列
            vertical_edge_fil.reshape(-1))

        # 套用橫向邊界卷積核
        horizontal_edge[h + 1, w + 1] = np.dot(
            # 將圖像像素值轉換為一維序列
            img_region.reshape(-1),
            # 將橫向邊界卷積核轉換為一維序列
            horizontal_edge_fil.reshape(-1)
        )
```

▼ 輸出套用卷積核之前與之後的圖像（Cell 4）

```python
import matplotlib.pyplot as plt
%matplotlib inline
# 設定圖形尺寸
```

→ 接下頁

```
plt.figure(figsize=(8, 8))
plt.subplots_adjust(wspace=0.2)
plt.gray()
# 在左上方 2 × 2 格線範圍繪製原始圖像
plt.subplot(2, 2, 1)
plt.pcolor(1 - img_x)
plt.xlim(-1, 29) # 將 x 軸範圍設為 -1~29
plt.ylim(29, -1) # 將 y 軸範圍設為 29~-1
# 將左下的 2 × 2 格線範圍套用縱向邊界卷積核後進行繪圖
plt.subplot(2, 2, 3)
plt.pcolor(-vertical_edge)
plt.xlim(-1, 29)
plt.ylim(29, -1)

# 將右下的 2 × 2 格線範圍套用橫向邊界卷積核後進行繪圖
plt.subplot(2, 2, 4)

plt.pcolor(-horizontal_edge)
plt.xlim(-1, 29)
plt.ylim(29, -1)
plt.show()
```

▼ **輸出後的手寫數字圖像**

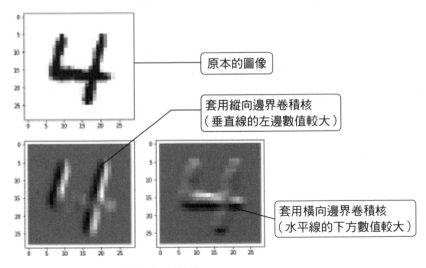

像素值越大，顏色越濃

上述程式中卷積核的設計如下圖，這樣設計的好處是：卷積核的元素全部加總的結果為 0，因此如果遇到影像中沒有邊界，卷積運算的結果也剛好是 0。

▼ 縱向邊界卷積核

$$\begin{pmatrix} -2 & 1 & 1 \\ -2 & 1 & 1 \\ -2 & 1 & 1 \end{pmatrix}$$

▼ 橫向邊界卷積核

$$\begin{pmatrix} 1 & 1 & 1 \\ 1 & 1 & 1 \\ -2 & -2 & -2 \end{pmatrix}$$

另外，這邊我們是方便講解所以使用了橫向跟縱向卷積核，但其實卷積核本身的值是可以隨意設定，端看要檢測圖片中什麼特徵。實際上在訓練模型的過程當中，神經網路會自動設定卷積核的值。

運用填補法（zero padding）避免圖像尺寸縮減

輸入的影像大小是寬為 w、高為 h，卷積核的大小是寬為 fw、高為 fh，輸出就會比原本圖像還小：寬為 $w-fw+1$、高為 $h-fh+1$。因此，當我們連續套用多個卷積核時，輸出的圖像就會越來越小。而為了要避免這種尺寸縮減的問題，就要運用填補法。

我們先在原本的圖像周圍增加一整圈的 0，再去套用 3 × 3 卷積核，就能讓輸出圖像維持原本圖像的大小。當卷積核是 3 × 3 時，要在周圍填補 1 圈 0，當卷積核是 5 × 5 時，則是在周圍填補 2 圈 0。相較於什麼都不加，其實填補更能呈現圖像邊緣的資訊。

▼ 套用卷積核之後會讓圖像變得比原本還要小

▼ 在圖像周圍填補 1 圈 0

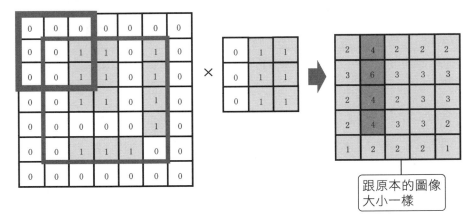

跟原本的圖像
大小一樣

5.1.2 用卷積神經網路辨識圖像

　　加入了卷積核的神經網路，稱之為「卷積神經網路」。卷積神經網路
當中雖然還會加入其他為了提升準確率的結構，但現階段我們先嘗試只
用 1 層卷積層的卷積神經網路。

輸入層

　　上一章我們將 MNIST 資料集當中的 31,500 張訓練資料圖像，以二
維矩陣（31500, 784）作為輸入資料的格式，此時每一張影像是一個一

維陣列。不過這次因為卷積神經網路會將每一張圖像資料視為二維矩陣（編註：如同剛剛所說，需要保留空間資訊），所以需要將輸入資料的格式改為（31500, 28, 28）的三維矩陣，讓 1 張圖像以（28, 28）的二維矩陣進入卷積層。可是，Keras 用來建立卷積層的函式：Conv2D()，輸入資料要是四維矩陣（編註：有些書會稱「張量（Tensor）」而非「矩陣」），其中第四維是通道（Channel）數。通道所指的是圖片中每個像素值的維度，用來呈現是否為彩色圖像。彩色圖像的話就是 R（紅）、G（綠）、B（藍）各佔有一個通道，所以通道數是 3；灰階圖片只有一個顏色，所以通道數是 1。

★ 用於 Conv2D() 函式的資料格式

> **(資料量, 影像高度, 影像寬度, 通道數)**
> **其中影像高度即為一張影像矩陣的列數，影像寬度即為一張影像矩陣的行數**

因為 MNIST 都是灰階圖片，所以四維矩陣的大小就會變成是（31500, 28, 28, 1）。假設圖片是彩色，那就會變成（31500, 28, 28, 3），最後面的 3 就是代表了 RGB 值。此處因為資料內容沒有變，只是要改變矩陣的結構，從三維矩陣變成四維矩陣，因此我們直接使用 NumPy 的 reshape() 函式，將資料變成四維矩陣。

▼ (31500, 28, 28, 1) 四維矩陣

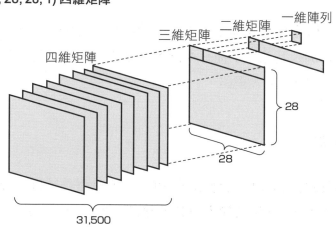

▼ **資料預處理（Cell 1）**

```python
import numpy as np
import pandas as pd
from tensorflow.keras.utils import to_categorical
from sklearn.model_selection import KFold

# 將 train.csv 讀入 pandas 的 DataFrame
train = pd.read_csv('/kaggle/input/digit-recognizer/train.csv')
# 從 train 將圖像取出，放至 DataFrame 物件
train_x = train.drop(['label'], axis=1)
# 從 train 取出正確答案
train_y = train['label']
# 將 test.csv 讀入 pandas 的 DataFrame
test_x = pd.read_csv('/kaggle/input/digit-recognizer/test.csv')

# 將 train 的資料分為訓練資料與驗證資料
kf = KFold(n_splits=4, shuffle=True, random_state=71)
tr_idx, va_idx = list(kf.split(train_x))[0]
tr_x, va_x = train_x.iloc[tr_idx], train_x.iloc[va_idx]
tr_y, va_y = train_y.iloc[tr_idx], train_y.iloc[va_idx]

# 將圖像像素值除以 255.0，限制在 0 ~ 1.0，並轉換為 numpy.array
tr_x, va_x = np.array(tr_x / 255.0), np.array(va_x / 255.0)

# 將二維矩陣轉換成（高度 = 28，寬度 = 28，通道 = 1）四維矩陣
# 灰階圖片的通道值為 1
# -1 是讓 Numpy 自行判斷第 0 軸的維度
tr_x = tr_x.reshape(-1,28,28,1)
va_x = va_x.reshape(-1,28,28,1)

# 將正確答案進行 One-hot encoding 轉換
tr_y = to_categorical(tr_y, 10) # numpy.ndarray
va_y = to_categorical(va_y, 10) # numpy.ndarray

# 輸出訓練資料跟驗證資料的 shape
print(tr_x.shape)
print(tr_y.shape)
print(va_x.shape)
print(va_y.shape)
```

▼ 輸出

```
(31500, 28, 28, 1)
(31500, 10)
(10500, 28, 28, 1)
(10500, 10)
```

卷積層

我們可以用 Conv2D() 這個函式來建立 5 × 5 二維卷積核的卷積層。使用 Conv2D() 時，指定卷積核數量、尺寸，並以 padding='same' 進行填補。若是第一層即為卷積層，則此卷積層會接收來自輸入層的資料，此時要使用 input_shape 並設定為：input_shape=(28, 28, 1)。我們要建立的卷積層結構如下：

輸入資料	四維資料矩陣 (31500, 28, 28, 1)
卷積核數量	32
權重數量	卷積核尺寸 (5 × 5)× 卷積核數量 (32) ＝ 800 個
偏值數量	32 (跟卷積核數量相同)
參數數量	權重 (800) ＋偏值 (32) ＝ 832
輸出	每張影像都通過 32 個卷積核，所以一張影像會變成 (28, 28, 32) 的矩陣。訓練資料有 31,500 張圖像，故輸出會呈現 (31500, 28, 28, 32) 的四維矩陣。

▼ 用 Conv2D() 製作卷積層

```
from tensorflow.keras.models import Sequential
from tensorflow.keras.layers import Conv2D,Dense, Flatten

model = Sequential() # 生成 Sequential object

# 第 1 層
model.add(Conv2D(filters=32,                    # 卷積核數量
                 kernel_size=(5, 5),            # 使用 5 × 5 卷積核
                 padding='same',                # 填補
                 input_shape=(28, 28, 1),       # 輸入資料的 shape
                 activation='relu'              # 激活函數為 ReLU
                 ))
```

filters 是卷積核的數量，kernel_size 是卷積核尺寸，要用 Python Tuple 來表示，上述範例為：kernel_size = (5, 5)。此程式每一個卷積核會有 5 × 5 = 25 個權重值，初始化為隨機值。因為卷積核數量是 32，所以總共會有 800 個權重。此外，每個卷積核當中含有 1 個偏值，因此 32 個卷積核總共有 32 個偏值，初始化亦為隨機值。

 ## 展平層（Flatten）

我們最終目標是判讀手寫數字，因此要套用 Softmax 函數來進行 10 個類別的多元分類。為此，卷積層的輸出要將每一個卷積核產生的 28 × 28 影像拉直為 784；再通過展平層，將所有卷積核輸出的 784 × 32（卷積層的卷積核數量）影像拉直成 25,088 的形式來輸出到輸出層。所以，我們的展平層結構為：

神經元數量	784 × 32（卷積核數量）= 25,088
輸出	31500 筆訓練資料，每一筆有 25088 個資料點，最後輸出 31500 × 250882 的矩陣。

▼ 配置展平層，將二維數據拉直為一維

```
model.add(Flatten())
```

 ## 輸出層

在 10 個類別的多元分類時，輸出層就會有 10 個神經元，並使用 Softmax 激活函數。輸出層結構如下：

輸入	31500 筆資料，每筆資料有 25088 資料點。結果為 31500 × 25088 的二維矩陣。
神經元數量	10
權重數量	25,088 × 10 = 250,880 個
偏值數量	10 個

參數數量	權重（250,880）＋ 偏值（10）= 250,890
輸出	訓練資料有 31500 筆，輸出類別有 10 個，因此輸出為 31500 × 10 的二維矩陣。

▼ 加入了輸出層的卷積神經網路程式碼（Cell 2）

```
# 卷積神經網路
from tensorflow.keras.models import Sequential
from tensorflow.keras.layers import Conv2D,Dense, Flatten
# 建立 Sequential 物件
model = Sequential()
# 卷積層
model.add(Conv2D(filters=32,                  # 卷積核數量
                 kernel_size=(5, 5),          # 使用 5 × 5 卷積核
                 padding='same',              # 填補
                 input_shape=(28, 28, 1),     # 輸入資料的 shape
                 activation='relu'            # 激活函數為 ReLU
                ))

# 展平層
model.add(Flatten())
# 輸出層
model.add(Dense(10,                           # 輸出層為 10 個神經元
                activation='softmax'          # 激活函數為 Softmax
               ))
# 編譯模型
model.compile(loss='categorical_crossentropy', # 用交叉熵誤差作為損失函數
              optimizer='rmsprop',             # 優化器為 RMSprop
              metrics=['accuracy']             # 評價指標為準確率
             )

# 輸出模型結構
model.summary()
```

▼ 輸出

```
Model: "sequential_1"

_____
Layer (type)                 Output Shape              Param #
=================================================================
conv2d_1 (Conv2D)            (None, 28, 28, 32)        832
```

→ 接下頁

```
────────────────────────────────────────────────────────
flatten_1 (Flatten)              (None, 25088)             0
────────────────────────────────────────────────────────
dense (Dense)                    (None, 10)           250890
════════════════════════════════════════════════════════

Total params: 251,722
Trainable params: 251,722
Non-trainable params: 0
────────────────────────────────────────────────────────
```

conv2d_1 是卷積層，flatten_1 是展平層，dense 是輸出層。

▼ 卷積神經網路結構

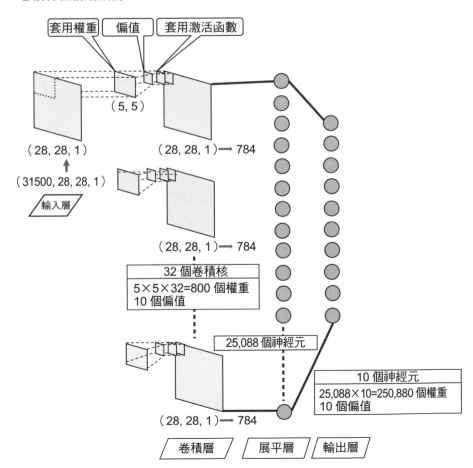

使用卷積神經網路辨識圖像

　　接著來訓練卷積神經網路。我們將訓練次數設定為 20 次，批次大小定為 100 來嘗試看看。

▼ **訓練卷積神經網路（Cell 3）**

```
# 訓練模型，輸出訓練過程
history = model.fit(tr_x,                       # 訓練資料
                    tr_y,                        # 正確答案
                    epochs=20,                   # 訓練次數
                    batch_size=100,              # 批次大小
                    verbose=1,                   # 輸出訓練的狀況
                    validation_data=(va_x, va_y)) # 驗證資料
```

▼ **最後輸出**

```
Epoch 20/20
315/315 [==============================] - 10s 33ms/step - loss:
0.0037 - accuracy: 0.9988 - val_loss: 0.1195 - val_accuracy: 0.9795
```

　　可以看到訓練資料分數接近 100%，驗證資料分數略低一點點。接著我們要將訓練資料、驗證資料分數繪製成圖表，看看隨著每次的訓練，損失（錯誤率）跟準確率的變化趨勢。

▼ **將損失與準確率的趨勢繪製成圖表（Cell 4）**

```
%matplotlib inline
import matplotlib.pyplot as plt
# 設定繪圖尺寸
plt.figure(figsize=(15, 6))
plt.subplots_adjust(wspace=0.2)
# 在 1 × 2 格線左方 (1,2,1) 範圍內繪圖
plt.subplot(1, 2, 1)
# 描繪出訓練資料的損失（錯誤率）
```

→ 接下頁

```
plt.plot(history.history['loss'],
        linestyle = '--',
        label='training')
# 描繪繪出驗證資料的損失（錯誤率）
plt.plot(history.history['val_loss'],
        label='validation')
plt.ylim(0, 1)              # y 軸範圍
plt.legend()                # 顯示圖例
plt.grid()                  # 顯示格線
plt.xlabel('epoch')         # x 軸標籤
plt.ylabel('loss')          # y 軸標籤

# 在 1 × 2 格線右方 (1,2,2) 範圍內繪圖
plt.subplot(1, 2, 2)
# 描繪出訓練資料的準確率
plt.plot(history.history['accuracy'],
        linestyle = '--',
        label='training',)
# 描繪出驗證資料的準確率
plt.plot(history.history['val_accuracy'],
        label='validation')
plt.ylim(0.5, 1)            # y 軸範圍
plt.legend()                # 顯示圖例
plt.grid()                  # 顯示格線
plt.xlabel('epoch')         # x 軸標籤
plt.ylabel('acc')           # y 軸標籤
plt.show()
```

▼ **輸出**

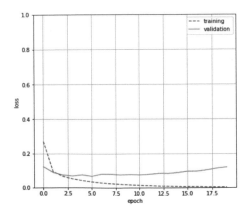 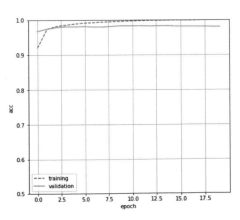

驗證資料的損失跟準確率（實線）都在第 4 次之後就幾乎持平了；相較之下，訓練資料的損失（虛線）在第 4 次之後持續降低，準確率（虛線）則是持續上升。這表示已經產生了「過度配適（over fitting）」^{（註）}，需要執行丟棄法（drop out）。此外，接下來若額外加上提升圖像辨識度的處理，準確率應還能再提高。

5.1.3 拿掉圖像當中歪斜與偏移的部分，讓準確率超過 99%

卷積神經網路可以運用許多方式來提昇性能，而當中最有效的就是池化（Pooling），這方法可以將原本圖像中歪斜、偏移的部分去除。

 池化的處理流程

池化可以取一群數字的最大值、也可以取平均值，其中又以取最大值最為簡單、最有效率。最大值池化要先訂好 2 × 2 或 3 × 3（編註：小心不要跟卷積層的卷積核搞混了）的比較範圍，輸出該範圍內的最大值。接著套用在影像上，就能輸出各個比較範圍的最大值。

▼ **以 2 × 2 範圍來進行最大值池化**

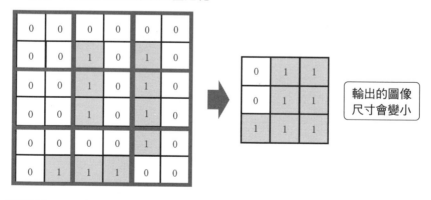

輸出的圖像尺寸會變小

註：過度配適又稱為過度學習

　　上圖是將 $6 \times 6 = 36$ 的圖像套用了 2×2 的池化，輸出的圖像變成僅有原本的 4 分之 1。尺寸變成原本的 4 分之 1，表示丟掉了一些資訊。不過，我們將這圖像往右移動 1 格像素，再來套用一次 2×2 的最大值池化。

▼ 將原本的圖像向右移動 1 像素，套用 2×2 範圍的最大值池化

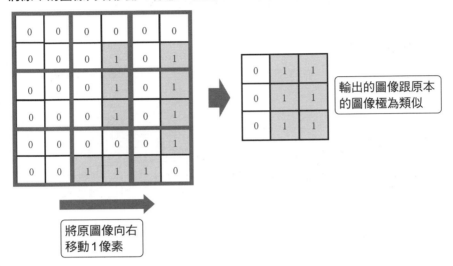

　　向右移動 1 像素後再進行最大值池化處理所輸出的圖像，看起來也很接近原本的圖像，而這就是輸出最大值的池化層用意。由於對人眼來說，即使移動像素，還是能判斷圖像內容。但是對神經網路來說，有可能因為稍微位移像素，神經網路就判斷為完全不一樣的圖樣。不過我們進行最大值池化處理，就可以吸收掉一部分圖像位移像素的影響。例如剛剛我們運用 2×2 範圍進行最大值池化，雖然圖像大小只剩下原本的 4 分之 1，不過可以藉此排除掉一部分圖像位移的影響。

運用卷積神經網路（Convolutional Neural Network, CNN）做圖像分類

5

運用貝氏優化找出搭載了池化層的最佳卷積神經網路

接下來我們要放入更多的卷積層，執行丟棄法、池化，並在展平層之後配置多層的全連接層，以求達到更高準確率。第 1 層跟第 2 層我們放卷積層，第 3 層放池化層，第 4 層跟第 5 層再放卷積層，之後經過池化、丟棄法後再配置全連接層，最後放置輸出層。

▼ 網路結構示意圖

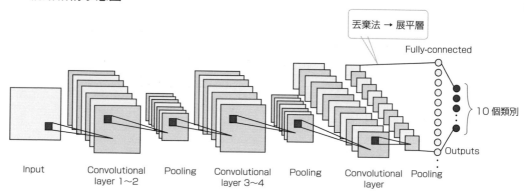

我們可以使用上一章提到的 Hyperopt 貝氏優化，來找出最佳網路結構與超參數的值。

▼ 安裝 Hyperas（Cell 1）

```
!pip install hyperas
```

▼ 資料處理的函式以及建立模型的函式（Cell 2）

```
from hyperopt import hp
from hyperopt import Trials, tpe
from hyperas import optim
from hyperas.distributions import choice, uniform

def prepare_data():
```

→ 接下頁

```python
"""
準備資料
"""
# 欲使用的函式庫
import numpy as np
import pandas as pd
from sklearn.model_selection import KFold
## keras modules
from tensorflow.keras.utils import to_categorical
from tensorflow.keras.models import Sequential
from tensorflow.keras.layers import Dense, Dropout, Flatten
from tensorflow.keras.layers import Conv2D, MaxPooling2D

# 從 train.csv 讀入 pandas 的 DataFrame
train = pd.read_csv('/kaggle/input/digit-recognizer/train.csv')
train_x = train.drop(['label'], axis=1)    # 從 train 取出圖像資料
train_y = train['label']                   # 從 train 取出正確答案
test_x = pd.read_csv('/kaggle/input/digit-recognizer/test.csv')
 # 將 train 的資料分為訓練資料與驗證資料
kf = KFold(n_splits=4, shuffle=True, random_state=123)
tr_idx, va_idx = list(kf.split(train_x))[0]
tr_x, va_x = train_x.iloc[tr_idx], train_x.iloc[va_idx]
tr_y, va_y = train_y.iloc[tr_idx], train_y.iloc[va_idx]

# 將圖像的像素值除以 255.0，限制在 0 ~ 1.0 的範圍內，並轉換為 numpy.array
tr_x, va_x = np.array(tr_x / 255.0), np.array(va_x / 255.0)

# 將二維矩陣的圖像數據轉換成（高度 = 28, 寬度 = 28, 通道 = 1）的四維矩陣
# 灰階圖片的通道數為 1
tr_x = tr_x.reshape(-1,28,28,1)
va_x = va_x.reshape(-1,28,28,1)

# 將正確答案轉換為 One-hot encoding 呈現
tr_y = to_categorical(tr_y, 10)
va_y = to_categorical(va_y, 10)
return tr_x, tr_y, va_x, va_y

def create_model(tr_x, tr_y):
    """
    建立模型
    """
```

→ 接下頁

5

運用卷積神經網路（Convolutional Neural Network, CNN）做圖像分類

```python
# 建立 Sequential 物件
model = Sequential()
# 探索第 1 層的卷積核數量、卷積核尺寸
model.add(Conv2D(filters={{choice([32, 64])}},
                 kernel_size={{choice([(3,3), (5,5), (7,7)])}},
                 padding='same',
                 activation={{choice(['tanh', 'relu'])}},
                 input_shape=(28,28,1)))

# 探索第 2 層的卷積核數量、卷積核尺寸
model.add(Conv2D(filters = {{choice([32, 64])}},
                 kernel_size = {{choice([(3,3), (5,5), (7,7)])}},
                 padding='same',
                 activation={{choice(['tanh', 'relu'])}}))

# 在第 3 層配置 2×2 的池化層
model.add(MaxPooling2D(pool_size=(2,2)))

# 探索丟棄率
model.add(Dropout({{quniform(0.2, 0.6, 0.05)}}))

# 探索第 4 層的卷積核數量、卷積核尺寸
model.add(Conv2D(filters={{choice([32, 64])}},
                 kernel_size={{choice([(3,3), (5,5), (7,7)])}},
                 padding='same',
                 activation='relu'))

# 探索第 5 層的卷積核數量、卷積核尺寸
model.add(Conv2D(filters = {{choice([32, 64])}},
                 kernel_size = {{choice([(3,3), (5,5), (7,7)])}},
                 padding='same',
                 activation={{choice(['tanh', 'relu'])}} ))

# 在第 6 層配置 2×2 的池化層
model.add(MaxPooling2D(pool_size=(2,2)))

# 探索丟棄率
model.add(Dropout({{quniform(0.2, 0.6, 0.05)}}))

# 配置展平層
model.add(Flatten())
```

→ 接下頁

```python
# 從 1,2 裡面探索要追加的層的數量
if {{choice(['one', 'two'])}} == 'one':
    """
    選到 one 的時候就配置第 7 層，並探索神經元數量、激活函數、丟棄率
    """
    # 第 7 層
    model.add(Dense({{choice([500, 600, 700])}},
                    activation={{choice(['tanh', 'relu'])}}))
    model.add(Dropout({{quniform(0.1, 0.6, 0.05)}}))

elif {{choice(['one', 'two'])}} == 'two':
    """
    選到 two 的時候就配置第 7 層跟第 8 層，並探索神經元數量、激活函數、丟棄率
    """

    # 第 7 層
    model.add(Dense({{choice([500, 600, 700])}},
                    activation={{choice(['tanh', 'relu'])}}))
    model.add(Dropout({{quniform(0.1, 0.6, 0.05)}}))

    # 第 8 層
    model.add(Dense({{choice([100, 150, 200])}},
                    activation={{choice(['tanh', 'relu'])}}))
    model.add(Dropout({{quniform(0.2, 0.6, 0.05)}}))

# 放置輸出層
model.add(Dense(10, activation = "softmax"))

# 模型編譯
# 嘗試使用 Adam 跟 RMSprop 作為優化器
model.compile(loss="categorical_crossentropy",
              optimizer={{choice(['adam', 'rmsprop'])}},
              metrics=["accuracy"])

# 訓練次數為 30 次
epoch = 30

# 設定批次大小
batch_size = {{choice([100, 200, 300])}}
result = model.fit(tr_x, tr_y,
                   epochs=epoch,
```

5

運用卷積神經網路（Convolutional Neural Network, CNN）做圖像分類

→ 接下頁

```
                              batch_size=batch_size,
                              validation_data=(va_x, va_y),
                              verbose=0)

    # 輸出訓練過程的資訊
    validation_acc = np.amax(result.history['val_accuracy'])
    print('Best validation acc of epoch:', validation_acc)

    return {'loss': -validation_acc, 'status': STATUS_OK, 'model': model}

# 設定執行 75 次的探索
nb_name = '__notebook_source__'
best_run, best_model = optim.minimize(model=create_model,
                                      data=prepare_data,
                                      algo=tpe.suggest,
                                      max_evals=75,
                                      eval_space=True,
                                      notebook_name=nb_name,
                                      trials=Trials())
```

▼ 輸出探索的結果（**Cell 3**）

```
# 輸出準確率最高的模型
print(best_model.summary())
# 輸出準確率最好的超參數數值
print(best_run)

# 使用驗證資料檢驗已完成探索的模型
_, _, va_x, va_y = prepare_data()
val_loss, val_acc = best_model.evaluate(va_x, va_y)
print("val_loss: ", val_loss)      # 輸出損失
print("val_acc: ", val_acc)        # 輸出準確率
```

▼ 輸出

```
Model: "sequential_1"

_____
Layer (type)               Output Shape            Param #
=================================================================
conv2d_4 (Conv2D)          (None, 28, 28, 32)      832
```
→ 接下頁

```
----------------------------------------------------------------
conv2d_5 (Conv2D)               (None, 28, 28, 64)        100416
----------------------------------------------------------------
max_pooling2d_2 (MaxPooling2    (None, 14, 14, 64)        0
----------------------------------------------------------------
dropout_4 (Dropout)             (None, 14, 14, 64)        0
----------------------------------------------------------------
conv2d_6 (Conv2D)               (None, 14, 14, 64)        102464
----------------------------------------------------------------
conv2d_7 (Conv2D)               (None, 14, 14, 32)        18464
----------------------------------------------------------------
max_pooling2d_3 (MaxPooling2    (None, 7, 7, 32)          0
----------------------------------------------------------------
dropout_5 (Dropout)             (None, 7, 7, 32)          0
----------------------------------------------------------------
flatten_1 (Flatten)             (None, 1568)              0
----------------------------------------------------------------
dense_3 (Dense)                 (None, 700)               1098300
----------------------------------------------------------------
dropout_6 (Dropout)             (None, 700)               0
----------------------------------------------------------------
dense_4 (Dense)                 (None, 150)               105150
----------------------------------------------------------------
dropout_7 (Dropout)             (None, 150)               0
----------------------------------------------------------------
dense_5 (Dense)                 (None, 10)                1510
================================================================
Total params: 1,427,136
Trainable params: 1,427,136
Non-trainable params: 0
----------------------------------------------------------------
None
{'Dense': 500,
'Dense_1': 700,
'Dense_2': 150,
'Dropout': 0.5,
'Dropout_1': 0.55,
'Dropout_2': 'two',
'Dropout_3': 0.30000000000000004,
'Dropout_4': 'two',
'Dropout_5': 0.30000000000000004,
```

5

運用卷積神經網路（Convolutional Neural Network, CNN）做圖像分類

→ 接下頁

```
'Dropout_6': 0.35000000000000003,
'activation': 'relu',
'activation_1': 'relu',
'activation_2': 'relu',
'activation_3': 'relu',
'activation_4': 'relu',
'activation_5': 'relu',
'batch_size': 100,
'filters': 32,
'filters_1': 64,
'filters_2': 64,
'filters_3': 32,
'kernel_size': (5, 5),
'kernel_size_1': (7, 7),
'kernel_size_2': (5, 5),
'kernel_size_3': (3, 3),
'optimizer': 'adam'}
10500/10500 [==============================] - 1s 109us/step
val_loss: 0.03138714134655685
val_acc: 0.993238091468811
```

這邊我們設定訓練次數 30 次,探索了 75 次,算是非常足夠了。其實如果只探索 50 次左右應該也可以找到蠻不錯的超參數,日後其他專案建議可以從 50 次開始試試看。

 運用搭載了池化的卷積神經網路做到接近 100% 的準確率

剛剛我們已經找出了最適合用來辨識 MNIST 手寫圖像的超參數了,彙整如下:

▼ **輸入層**

輸出	(31500, 28, 28, 1) 四維矩陣

▼　卷積層 1

卷積核數量	32
卷積核尺寸	5 x 5
參數數量	5×5×32＋32（偏值）=832
激活函數	ReLU
輸出	每張三維影像（28, 28, 1）通過 32 個卷積核，產生（28, 28, 32）三維矩陣。因為訓練資料是 31,500 張圖像，所以輸出為四維矩陣（31500, 28, 28, 32）。

▼　卷積層 2

卷積核數量	64
卷積核尺寸	7 x 7
參數數量	上一層的卷積核數量 32 ×（7×7×64）＋ 64（偏值）= 100,416
激活函數	ReLU
輸出	每張三維影像（28, 28, 1）通過 64 個卷積核，產生（28, 28, 64）三維矩陣。因為訓練資料是 31500 張圖像，所以輸出為四維矩陣（31500, 28, 28, 64）。

▼　池化層 1

窗口數量	64（跟前一層的卷積核數量相同）
窗口尺寸	2 x 2
輸出	每個 2 x 2 的範圍經過池化之後只會輸出 1 點，因此輸出為四維矩陣（31500, 14, 14, 64）

▼　丟棄法

丟棄率	0.5
輸出	跟前一層的輸出相同。

▼　卷積層 3

卷積核數量	64
卷積核尺寸	5 x 5
參數數量	上一層的卷積核數量 64 ×（5 x 5 x 64）＋ 64（偏值）= 102,464
激活函數	ReLU
輸出	每張三維影像（14, 14, 1）通過 64 個卷積核，產生（14, 14, 64）三維矩陣。因為訓練資料是 31500 張圖像，所以輸出為四維矩陣（31500, 14, 14, 64）。

5

運用卷積神經網路（Convolutional Neural Network, CNN）做圖像分類

▼ 卷積層 4

卷積核數量	32
卷積核尺寸	3 x 3
參數數量	上一層的卷積核數量 64 ×（3×3×32）+ 32（偏值）= 18,464
激活函數	ReLU
輸出	每張三維影像（14, 14, 1）通過 32 個卷積核，產生（14, 14, 64）三維矩陣。因為訓練資料是 31500 張圖像，所以輸出為四維矩陣（31500, 14, 14, 32）。

▼ 池化層 2

窗口數量	32（跟前一層的卷積核數量相同）
窗口尺寸	2 x 2
輸出	每個 2 x 2 的範圍經過池化之後只會輸出 1 點，因此輸出為四維矩陣（31500, 7, 7, 32）

▼ 丟棄法

丟棄率	0.55
輸出	跟前一層的輸出相同。

▼ 展平層

神經元數量	7×7×32=1,568
輸出	將每一張影像為拉平成 1,568 的一維陣列。因此輸出為二維矩陣（31500, 1568）。

▼ 全連接層 1

神經元數量	700
參數數量	權重為展平層神經元數量 1,568 × 700 = 1,097,600 1,097,600＋700（偏值）= 1,098,300
激活函數	ReLU
輸出	輸出為二維矩陣（31500, 700）。

▼ 全連接層 2

神經元數量	150
參數數量	權重為上一層的神經元數量 700 × 150 = 105,000 105,000＋150（偏值）= 105,150
激活函數	ReLU
輸出	輸出為二維矩陣（31500, 150）。

▼ **輸出層**

神經元數量	10
參數數量	權重為上一層的神經元數量 150 × 10 = 1,500 權重 1,500＋ 10（偏值）= 1,510
激活函數	Softmax
輸出	輸出為二維矩陣（31,500, 10）。

那麼接下來我們就來製作新的 Notebook 吧。直接訓練最佳的用卷積神經網路，訓練次數為 20 次，批次大小為 100。

▼ **製作特徵量（Cell 1）**

```
import numpy as np
import pandas as pd
from sklearn.model_selection import KFold
from tensorflow.keras.utils import to_categorical

# 將 train.csv 讀入 pandas 的 DataFrame
train = pd.read_csv('/kaggle/input/digit-recognizer/train.csv')
train_x = train.drop(['label'], axis=1)      # 從 train 取出圖像資料
train_y = train['label']                      # 從 train 取出正確答案
test_x = pd.read_csv('/kaggle/input/digit-recognizer/test.csv')
 # 將 train 的資料分為訓練資料跟驗證資料
kf = KFold(n_splits=4, shuffle=True, random_state=123)
tr_idx, va_idx = list(kf.split(train_x))[0]
tr_x, va_x = train_x.iloc[tr_idx], train_x.iloc[va_idx]
tr_y, va_y = train_y.iloc[tr_idx], train_y.iloc[va_idx]
 # 將圖像的像素值除以 255.0，限制在 0 ~ 1.0 範圍內，並轉換為 numpy.array
tr_x, va_x = np.array(tr_x / 255.0), np.array(va_x / 255.0)
# 將二維矩陣的圖像數據轉換成（ 高度 = 28, 寬度 = 28, 通道 = 1）的四維矩陣
# 灰階圖片的通道值為 1
tr_x = tr_x.reshape(-1,28,28,1)
va_x = va_x.reshape(-1,28,28,1)

# 將正確答案轉換為 One-hot encoding 呈現
tr_y = to_categorical(tr_y, 10)
va_y = to_categorical(va_y, 10)
```

▼ 建立模型（Cell 2）

```
from tensorflow.keras.models import Sequential
from tensorflow.keras.layers import Dense, Dropout, Flatten
from tensorflow.keras.layers import Conv2D, MaxPooling2D
# 建立 Sequential 物件
model = Sequential()
# 第1層： 卷積層
model.add(Conv2D(filters=32,
                 kernel_size=(5,5),
                 padding='same',
                 activation='relu',
                 input_shape=(28,28,1)))
# 第2層： 卷積層
model.add(Conv2D(filters = 64,
                 kernel_size = (7,7),
                 padding='same',
                 activation='relu'))
# 第3層： 池化層
model.add(MaxPooling2D(pool_size=(2,2)))
# 丟棄法
model.add(Dropout(0.5))

# 第4層： 卷積層
model.add(Conv2D(filters=64,
                 kernel_size=(5,5),
                 padding='same',
                 activation='relu'))

# 第5層： 卷積層
model.add(Conv2D(filters = 32,
                 kernel_size = (3,3),
                 padding='same',
                 activation='relu'))

# 第6層： 池化層
model.add(MaxPooling2D(pool_size=(2,2)))

# 丟棄法
model.add(Dropout(0.55))
```

→ 接下頁

```python
# 展平層
model.add(Flatten())

#第7層： 全連接層
model.add(Dense(700, activation='relu'))
model.add(Dropout(0.3))

#第8層： 全連接層
model.add(Dense(150, activation='relu'))
model.add(Dropout(0.35))

#第10層： 輸出層
model.add(Dense(10, activation = "softmax"))

# 編譯模型
# 優化器為 Adam
momentum = 0.5
model.compile(loss="categorical_crossentropy",
              optimizer='adam',
              metrics=["accuracy"])
```

▼ 訓練並輸出結果（Cell 3）

```python
# 批次大小
batch_size = 100
# 訓練次數
epochs = 20
# 執行訓練
history = model.fit(tr_x, tr_y,                    # 訓練資料
                    batch_size=batch_size,         # 批次大小
                    epochs=epochs,                 # 訓練次數
                    verbose=1,                     # 輸出訓練的狀況
                    validation_data=(va_x,va_y)    # 驗證資料
                    )
```

▼ 最後輸出

```
Epoch 20/20
315/315 [==============================] - 259s 823ms/step - loss:
0.0272 - accuracy: 0.9919 - val_loss: 0.0266 - val_accuracy: 0.9932
```

▼ 將損失與準確率的走勢繪製成圖表（Cell 4）

```
%matplotlib inline
import matplotlib.pyplot as plt

# 設定繪圖尺寸
plt.figure(figsize=(15, 6))
# 將圖形縮小、讓圖形之間保有空間
plt.subplots_adjust(wspace=0.2)
# 在 1 × 2 格線左方 (1,2,1) 範圍內繪圖
plt.subplot(1, 2, 1)
# 描繪出訓練資料的損失（錯誤率）
plt.plot(history.history['loss'],
         label='training',
         linestyle = '--')
# 描繪出驗證資料的損失（錯誤率）
plt.plot(history.history['val_loss'],
         label='validation')
plt.ylim(0, 1)           # y 軸範圍
plt.legend()             # 顯示圖例
plt.grid()               # 顯示格線
plt.xlabel('epoch')      # x 軸標籤
plt.ylabel('loss')       # y 軸標籤
# 在 1 × 2 格線右方 (1,2,2) 範圍內繪圖
plt.subplot(1, 2, 2)
# 描繪出訓練資料的準確率
plt.plot( history.history['accuracy'],
         linestyle = '--',
         label='training')
# 描繪出驗證資料的準確率
plt.plot(history.history['val_accuracy'],
         label='validation')
plt.ylim(0.5, 1)         # y 軸範圍
plt.legend()             # 顯示圖例
plt.grid()               # 顯示格線
plt.xlabel('epoch')      # x 軸標籤
plt.ylabel('acc')        # y 軸標籤
plt.show()
```

▼ 輸出

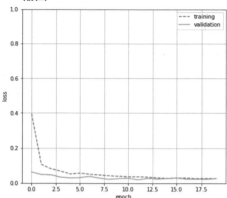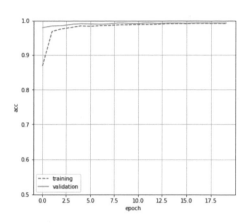

　　先看損失的走勢，會發現超過第 4 次之後，訓練資料與驗證資料的線已經重疊了，並沒有像上次的訓練資料呈現持續下滑的樣貌。可以理解為因為池化跟丟棄法發揮功效的關係，所以沒有產生過度配適的問題。另一方面，準確率的走勢也在超過第 4 次之後，訓練資料與驗證資料的線呈現了重疊狀態，隨後則依然是持續上升的走勢。

5.2 運用資料擴增（Data Augmentation）讓卷積神經網路變得更聰明

本節重點

◉ 隨機放大、旋轉等處理來對圖像加工，讓 1 張圖可以轉變成數張圖，增加訓練資料量。

◉ 增加資料後再訓練卷積神經網路，提升預測準確率。

使用的 Kaggle 範例

Digit Recognizer

資料擴增（Data Augmentation）是一種能提升圖像辨識準確率的技巧。我們將原始圖像，以人為方式隨機加以移動、旋轉、放大、或縮小等處理，就能做出許多不同圖像來訓練神經網路。

5.2.1 對所有圖像加上移動、翻轉、放大等處理，創造出各式各樣的圖像

　　做了資料擴增後會產生不太一樣的圖像，就用同樣的原始圖像來達到更好的訓練成效，進而提升準確率。說得誇張些，我們是對資料灌水，並期待能因此獲得更好的辨識準確率。tensorflow.keras 當中有個專門用於擴增圖像資料的 ImageDataGenerator 函式，可以很容易對大量的資料進行擴增。下表為此函式的相關語法。

| 語法 | ```
tensorflow.keras.preprocessing.image.ImageDataGenerator(
    featurewise_center=False,
    samplewise_center=False,
    featurewise_std_normalization=False,
    samplewise_std_normalization=False,
    zca_whitening=False,
    zca_epsilon=1e-06,
    rotation_range=0.0,
    width_shift_range=0.0,
    height_shift_range=0.0,
    brightness_range=None,
    shear_range=0.0,
    zoom_range=0.0,
    channel_shift_range=0.0,
    fill_mode='nearest',
    cval=0.0,
    horizontal_flip=False,
    vertical_flip=False,
    rescale=None,
    preprocessing_function=None,
    data_format=None,
    validation_split=0.0)
``` |
|---|---|
```

參數說明	featurewise_center=False	將通道的平均調整為 0。
	samplewise_center=False	將資料的平均調整為 0。
	featurewise_std_normalization=False	對通道做標準化。
	samplewise_std_normalization=False	對資料做標準化。
	zca_whitening=False	套用 ZCA 白化（Whitening）。
	rotation_range=0.0	隨機設定旋轉圖像時的旋轉角度。
	width_shift_range=0.0	以圖像的寬度為比例來設定橫向移動的範圍。
	height_shift_range=0.0	以圖像的高度為比例來設定縱向移動的範圍。
	shear_range=0.0	錯切處理會在設定範圍內逆時針旋轉，並加入斜向拉伸的效果。
	zoom_range=0.0	設定隨機放大的範圍。
	channel_shift_range=0.0	設定隨機變動通道的範圍，使 RGB 值會隨機變化。
	horizontal_flip=False	隨機進行橫向方向的翻轉（左右翻轉）。
	vertical_flip=False	隨機進行縱向方向的翻轉（上下翻轉）。

下表為 ImageDataGenerator.flow() 的函式語法：

語法	flow(x, y=None, batch_size=32, shuffle=True, save_to_dir=None, save_prefix='', save_format='png')	
	x	圖像資料，必須得是四維矩陣。
參數說明	y	正確答案。
	batch_size	要擴增的圖像數量。
	shuffle	是否洗牌圖像。預設為 False（不洗牌）。
	save_to_dir	儲存擴增後圖像的資料夾。
	save_prefix	存檔時放在檔案名稱內的前綴（prefix）。
	save_format='png'	儲存擴增後的圖像的檔案格式，可選 'png' 或 'jpeg'。需要設定好 save_to_dir 才能使用此功能

對 MNIST 手寫圖像執行資料擴增

現在實際開一個新的 Notebook 來時做資料擴增吧！首先編寫輸出圖像的函式。

▼ 輸出影像的函式（Cell 1）

```python
import matplotlib.pyplot as plt
def draw(X):
    ''' 執行描繪的函式
    X: shape 為 (28, 28, 1) 的圖像資料
    '''
    plt.figure(figsize=(8, 8))              # 描繪區域為 8 × 8 英吋
    pos = 1                                  # 維持圖像的描繪位置
    # 看有幾張圖像，就重複幾次描繪處理
    for i in range(X.shape[0]):
        plt.subplot(4, 4, pos)              # 在 4 × 4 繪圖區域的第 pos 個位置
        # 將索引 i 的圖像轉換為 (28,28) 的 shape、進行描繪
        plt.imshow(X[i].reshape((28,28)),interpolation='nearest')
        plt.axis('off')                      # 隱藏軸線的刻度
        pos += 1
    plt.show()
```

▼ 讀入 MNIST 資料集並進行預處理（Cell 2）

```python
import numpy as np
import pandas as pd
from sklearn.model_selection import KFold
from tensorflow.keras.utils import to_categorical

# 將 train.csv 讀入 pandas 的 DataFrame
train = pd.read_csv('/kaggle/input/digit-recognizer/train.csv')
tr_x = train.drop(['label'], axis=1)        # 從 train 取出圖像資料
train_y = train['label']                     # 從 train 取出正確答案

# 將圖像的像素值除以 255.0、限制在 0 ~ 1.0 的範圍內，並轉換為 numpy.array
tr_x = np.array(tr_x / 255.0)

# 將二維矩陣的圖像轉換成（高度 = 28, 寬度 = 28, 通道 = 1))的四維矩陣
# 灰階圖片的通道值為 1
tr_x = tr_x.reshape(-1,28,28,1)

# 將正確答案用 One-hot encoding 轉換
tr_y = to_categorical(train_y, 10)

# 用於測試的圖像張數
batch_size = 16
```

首先我們為了要判讀處理後的狀態，先顯示原始圖像。

▼ 顯示原始圖像

```
draw(tr_x[0:batch_size])
```

▼ 16 張原始圖像

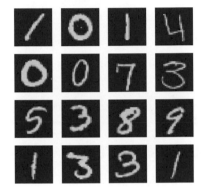

旋轉圖像

使用 ImageDataGenerator() 的 rotation_range，可以在指定的角度範圍內隨機旋轉圖像。

▼ 隨機旋轉圖像

```
# 匯入 ImageDataGenerator
from tensorflow.keras.preprocessing.image import ImageDataGenerator

# 執行旋轉，最多旋轉 90 度
datagen = ImageDataGenerator(rotation_range=90)
g = datagen.flow(tr_x, tr_y, batch_size, shuffle=False)
# 產生與批次大小相同數目的擴增圖像
X_batch, y_batch = g.next()        # 將擴增資料放入清單
draw(X_batch)                      # 繪圖
```

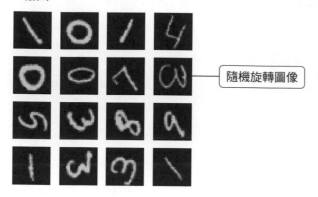

隨機旋轉圖像

橫向移動圖像

用 width_shift_range 可以讓圖像進行橫向移動，設定的數值代表了移動量相對於圖像寬度的比例。圖像會依據設定的比例範圍橫向移動。

▼ 設定橫向移動的最大比例為圖像寬度的 0.5

```
# 橫向移動
datagen = ImageDataGenerator(width_shift_range=0.5)
g = datagen.flow(tr_x, tr_y, batch_size, shuffle=False)
# 產生與批次大小相同數目的擴增圖像
X_batch, y_batch = g.next()          # 將擴增資料放入清單
draw(X_batch)                        # 繪圖
```

▼ 輸出

隨機橫向移動圖像

縱向移動圖像

用 height_shift_range 能縱向移動圖像。設定的數值代表了移動量相對於圖像高度的比例。

▼ **設定縱向移動的最大比例為圖像高度的 0.5**

```
# 縱向移動
datagen = ImageDataGenerator(height_shift_range=0.5)
g = datagen.flow(tr_x, tr_y, batch_size, shuffle=False)
# 產生與批次大小相同數目的擴增圖像
X_batch, y_batch = g.next()          # 將擴增資料放入清單
draw(X_batch)                        # 繪圖
```

▼ **輸出**

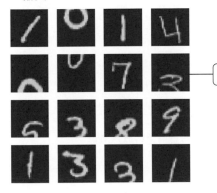

随機縱向移動圖像

隨機放大圖像

用 zoom_range 來隨機放大圖像。

▼ **將隨機放大的最大倍率設定為 0.5**

```
# 隨機放大，最大倍率為 0.5
datagen = ImageDataGenerator(zoom_range=0.5)
g = datagen.flow(tr_x, tr_y, batch_size, shuffle=False)
# 產生與批次大小相同數目的擴增圖像
X_batch, y_batch = g.next()          # 將擴增資料放入清單
draw(X_batch)                        # 繪圖
```

5

運用卷積神經網路（Convolutional Neural Network, CNN）做圖像分類

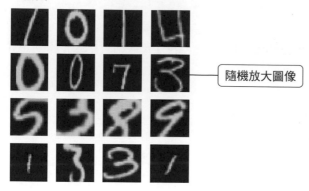

 隨機放大圖像

將圖像左右翻轉

用 horizontal_flip 讓圖像左右翻轉。

▼ 隨機讓圖像左右翻轉

```
datagen = ImageDataGenerator(horizontal_flip=True)
g = datagen.flow(tr_x, tr_y, batch_size, shuffle=False)
# 產生與批次大小相同數目的擴增圖像
X_batch, y_batch = g.next()          # 將擴增資料放入清單
draw(X_batch)                         # 繪圖
```

▼ 輸出

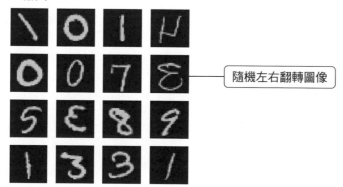

隨機左右翻轉圖像

將圖像上下翻轉

用 vertical_flip 上下翻轉圖像。

```
datagen = ImageDataGenerator(vertical_flip=True)
g = datagen.flow(tr_x, tr_y, batch_size, shuffle=False)
# 產生與批次大小相同數目的擴增圖像
X_batch, y_batch = g.next()          # 將擴增資料放入清單
draw(X_batch)                        # 繪圖
```

▼ 輸出

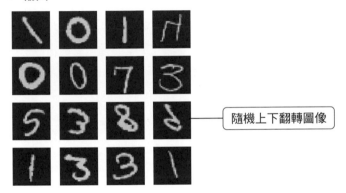

隨機上下翻轉圖像

5.2.2 使用資料擴增後的資料集來訓練神經網路

我們在手寫圖像執行橫向移動、縱向移動、旋轉、放大這 4 種處理，而 Keras 裡正好有專門使用擴增資料來訓練模型的函式。

tensorflow.kerasModel.fit_generator() 函式

雖然 ImageDataGenerator 本身也有 fit() 函式，但當初 Keras 函式庫與 TensorFlow2.0 整合的時候，model.fit() 就已經支援 ImageDataGenerator

了，因此這裡我們採用 model.fit() 搭配 ImageDataGenerator 來訓練模型。
相關的語法說明如下表：

語法	fit_generator(generator, steps_per_epoch=None, epochs=1, verbose=1, callbacks=None, validation_data=None, shuffle=True)	
參數說明	generator	建立模型的函式。
	step_per_epoch	每次訓練的 step 數量。一般而言會指定為用資料總數除以批次大小得出的值（整數）。
	epochs	訓練次數。
	verbose	執行狀況的顯示模式。 0＝不顯示 1＝顯示進度條 2＝每次學習都輸出 1 列
	callbacks	指定訓練時的 Callback（回呼）函式。若函式要用於管理學習率的排程時，則寫為 callbacks=[LearningRateScheduler(函式名稱)]
	validation_data	指定用於驗證的資料。
	shuffle	是否洗牌圖像。預設為 False（不洗牌）。

加上擴增後的圖像進行訓練

我們開啟新的 Noteboook，在 Cell 1 寫入資料預處理的程式碼、
Cell 2 寫入建立模型的程式碼。程式碼跟前面完全一樣。

▼ 讀入資料，進行預處理（Cell 1）

```
# 填入跟第 5-31 頁「製作特徵量（Cell 1）」相同的程式碼
```

▼ 建立模型（Cell 2）

```
# 填入跟第 5-32 頁「建立模型（Cell 2）」相同的程式碼
```

接下來要寫的是執行資料擴增，並進行模型訓練的程式碼。

▼ **資料擴增以及模型訓練（Cell 3）**

```python
from tensorflow.keras.preprocessing.image import ImageDataGenerator

# 資料擴增
# 以圖像寬度 0.1 比例隨機橫向移動
# 以圖像高度 0.1 比例隨機縱向移動
# 在 10 度的範圍內隨機旋轉
# 以原始尺寸 0.1 比例隨機放大
datagen = ImageDataGenerator(width_shift_range=0.1,
                             height_shift_range=0.1,
                             rotation_range=10,
                             zoom_range=0.1)


# 批次大小
batch_size = 100
# 訓練次數
epochs = 20


# 進行訓練
history = model.fit(datagen.flow(tr_x,
                                 tr_y,
                                 batch_size=batch_size),
                    # 每個批次的步驟數
                    # 訓練資料筆數除以批次大小
                    steps_per_epoch=tr_x.shape[0] // batch_size,
                    epochs=epochs,                 # 訓練次數
                    verbose=1,                     # 輸出訓練狀況
                    validation_data=(va_x,va_y))# 驗證資料
```

　　在 fit_generator() 的第 1 參數當中，從 ImageDataGenerator 執行 flow()，將擴增的圖像拿來訓練。這時候需要注意，將 step_per_epoch 寫為 tr_x.shape[0] // batch_size，用資料總數除以批次大小，作為 1 個 epoch 的 step 數量。

```
Epoch 20/20
315/315 [==============================] - 267s 847ms/step - loss:
0.0393 - accuracy: 0.9892 - val_loss: 0.0192 - val_accuracy: 0.9955
```

可以看到我們只是對訓練資料多做一些加工，就可以從 0.9932 提升一些準確率到 0.9955，而且資料擴增都有現成的函式庫可以直接使用。因此，之後我們如果有其他圖像相關的應用，請記得試試看資料擴增。

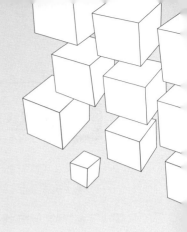

CHAPTER

6

研究學習率與批次大小

6.1 學習率衰減

本節重點

◉ 我們已知可透過動態變化學習率，來提升準確率。接下來要看的是學習率衰減演算法。

訓練卷積神經網路時，持續減少學習率，就能逐漸讓準確率提高。Keras 的隨機梯度下降法（Stochastic Gradient Descent, SGD）這類優化器有預設的學習率，我們可以改變設定值，使得訓練過程中逐漸降低學習率。

6.1.1 介紹幾個學習率衰減的作法

學習率衰減的意思是說，依循事先定義好的排程，逐步調降訓練過程中的學習率。一般會使用隨機梯度下降法來規劃學習率衰減，但其實已有許多研究單位指出，像是 Adam 或是 RMSprop 這些具備了自我調節功能（適應性學習率）的優化器也能有效規劃學習率衰減。以下為常用的優化器及其參數設定：

● 隨機梯度下降法

語法	tensorflow.keras.optimizers.SGD(lr=0.01, momentum=0.0, decay=0.0, nesterov=False)	
參數	lr=0.01	學習率。
	momentum=0.0	指定動量（momentum）值
	decay=0.0	讓每次更新學習率要衰減的比例。設定為 0 以上的浮點數。
	nesterov=False	是否套用動量（momentum）。

● Adam

語法	tensorflow.keras.optimizers.Adam(lr=0.001, beta_1=0.9, beta_2=0.999, epsilon=None, decay=0.0, amsgrad=False)	
參數	lr=0.001	學習率。
	beta_1=0.9	第一估計動量的指數衰減率。
	beta_2=0.999	第二估計動量的指數衰減率。
	epsilon=None	計算參數更新量時避免分母變成 0。None 時其值為 1e-07。
	decay=0.0	讓每次更新學習率要衰減的比例。設定為 0 以上的浮點數。
	amsgrad=False	是否套用 Adam 改進版的 AMSGrad。

● RMSprop

語法	tensorflow.keras.optimizers.RMSprop(lr=0.001, rho=0.9, epsilon=None, decay=0.0)	
參數	lr=0.001	學習率。
	rho=0.9	於計算指數加權平均時使用的、介於 0～1 之間的值。越接近 1，則移動的平均衰減速度越緩慢；越接近 0，則移動的平均衰減速度越快速。也可想成衰減率。
	epsilon=None	計算參數更新量時避免分母變成 0。None 時其值為 1e-07。
	decay=0.0	讓每次更新學習率要衰減的比例。設定為 0 以上的浮點數。

　　共有 3 種做法可以來進行學習率衰減：時序衰減、步進衰減、指數衰減。接著就用隨機梯度下降法為例來實際操作看看吧。

時序衰減

　　時序衰減算式為：$lr = \dfrac{lr_{base}}{1 + kt}$。將其用程式碼表示，則會變成：$lr = lr_{base} / (1 + k * t)$。$lr$ 是更新後的學習率，lr_{base} 則是初始學習率，k 是衰減率，t 是訓練次數。在 Keras 中搭載隨機梯度下降法優化器的程式碼如下所示：

▼ 用隨機梯度下降法執行時序衰減之程式碼範例

```
from keras.optimizers import SGD
epochs = 30                              # 訓練次數
learning_rate = 0.1                      # 初始學習率
decay_rate = learning_rate / epochs      # 設定每次訓練的衰減率
momentum = 0.8                           # 設定動量
# 設定隨機梯度下降法的引數
sgd = SGD(lr = learning_rate,
          momentum = momentum,
          decay = decay_rate)
# 模型編譯
model.compile(loss="categorical_crossentropy",
              optimizer=sgd,
              metrics=["accuracy"])
```

跟傳統的做法有所差異，tensorflow.keras 的隨機梯度下降法可以設定動量（momentum）：在固定的梯度下降中針對任意的收斂方向去調整速度，有效避免來回跑動。普遍來說會使用 0.5～0.9 之間的值。

 ## 步進衰減

步進衰減是依循訓練次數來套用係數、降低學習率，算式為 $lr = lr_{base} \times drop^{epoch/epochs\_drop}$。$lr$ 是更新後的學習率，lr_{base} 則是初始學習率，$drop$ 是衰減率，$epochs\_drop$ 是設定訓練多少次之後要執行衰減，常見的方式是每 10 次訓練（又稱 1 個週期）降低一半的學習率。用 Keras 實作步進衰減時，需要定義步進衰減函式做為 LearningRateScheduler() 的引數。

▼ 步進衰減函式設定範例

```
import math
from keras.callbacks import LearningRateScheduler
def step_decay(epoch):
    initial_lrate = 0.1                  # 初始學習率
```

→ 接下頁

```
    drop = 0.5                        # 衰減率
    epochs_drop = 10.0                # 執行步進衰減的時間點（每 10 次訓練）
    lrate = initial_lrate * math.pow(drop,
                                math.floor(epoch/epochs_drop))
    return lrate

lrate = LearningRateScheduler(step_decay)
```

訓練模型時，只要如下方的程式碼使用 callbacks option 指定 LearningRateScheduler 物件，就會配合訓練次數回呼衰減函式，逐步調降學習率。

▼ **使用規劃好排程的步進衰減函式**

```
history = model.fit(tr_x, tr_y,
                    batch_size=batch_size,
                    epochs=epochs,
                    validation_data=(va_x,va_y),
                    callbacks=lrate)
```

若想要在訓練過程中除了進行步進衰減，也想記錄損失函數的歷程。可以用先建立 LossHistory 物件，之後再一起加入回呼的機制：

▼ **將損失函數歷程與步進衰減函式都登錄到回呼清單裡**

```
class LossHistory(Callback):
    def on_train_begin(self, logs={}):
        self.loss_value = []

    def on_batch_end(self, batch, logs={}):
        self.loss_value.append(logs.get('loss'))

loss_history = LossHistory()
lrate = LearningRateScheduler(step_decay)
callbacks_list = [loss_history, lrate]      # 製作回呼清單
```

接著再像下面一樣，運用 callbacks 指定好回呼清單，就能在訓練當中對 Scheduler 跟 LossHistory 物件自動進行回呼。

▼ 使用回呼

```
model.fit(tr_x, tr_y,
          batch_size=batch_size,
          epochs=epochs,
          validation_data=(va_x,va_y),
          callbacks=callbacks_list)
```

指數衰減

指數衰減公式如下：$lr = lr_{base} \times e^{-kt}$。$lr$ 是更新後的學習率，lr_{base} 則是初始學習率，k 是衰減率，t 是訓練次數，e 則是自然底數。實作時也要先定義指數衰減函式做為 LearningRateScheduler() 的引數。

▼ 指數函數的衰減函式搭載範例

```
import numpy as np
def exp_decay(epoch):
    initial_lrate = 0.1
    k = 0.1
    lrate = initial_lrate * np.exp(-k * epoch)
    return lrate
lrate = LearningRateScheduler(exp_decay)
```

warm start

一開始訓練時，先使用較小的學習率，達到了一定的週期後恢復到一般使用的學習率，隨後再運用衰減係數讓學習率逐漸衰減。這是為了避免剛開始訓練的時候就因為更新學習率的關係讓參數（權重）值不穩，使得模型訓練不順，才想出了從較小學習率開始的方法。

 循環性學習率（Cyclical Learning Rate, CLR）

循環性學習率並不是以線性、或指數方式遞減，它是讓學習率在一個範圍內循環改變的手法。訂出學習率的上限與下限，並用正弦波等函數設定學習率變化的週期。本章將會陸續介紹不同循環性學習率的做法。

6 研究學習率與批次大小

6.2 用步進衰減調降學習率

本節重點

◉ 實際操作「步進衰減」來看看調降學習率對模型準確率的影響。

使用的 Kaggle 範例

> CIFAR-10 – Object Recognition in Images

本節要使用一般來說標準、有效的步進衰減，來一步步調低學習率、完成模型訓練。我們打算選用由 Alex Krizhevsky 所製作的用於辨識一般物體的資料集「CIFAR-10」。在 CIFAR-10 中約略有 6 萬張的圖像與正確答案，來源則是從大約收錄了 8000 萬張圖像的「80 Million Tiny Images」資料集當中挑出。CIFAR-10 資料集有以下特色：

● 約有 60,000 張 32 x 32 像素的圖像

● 皆為 RGB 三通道、彩色圖像

- 要將圖像分為 10 個類別

- 正確答案有下列 10 個：

  - airplane（飛機）

  - automobile（汽車）

  - bird（小鳥）

  - cat（貓咪）

  - deer（鹿）

  - dog（小狗）

  - frog（青蛙）

  - horse（馬兒）

  - ship（船隻）

  - truck（卡車）

- 約 50,000 張（每一類各有 5,000 張）的訓練資料、10,000 張（每一類各有 1,000 張）的測試資料。

- 非 BMP 檔或 PNG 檔，資料本身就是易於 Python 使用的像素矩陣。

6.2.1 達到一定的訓練次數後，就將學習率降為一半

「CIFAR-10 - Object Recognition in Images」是用來分類 CIFAR-10 圖像資料集的任務，目前是做為學習用途，我們就選這個任務來實驗步進衰減。

▼「CIFAR-10 - Object Recognition in Images」

 確認 CIFAR-10 的資料

　　「CIFAR-10 - Object Recognition in Images」當中所提供的資料，為了要防止如手動加上標籤這類的人為弊端，資料集當中被刻意放入了290,000 張「垃圾圖像」（ 編註： 大量複製原有圖片，只要圖片數量大增，要人工標註就不容易了），且其中的 10,000 張圖像還加上了細微的差異，讓使用者無法使用特徵碼進行搜尋（ 編註： 很難輕易判斷哪些是主辦單位複製出來的圖片）。為了方便後續學習率的實驗，此處選用 Keras 內建的 CIFAR-10 資料集，而非 Kaggle 平台提供的 CIFAR-10 資料集，將 Notebook 的 **Setting** 當中的 **Internet** 開啟後即可下載 Keras 內建資料集。我們要用到 GPU，因此先啟用 **Accelerator** 中 GPU。接下來看看資料集會是什麼樣貌。

▼ 準備好 CIFAR-10、輸出資料的大小（Cell 1）

```
import numpy as np
from tensorflow.keras.datasets import cifar10

# 下載 Keras 內建 CIFAR-10 資料集
(X_train, y_train), (X_test, y_test) = cifar10.load_data()
# 輸出資料的 shape
print('X_train:', X_train.shape, 'y_train:', y_train.shape)
print('X_test :', X_test.shape, 'y_test :', y_test.shape)
```

▼ 輸出

```
Downloading data from https://www.cs.toronto.edu/~kriz/cifar-10-
python.tar.gz
170500096/170498071 [==============================] - 2s 0us/step
X_train: (50000, 32, 32, 3) y_train: (50000, 1)
X_test : (10000, 32, 32, 3) y_test : (10000, 1)
```

Keras 內建的資料集，訓練資料有 50,000 組、測試資料有 10,000 組。接著我們將每個類別的資料各顯示 10 張。

▼ 顯示訓練資料中每個類別的圖像（Cell 2）

```
import matplotlib.pyplot as plt
%matplotlib inline

# 繪製圖像
num_classes = 10              # 種類的數量
pos = 1                       # 維持圖像位置的變數

# 有幾個類別，就重複幾次
for target_class in range(num_classes):
    # 紀錄輸出圖像的索引
    target_idx = []
    for i in range(len(y_train)):
        if y_train[i][0] == target_class: # i 列、0 行的標籤是否與
                                          # target_class 一致
            target_idx.append(i)     # 是的話則將索引追加到 targetIdx
```

→ 接下頁

```
    np.random.shuffle(target_idx)   # 洗牌類別 i 的圖像索引
    plt.figure(figsize=(20, 20))    # 將繪圖區域設定 20 X 20 英吋

    # 每個類別取 10 張圖
    for idx in target_idx[:10]:
        plt.subplot(10, 10, pos)    # 指定繪圖區域為以 10 X 10 方式依序排列
        plt.imshow(X_train[idx])    # 使用 Matplotlib 的 imshow() 進行繪圖
        pos += 1

plt.show()
```

▼ 輸出

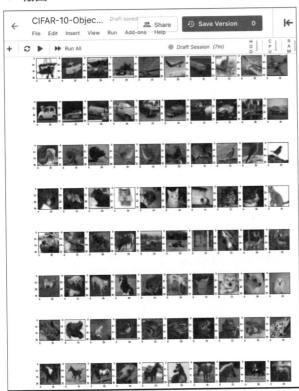

都是 32 x 32 像素的彩色圖像。輸出有 10 個類別，每個類別顯示 10
張圖。

CIFAR-10 資料預處理

剛剛提到要使用步進衰減讓模型的訓練過程每 10 次訓練就調降一半學習率。現在，我們新建一個 Notebook，來寫入程式碼讀取資料、進行預處理。

▼ **讀取資料、進行預處理（Cell 1）**

```python
import numpy as np
from tensorflow.keras.datasets import cifar10
from tensorflow.keras.utils import to_categorical

def prepare_data():
    """
    準備資料
    Returns:
        X_train(ndarray): 訓練資料 (50000.32.32.3)
        X_test(ndarray) : 測試資料 (10000.32.32.3)
        y_train(ndarray): 將訓練資料的正確答案用 One-hot encoding 後表示 (50000,10)
        y_train(ndarray): 將測試資料的正確答案用 One-hot encoding 後表示 (10000,10)
        y_test_label(ndarray): 測試資料的正確答案 (10000)
    """
    (x_train, y_train), (x_test, y_test) = cifar10.load_data()
    # 對訓練資料與測試資料的圖像執行正規化
    x_train, x_test = x_train.astype('float32'), x_test.astype('float32')
    x_train, x_test = x_train/255.0, x_test/255.0
    # 將訓練資料與測試資料的的正確答案用 One-hot encoding 後表示
    y_train, y_test = to_categorical(y_train), to_categorical(y_test)

    return x_train, x_test, y_train, y_test
```

 ## 設定網路架構

我們這裡要用卷積神經網路，網路結構如下程式：

▼ 建立模型（Cell 2）

```
from tensorflow.keras.models import Sequential
from tensorflow.keras.layers import Dense, Dropout, Flatten
from tensorflow.keras.layers import Conv2D, MaxPooling2D
from tensorflow.keras import optimizers

def make_convlayer():
    """
    建立模型
    """
    # Sequential 物件
    model = Sequential()
    # 卷積層 1
    model.add(Conv2D(filters=64,
                     kernel_size=3,
                     padding='same',
                     activation='relu',
                     input_shape=(32,32,3)))
    # 2 × 2 池化層
    model.add(MaxPooling2D(pool_size=2))
    # 卷積層 2
    model.add(Conv2D(filters=128,
                     kernel_size=3,
                     padding='same',
                     activation='relu'))
    # 2 × 2 池化層
    model.add(MaxPooling2D(pool_size=2))
    # 卷積層 3
    model.add(Conv2D(filters=256,
                     kernel_size=3,
                     padding='same',
                     activation='relu'))
    # 2 × 2 池化層
    model.add(MaxPooling2D(pool_size=2))
    # 展平層
    model.add(Flatten())
    # 丟棄法
    model.add(Dropout(0.4))
    # 第 7 層
    model.add(Dense(512, activation='relu'))
    # 輸出層
    model.add(Dense(10, activation='softmax'))
```

→ 接下頁

6

研究學習率與批次大小

```
# 優化器為 Adam
model.compile(loss="categorical_crossentropy",
              optimizer=optimizers.Adam(lr=0.001),
              metrics=["accuracy"])
return model
```

 ## 使用步進衰減來建立模型

接著要定義步進衰減的函式。

▼ **使用步進衰減來建立模型（Cell 3）**

```
import math
from tensorflow.keras.preprocessing.image import ImageDataGenerator
from tensorflow.keras.callbacks import LearningRateScheduler
from tensorflow.keras.callbacks import Callback

class LRHistory(Callback):
    def on_train_begin(self, logs={}):
        self.acc = []
        self.lr = []
    def on_epoch_end(self, batch, logs={}):
        self.acc.append(logs.get('acc'))
        self.lr.append(step_decay(len(self.acc)))

def step_decay(epoch):
    """
    運用步進衰減讓學習率降低的函式
    Returns: 學習率 (float)
    """
    initial_lrate = 0.001     # 初始學習率
    drop = 0.5                # 衰減率
    epochs_drop = 10.0        # 每 10 次訓練後要進行學習率衰減
    lrate = initial_lrate * math.pow(drop,
                        math.floor((epoch)/epochs_drop))
    return lrate
```

→ 接下頁

```python
def train(x_train, x_test, y_train, y_test):

    model = make_convlayer()
    lr_history = LRHistory()
    lrate = LearningRateScheduler(step_decay)
    callbacks_list = [lr_history, lrate]

    # 資料擴增
    # 以圖像寬度 0.1 比例隨機橫向移動
    # 以圖像高度 0.1 比例隨機縱向移動
    # 在 10 度的範圍內隨機旋轉
    # 以原始尺寸 0.1 比例隨機放大
    # 左右翻轉
    datagen = ImageDataGenerator(width_shift_range=0.1,
                                 height_shift_range=0.1,
                                 rotation_range=10,
                                 zoom_range=0.1,
                                 horizontal_flip=True)

    # 批次大小
    batch_size = 128
    # 訓練次數
    epochs = 100

    # 訓練
    step_epoch = x_train.shape[0] // batch_size,
    # 看批次大小多少，就建立多少的擴增資料
    history = model.fit(datagen.flow(x_train,
                                     y_train,
                                     batch_size=batch_size),
                        # 每個批次的步驟數
                        steps_per_epoch=step_epoch,
                        # 訓練次數
                        epochs=epochs,
                        # 輸出訓練狀況
                        verbose=1,
                        # 驗證資料
                        validation_data=(x_test, y_test),
                        callbacks=callbacks_list
                        )

    return history, lr_history
```

接著備妥資料，就能訓練模型了。

▼ 準備資料（Cell 4）

```
x_train, x_test, y_train, y_test = prepare_data()
```

▼ 訓練模型（Cell 5）

```
%%time
history, lr_history = train(x_train, x_test, y_train, y_test)
```

訓練完成後就會產生如下的輸出：

▼ 輸出

```
Epoch 100/100
390/390 [==============================] - 202s 517ms/step - loss:
0.3524 - accuracy: 0.8937 - val_loss: 0.4679 - val_accuracy: 0.8511
CPU times: user 46min 34s, sys: 1min 29s, total: 48min 4s
Wall time: 41min 38s
```

然後我們要將損失與準確率的走勢、學習率的走勢，繪製成圖形。

▼ 將損失與準確率的走勢、跟學習率的走勢，繪製成圖形（Cell 6）

```
%matplotlib inline
import matplotlib.pyplot as plt

x_range = list(range(1, len(lr_history.lr)+1))

# 設定繪圖尺寸
plt.figure(figsize=(15, 10))          # 將圖形縮小、讓圖形之間保有空間
plt.subplots_adjust(wspace=0.2)   # 在 2 × 1 格線的上方繪圖
plt.subplot(2, 1, 1)                       # 繪製訓練資料與驗證資料的準確率
plt.plot(x_range, history.history['accuracy'],
         label='train', linestyle='--')
```

→ 接下頁

```
plt.plot(x_range, history.history['val_accuracy'], label='Val Acc')
plt.legend()                    # 顯示圖例
plt.grid()                      # 顯示格線
plt.xlabel('Epoch')             # x 軸標籤
plt.ylabel('Acc')               # y 軸標籤

# 在 2 × 1 格線的下方繪圖
plt.subplot(2, 1, 2)            # 繪製學習率
plt.plot(x_range, lr_history.lr, label='Learning Rate')
plt.legend()                    # 顯示圖例
plt.grid()                      # 顯示格線
plt.xlabel('Epoch')             # x 軸標籤
plt.ylabel('Learning Rate')     # y 軸標籤
plt.show()
```

6

研究學習率與批次大小

▼ **輸出**

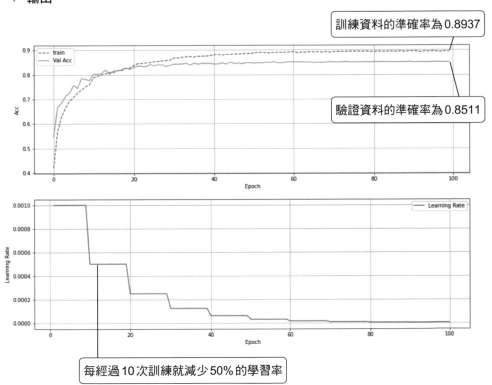

訓練資料的準確率為 0.8937

驗證資料的準確率為 0.8511

每經過 10 次訓練就減少 50% 的學習率

6.2.2 使用回呼函式讓學習率自動衰減

tensorflow.keras 的回呼功能當中的 ReduceLROnPlateau，有著與剛剛步進衰減作法不太一樣功能，它能在評估訓練狀況止步不前時才減少學習率。更具體來說，它會監控訓練中的準確率跟損失，若發現經過一定的訓練次數也無法有所改善時，就會讓學習率降低。ReduceLROnPlateau 的語法如下表：

語法		tensorflow.keras.callbacks.ReduceLROnPlateau(monitor='val_loss', factor=0.1, patience=10, verbose=0, mode='auto', epsilon=0.0001, cooldown=0, min_lr=0)
參數	monitor	監控對象，會是 'val_loss' 或是 'val_acc'。
	factor	學習率的減少比率。new_lr = lr * factor。
	patience	若經過多少次訓練期間都無顯著改善，則調降學習率。次數為整數值。
	verbose	0：不顯示。 1：調降學習率時顯示訊息。
	mode	任意指定為 auto、min、max 的其中一項。 min：監控值停止減少時就更新學習率。 max：監控值停止增加時就更新學習率。 auto：自動判斷。
	epsilon	判斷已獲的改善之臨界值。
	cooldown	調降學習率之後，要等幾個訓練次數，才會繼續監控（編註：如果 patience = 10、cooldown = 5，代表當學習率衰減後，必須要等 5 個訓練次數後才會繼續監控，如果再過 10 次都沒有改善，就會再次衰減學習率，因此總共要等 15 個訓練次數）。
	min_lr	學習率下限值。

使用 ReduceLROnPlateau，如果連續 5 次還是無法獲得改善，就將學習率減半

▼ **讀取資料、進行預處理（Cell 1）**

填入與第 6-12 頁「讀取資料、進行預處理（Cell 1）」相同的程式碼

▼ **建立模型（Cell 2）**

填入與第 6-13 頁「建立模型（Cell 2）」相同的程式碼

接下來要建立訓練模型的函式，其中包含用於回呼的 ReduceLROnPlateau。在此設定 5 個訓練次數當中驗證資料的準確率如果未獲得改善（改善值要未超過 0.0001 時就判斷為未獲得改善），就調降一半的學習率。為了避免學習率數值太小，故我們將學習率下限設為 0.0001。優化器是 Adam，初始學習率為 0.001。

▼ **用 ReduceLROnPlateau 設定好的學習率衰減排程進行模型訓練（Cell 3）**

```
import math
from tensorflow.keras.preprocessing.image import ImageDataGenerator
from tensorflow.keras.callbacks import ReduceLROnPlateau

def train(x_train, x_test, y_train, y_test):
    """
    Parameters:
        x_train, x_test, y_train, y_test: 訓練資料與測試資料
    Returns:
        History object
    """
    # 如果經過 5 次訓練仍未獲得改善、就將學習率減為 0.5 倍。
    reduce_lr = ReduceLROnPlateau(
        monitor='val_accuracy',     # 監控對象為驗證資料準確率
        factor=0.5,                 # 學習率衰減的比例
        patience=5,                 # 監控對象的訓練次數
        verbose=1,                  # 降低學習率後執行通知
```

→ 接下頁

6

研究學習率與批次大小

```
            mode='max',              # 監控最高數值
            min_lr=0.0001)           # 學習率下限值

model = make_convlayer()
callbacks_list = [reduce_lr]

# 資料擴增
# 以圖像寬度 0.1 比例隨機橫向移動
# 以圖像高度 0.1 比例隨機縱向移動
# 在 10 度的範圍內隨機旋轉
# 以原始尺寸 0.1 比例隨機放大
# 左右翻轉
datagen = ImageDataGenerator(width_shift_range=0.1,
                             height_shift_range=0.1,
                             rotation_range=10,
                             zoom_range=0.1,
                             horizontal_flip=True)


# 批次大小
batch_size = 128
# 訓練次數
epochs = 100

# 訓練
step_epoch = x_train.shape[0] // batch_size,
# 看批次大小多少，就建立多少的擴增資料
history = model.fit(datagen.flow(x_train,
                                 y_train,
                                 batch_size=batch_size),
              # 每個批次的步驟數
              steps_per_epoch=step_epoch,
              # 訓練次數
              epochs=epochs,
              # 輸出訓練狀況
              verbose=1,
              # 驗證資料
              validation_data=(x_test, y_test),
              callbacks=callbacks_list
              )
return history
```

▼ 備妥資料（Cell 4）

```
x_train, x_test, y_train, y_test = prepare_data()
```

▼ 訓練模型（Cell 5）

```
%%time
history = train(x_train, x_test, y_train, y_test)
```

▼ 輸出（節錄最後訓練資訊）

```
Epoch 100/100
390/390 [==============================] - 195s 500ms/step - loss:
0.1915 - accuracy: 0.9312 - val_loss: 0.4718 - val_accuracy: 0.8613
CPU times: user 18h 38min 8s, sys: 24min 54s, total: 19h 3min 2s
Wall time: 5h 29min 11s
```

驗證資料的準確率是 0.8613，比稍早我們演練的步進衰減得到的 0.8511 還要更進步了。來將準確率、損失，以及學習率的走勢繪製成圖形吧。

▼ 將損失與準確率的走勢、跟學習率的走勢，繪製成圖形（Cell 6）

```
%matplotlib inline
import matplotlib.pyplot as plt

# 設定繪圖尺寸
plt.figure(figsize=(15, 10))
# 將圖形縮小、讓圖形之間保有空間
plt.subplots_adjust(wspace=0.2)

# 在 2 × 1 格線的上方繪圖
plt.subplot(2, 1, 1)
# 繪製訓練資料與驗證資料的準確率
plt.plot(x_range, history.history['accuracy'],
        label='train', linestyle='--')
plt.plot(history.history['val_accuracy'], label='Val Acc')
plt.legend()                    # 顯示圖例
```

→ 接下頁

6

研究學習率與批次大小

```
plt.grid()                     # 顯示格線
plt.xlabel('Epoch')            # x 軸標籤
plt.ylabel('Acc')              # y 軸標籤

# 在 2 X 1 格線的下方繪圖
plt.subplot(2, 1, 2)
# 繪製學習率
plt.plot(history.history['lr'], label='Learning Rate')
plt.legend()                   # 顯示圖例
plt.grid()                     # 顯示格線
plt.xlabel('Epoch')            # x 軸標籤
plt.ylabel('Learning Rate')    # y 軸標籤
plt.show()
```

▼ 輸出

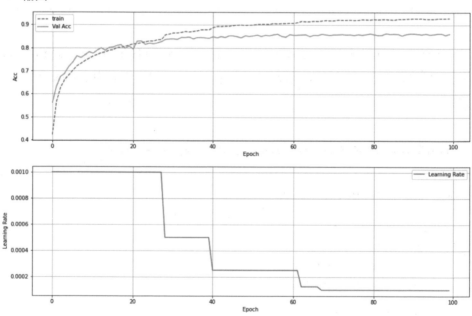

　　訓練進行到大約第 30 次左右時執行第 1 次的學習率衰減，隨後在第 40 次左右、第 60 次、第 70 次也執行了衰減。最後一次衰減已經達到下限值 0.0001 的關係，後面就沒再進行衰減了。看起來是有順利讓學習率

在最佳的時間點進行衰減。至少比起每 10 次訓練就執行衰減來說，一邊監控評價指標，一邊檢查是否執行學習率衰減，看起來是更有效率。然而，這個方法跟單純執行步進衰減都有一樣的重點：進行學習率衰減時間點都非常重要。要決定過多少次訓練都沒有改善（透過調整 patience 的設定值）就調降學習率，可從以下兩點來考量：

● 依照總訓練次數來判斷

● 多嘗試幾種不同組合的監控設定

6.3 使用循環性學習率（Cyclical Learning Rate, CLR）讓學習率在固定範圍週期變化

本節重點

◉ 使用搭載了循環性學習率的卷積神經網路。

◉ 循環性學習率當中我們不僅會演練「三角學習率策略」，還會演練「讓學習率上限值依照週期來折半的三角學習率策略」、「讓學習率上限值以指數方式進行衰減的三角學習率策略」共 3 種。隨後確認每種方式的準確率走勢，找出最適用於圖像分類的方法。

使用的 Kaggle 範例

CIFAR-10 - Object Recognition in Images

學習率是影響神經網路訓練效率的重要超參數，學習率能決定要用多少比例的梯度來更新模型參數（權重與偏值），並使其朝向最佳參數的方向移動。

本節要來展示一般來說能獲得最佳訓練成果的學習率規劃：循環性學習率，這是由 Leslie N. Smith 在 2015 年的論文「Cyclical Learning Rates for Training Neural Networks」^(註1)當中所發表的方法。

6.3.1 用循環性學習率來逃離鞍點（Saddle Point）

到剛剛為止我們依據固定頻率讓學習率從大到小衰減。以實驗的結果來說，使用步進衰減比固定學習率更能獲得優良的結果。接下來，我們要來思考鞍點的問題。所謂鞍點，是在多變數實數函數的值域當中，從一個方向看起來也許是最小值，但從另一個方向看過去也許是最大值的點位，如下圖^(註2)：

▼ 誤差平面上的鞍點

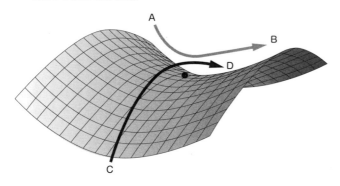

（註1）Cyclical Learning Rates for Training Neural Networks, Leslie N. Smith https://arxiv. org/pdf/1506.01186.pdf

（註2）Fundamentals of Deep Learning by Nikhil Buduma, Chapter 4. Beyond Gradient Descent, O'Reilly https:// www.oreilly.com/library/view/fundamentals-of-deep/9781491925607/ch04.html

從圖中我們可以看出，雖然圖中央的黑點從 A → B 方向看過去是最小值，但從 C → D 方向看時卻是最大值，這樣的點位就是鞍點。在 Yann N. Dauphin 等眾多研究人員的論文當中認為「要讓損失最小化這件事之所以難，是因為存在鞍點」[註3]。

循環性學習率

學習率太低又陷入鞍點後，想要脫離鞍點卻無法有足夠的梯度來更新參數；或是說即使拼了命要逃脫鞍點，也會耗費大量時間才逃脫成功。因此，定期給予高學習率的話則有助於迅速橫跨鞍點。更進一步來說，如果適用於模型的最佳學習率，是在設定的上限與下限之間的某個未知值，使用循環性學習率，就能在反覆訓練當中去重複使用最佳學習率。

循環性學習率與使用了 warm start 的「Stochastic Gradient Descent with Warm Restarts, SGDR」非常雷同，但 SGDR 對提升學習率並沒有著墨太多。

在使用循環性學習率之前，我們先來回顧一下之前的訓練過程：

- 批次大小：128
- 訓練次數：100
  - 將資料集依據批次大小分為 N 個子集
  - 將各個子集拿去訓練，重複 N 次

(註3) Equilibrated adaptive learning rates for non-convex optimization, Yann N. Dauphin, Harm de Vries, Yoshua Bengio https://arxiv.org/abs/1502.04390

每完成一個批次的訓練,即為完成一次迭代。批次大小設定為 128,則總共約有 390(50000/128)個批次。也就是所有訓練資料都拿來訓練一次,總共會有 390 次迭代。迭代數會累積,第 1 次訓練(epoch)結束後,迭代數會累積到 390;接著在第 2 次訓練時,就會從 391 開始累積。在我們的範例裡,訓練次數為 100,因此完成模型訓練總共會經過 39000 次迭代。

要定義循環性學習率的循環週期,得看學習率從學習率下限值變成學習率上限值,然後再反向變回到學習率下限值的時間而定。此外,我們定義循環步長(Step size)為循環週期的一半。雖然循環性學習率的週期並非要吻合訓練次數,但我們會發現實際上還是會差不多吻合。在「Cyclical Learning Rates for Training Neural Networks」當中有建議將循環步長的設定為每次訓練總迭代數的 2〜10 倍。在我們的範例裡,循環步長可以考慮 780 到 3900。

▼ Triangular(取自「Cyclical Learning Rates for Training Neural Networks」)

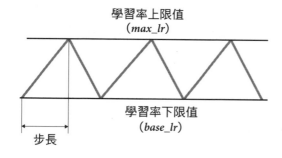

學習率上限值
(*max_lr*)

學習率下限值
(*base_lr*)

步長

找出最佳學習率的上下限值

「Cyclical Learning Rates for Training Neural Networks」提到,想找出最佳學習率的上下限,就要讓模型經歷過幾次訓練,做實驗並使用線性增加學習率來尋找。從實驗結果中我們可以知道提高學習率、準確率就會上升，但在某個時間點開始就持平、隨後呈現下降走勢。在這裡我們可以考慮將準確率開始持平的點作為學習率的上限，上限設為0.006、下限設為0.001。

不過，接下來本書自行演練的實驗當中，是將訓練次數設為100，並使用 Adam 作為優化器。依照建議設定學習率，會發現擺動幅度過大、遲遲無法收斂，所以後來我們將 Adam 的學習率上限設為0.001，下限設為0.0001。

▼ 尋找學習率的上下限
　（取自「**Cyclical Learning Rates for Training Neural Networks**」）

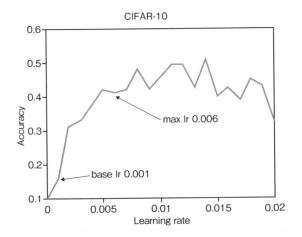

6.3.2 使用 3 大類循環性學習率來訓練模型

在「Cyclical Learning Rates for Training Neural Networks」論文當中使用「三角學習率策略（Triangular learning rate policy）」，實作結果如下：

▼ 三角學習率策略

```
"""
iterations(float): 迭代數
step_size(int): 循環步長
lr_min(float): 學習率下限
lr_max(float): 學習率上限
"""
cycle = np.floor(1 + iterations / (2 * step_size))
x = np.abs(iterations / step_size - 2 * cycle + 1)
lr = lr_min + (lr_max - lr_min) * np.maximum(0, (1 - x))
```

▼ 使用三角學習率策略的學習率走勢

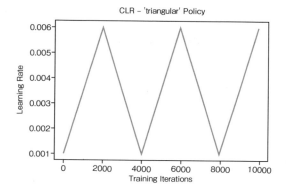

CLR - 'triangular' Policy

編註：本圖的參數設定：step_size = 2000、lr_min = 0.001、lr_max = 0.006，x 軸為 iterations，y 軸為 lr

使學習率上限值衰減

　　論文中 Bradley Kenstle 所構思的程式碼當中[註4]，除了三角學習率策略之外，為了更進一步減少學習率上限與學習率下限之間的差距，可以試圖讓學習率上限在每一次循環週期結束之後減半。要達到這樣的目的，我們要在程式碼加上使其學習率上限衰減：

（註4）GitHub – bckenstler/CLR　https://github.com/bckenstler/CLR

▼ 每次循環週期結束之後都使學習率上限減半的三角學習率策略

```
lr_diff = lr_max - lr_min
lr = lr_min + lr_diff * np.maximum(0, (1 - x)) / (2. ** (cycle - 1))
```

▼ 每次循環週期結束之後都使學習率上限減半的三角學習率策略的學習率走勢

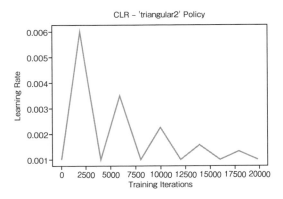

編註：本圖的參數設定：
step_size = 2000、lr_min =
0.001、lr_max = 0.006，x 軸
為 iterations，y 軸為 lr

6

研究學習率與批次大小

此外。論文當中還介紹了運用指數函數讓學習率上限逐漸衰減。

▼ 每次循環週期結束之後都使學習率上限以指數函數方式遞減的三角學習率策略

```
lr_diff = lr_max - lr_min
lr = lr_min + lr_diff * np.maximum(0, (1 - x)) * gamma ** (iterations)
```

▼ 每次循環週期結束之後都使學習率上限以指數函數方式遞減的三角學習率策略

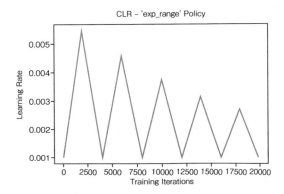

編註：本圖的參數設定：
step_size = 2000、lr_min
= 0.001、lr_max = 0.006，
gamma = 0.99994，x 軸　為
iterations，y 軸為 lr

實際使用循環性學習率

我們要將以下三種循環性學習率策略都放進神經網路中。

● 三角學習率策略

● 每次循環週期結束之後都使學習率上限減半的三角學習率策略

● 每次循環週期結束之後都使學習率上限以指數函數方式遞減的三角
學習率策略

我們要使用 CyclicLR 來執行循環性學習率。CyclicLR 是以
「Cyclical Learning Rates for Training Neural Networks」中實驗用的
「GitHub - bckenstler/CLR」（Bradley Kenstler）程式為基礎。

我們到「CIFAR-10 - Object Recognition in Images」頁面新建
Notebook，啟用 **Internet** 與 **GPU**，接著用 prepare_data() 函式準備資
料、用 make_convlayer() 函式定義建立模型的程式碼。

▼ **讀取資料、進行預處理（Cell 1）**

填入與第 6-12 頁「讀取資料、進行預處理（Cell 1）」相同的程式碼

▼ **建立模型（Cell 2）**

填入與第 6-13 頁「建立模型（Cell 2）」相同的程式碼

接下來的程式碼是實作 CyclicLR 的 3 種循環性學習率。訓練模型
時，會在訓練開始時以及每 1 批次處理完之後回呼 CyclicLR，來調整學
習率以達到循環性學習率。

● on_train_begin() 函式：初始化學習率，設定值為學習率下限值

● on_batch_end() 函式：執行 clr()，設定新的學習率

　　實上會使用 clr() 函式決定的學習率，此函式會依據使用者選擇去決定三種循環性學習率的哪一個。

● Scaling Mode 為 0：套用三角循環學習率

● Scaling Mode 為 1：套用三角循環學習率，學習率減半

● Scaling Mode 為 2：套用三角循環學習率，學習率指數衰減

▼ **定義 CyclicLR（Cell 3）**

```
import numpy as np
from tensorflow.keras.callbacks import Callback
from tensorflow.keras import backend

class CyclicLR(Callback):
    """
    Attributes:
        lr_min(float) : 學習率下限
        lr_max(float) : 學習率上限
        step_size(int) : 循環步長
        mode(str) : 學習率策略選擇
        gamma(float) : 指數衰減率
        scale_fn(function) : 以 lambda 定義 Scaling 函式
        clr_iterations(float) : 循環性學習率的執行次數
        trn_iterations(float) : 訓練過程迭代數
        scale_mode(int) : 學習率規劃候選
            # 0: 三角循環學習率
            # 1: 三角循環學習率，學習率減半
            # 2: 三角循環學習率，學習率指數衰減
    """

    def __init__(self, lr_min, lr_max, step_size, mode, gamma=0.99994):
        """
        Parameters:
            lr_min(float) : 學習率下限
            lr_max(float) : 學習率上限
            step_size(int) : 循環步長
            mode(str) : 學習率策略選擇
            gamma(float) : 指數衰減率
        """
```

→ 接下頁

```python
        self.lr_min = lr_min          # 學習率下限
        self.lr_max = lr_max          # 學習率上限
        self.step_size = step_size    # 循環步長
        self.mode = mode              # 學習率策略選擇
        self.gamma = gamma            # 指數衰減率
        self.clr_iterations = 0.      # 循環性學習率的執行次數
        self.trn_iterations = 0.      # 訓練過程迭代數
        self.history = {}             # 記錄學習率與批次編號
        self._init_scale(gamma)

    def _init_scale(self, gamma):
        """

        學習率的衰減方式
        Parameters:
            gamma(int): 指數衰減率
        """
        # 三角學習率
        if self.mode == 0:
            self.scale_fn = lambda x: 1.
            self.scale_mode = 'cycle'
        # 三角循環學習率，學習率減半
        elif self.mode == 1:
            self.scale_fn = lambda x: 1 / (2. ** (x - 1))
            self.scale_mode = 'cycle'
        # 三角循環學習率，學習率指數衰減
        elif self.mode == 2:
            self.scale_fn = lambda x: gamma ** (x)
            self.scale_mode = 'iterations'

    def clr(self):
        """

        計算循環性學習率
        設定優化器的初始學習率
        """

        cycle = np.floor(1 + self.clr_iterations / (2 * self.step_size))
        x = np.abs(self.clr_iterations / self.step_size - 2 * cycle + 1)

        if self.scale_mode == 'cycle': # 三角學習率、三角學習率，學習率減半
            decay = np.maximum(0, (1 - x)) * self.scale_fn(cycle)
            return self.lr_min + (self.lr_max - self.lr_min) * decay
```

→ 接下頁

```python
        else:                              # 三角學習率，學習率指數衰減
            basic_lr = np.maximum(0, (1 - x))
            decay = basic_lr * self.scale_fn(self.clr_iterations)
            return self.lr_min + (self.lr_max - self.lr_min) * decay

    def on_train_begin(self, logs={}):
        """
        設定初始學習率
        """
        logs = logs or {}
        self.losses = []        # 記錄損失的清單
        self.lr = []            # 記錄學習率的清單
        # 設定初始學習率
        if self.clr_iterations == 0:
            backend.set_value(self.model.optimizer.lr, self.lr_min)
        else:
            backend.set_value(self.model.optimizer.lr, self.clr())

    def on_batch_end(self, epoch, logs=None):
        """
        當批次結束時就呼出
        設定新的學習率
        將處理中的批次編號與學習率記錄在 history
        """
        logs = logs or {}
        self.trn_iterations += 1
        self.clr_iterations += 1
        # 記錄現在的學習率
        lr_rec = backend.get_value(self.model.optimizer.lr)
        self.history.setdefault('lr', []).append(lr_rec)
        # 記錄現在的迭代數
        it_rec = self.trn_iterations
        self.history.setdefault('iterations', []).append(it_rec)
        for k, v in logs.items():
            # history: 在 {'batch': 批次編號清單 } 當中追加現在的批次編號
            self.history.setdefault(k, []).append(v)
        # 執行 clr()，設定新的學習率
        backend.set_value(self.model.optimizer.lr, self.clr())
```

接下來的程式碼，則是執行模型訓練。批次大小設為 128，重複 100 次訓練，使用的優化器為 Adam，學習率初始值為 0.001，學習率下限則為 0.0001，循環步長的設定則是用訓練資料的數量 50,000 計算出 50000/128 x 4。若使用 50000/128 x 2，學習率圖形繪製出來如下：

▼ **50000/128 * 2 的學習率走勢**

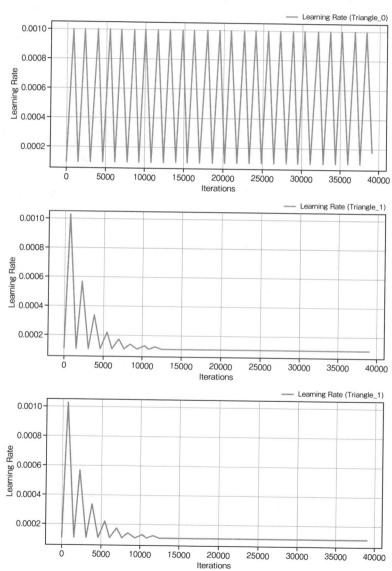

可以發現在非常短的期間當中，學習率就不斷地來往於上限跟下限之間。尤其是第 2 種情況，很快就已經觸及學習率下限，導致了過半訓練都是使用學習率下限。因為這個緣故，我們才將循環步長設定大一點。

▼ **執行訓練的函式（Cell 4）**

```python
from tensorflow.keras.preprocessing.image import ImageDataGenerator
from tensorflow.keras.callbacks import LearningRateScheduler,
Callback

def train(x_train, x_test, y_train, y_test, mode=0):
    """ Parameters:
        x_train, x_test, y_train, y_test: 訓練以及驗證資料
        mode(int): 循環性學習率的模式 (0, 1, 2)
    """
    batch_size = 128                    # 批次大小
    iteration = 50000                   # 資料個數
    stepsize = iteration / 128 * 4      # 循環步長
    lr_min = 0.0001                     # 學習率下限
    lr_max = 0.001                      # 學習率上限

    # 建立 CyclicLR 物件
    clr_triangular = CyclicLR(mode=mode,            # 學習率規劃選擇
                              lr_min=lr_min,        # 學習率下限
                              lr_max=lr_max,        # 學習率上限
                              step_size=stepsize)   # 步長
    # 將 CyclicLR 物件儲存到清單
    callbacks_list = [clr_triangular]
    # 建立模型
    model = make_convlayer()

    # 資料擴增
    # 以圖像寬度 0.1 比例隨機橫向移動
    # 以圖像高度 0.1 比例隨機縱向移動
    # 在 10 度的範圍內隨機旋轉
    # 以原始尺寸 0.1 比例隨機放大
    # 左右翻轉
    datagen = ImageDataGenerator(width_shift_range=0.1,
                                 height_shift_range=0.1,
```

→ 接下頁

6

研究學習率與批次大小

```
                                        rotation_range=10,
                                        zoom_range=0.1,
                                        horizontal_flip=True)
    # 訓練次數
    epochs = 100
    # 進行訓練
    step_epoch = x_train.shape[0] // batch_size,
    # 看批次大小多少，就建立多少的擴增資料
    history = model.fit(datagen.flow(x_train,
                                     y_train,
                                     batch_size=batch_size),
                        # 每個批次的步驟數
                        steps_per_epoch=step_epoch,
                        # 訓練次數
                        epochs=epochs,
                        # 輸出訓練狀況
                        verbose=1,
                        # 驗證資料
                        validation_data=(x_test, y_test),
                        callbacks=callbacks_list
                        )

    return history, clr_triangular
```

現在備妥資料，從三角循環學習率開始。

▼ 準備資料（Cell 5）

```
x_train, x_test, y_train, y_test = prepare_data()
```

▼ 訓練模型（Cell 6）

```
%%time
history_0, clr_triangular_0 = train(x_train, x_test,
                                    y_train, y_test, mode=0)
```

▼ **輸出（節錄最後訓練資訊）**

```
Epoch 100/100
390/390 [==============================] - 33s 84ms/step - loss:
0.2227 - accuracy: 0.9221 - val_loss: 0.5776 - val_accuracy: 0.8332
CPU times: user 56min 18s, sys: 2min 16s, total: 58min 35s
Wall time: 54min 42s
```

再來我們要用 Scaling Mode 1，三角循環學習率，學習率減半。

▼ **訓練模型（Cell 7）**

```
history_1, clr_triangular_1 = train(x_train, x_test,
                                    y_train, y_test, mode=1)
```

▼ **輸出（節錄最後訓練資訊）**

```
Epoch 100/100
390/390 [==============================] - 33s 84ms/step - loss:
0.2249 - accuracy: 0.9195 - val_loss: 0.4692 - val_accuracy: 0.8530
CPU times: user 56min 26s, sys: 2min 19s, total: 58min 45s
Wall time: 54min 54s
```

最後要用 Scaling Mode 2，三角循環學習率，學習率指數衰減。

▼ **訓練模型（Cell 8）**

```
history_2, clr_triangular_2 = train(x_train, x_test,
                                    y_train, y_test, mode=2)
```

▼ **輸出（節錄最後訓練資訊）**

```
Epoch 100/100
390/390 [==============================] - 33s 84ms/step - loss:
0.1535 - accuracy: 0.9449 - val_loss: 0.4817 - val_accuracy: 0.8679
CPU times: user 56min 15s, sys: 2min 13s, total: 58min 28s
Wall time: 54min 37s
```

再來要繪製訓練資料的準確率走勢圖。

▼ 繪製訓練資料的準確率走勢圖（Cell 9）

```
import matplotlib.pyplot as plt
%matplotlib inline
plt.figure(figsize=(10, 5)) # 繪圖尺寸
# 繪製訓練資料的準確率
plt.plot(history_0.history['accuracy'], label='CLR',
        linestyle = '--')
plt.plot(history_1.history['accuracy'], label='CLR, Half Decay',
        linestyle = '-.')
plt.plot(history_2.history['accuracy'], label='CLR, Exp Decay')
plt.legend()              # 顯示圖例
plt.grid()               # 顯示格線
plt.xlabel('Epoch')      # x 軸標籤
plt.ylabel('Train_Acc')  # y 軸標籤
plt.show()
```

▼ 輸出

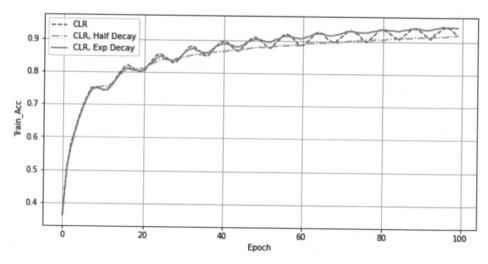

　　由此可見，使用三角循環學習率搭配指數衰減可以得到最佳準確率，
學習率的來回循環、增減所帶來的準確率波動也最快開始收斂。反觀，

單純使用三角學習率策略的案例連收斂都還來不及完成，就已經走到訓練的終點了。接下來要繪製驗證資料的準確率走勢圖形：

▼ **繪製驗證資料的準確率走勢圖（Cell 10）**

```python
# 將驗證資料的準確率繪製圖成圖形
import matplotlib.pyplot as plt
%matplotlib inline

plt.figure(figsize=(10, 5)) # 繪圖尺寸
# 繪製訓練資料的準確率
plt.plot(history_0.history['val_accuracy'], label='CLR',
        linestyle = '--')
plt.plot(history_1.history['val_accuracy'], label='CLR, Half Decay',
        linestyle = '-.')
plt.plot(history_2.history['val_accuracy'], label='CLR, Exp Decay')
plt.legend()              # 顯示圖例
plt.grid()                # 顯示格線
plt.xlabel('Epoch')       # x 軸標籤
plt.ylabel('Val_Acc')     # y 軸標籤
plt.show()
```

▼ **輸出**

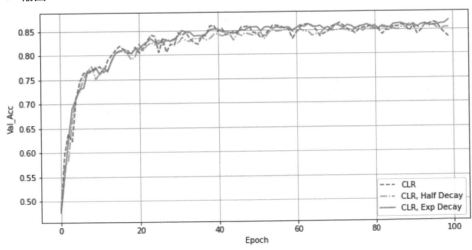

訓練資料走勢的三條曲線各走各的路線，驗證資料的準確率走勢卻三種幾乎相同。看起來衰減所帶來的影響並沒有想像中的大。最後我們要將三種學習率的走勢會製成圖形。

▼ 繪製三種學習率的走勢圖（Cell 11）

```python
plt.figure(figsize=(10, 15))# 繪圖尺寸

plt.subplot(3, 1, 1)          # 繪製於 3 × 1 格線範圍的 1
# 繪製學習率
plt.plot(clr_triangular_0.history['lr'],
         label='Learning Rate(CLR)')
plt.legend()                  # 顯示圖例
plt.grid()                    # 顯示格線
plt.xlabel('Iterations')      # x 軸標籤
plt.ylabel('Learning Rate')   # y 軸標籤

plt.subplot(3, 1, 2)          # 繪製於 3 × 1 格線範圍的 2
# 繪製學習率
plt.plot(clr_triangular_1.history['lr'],
         label='Learning Rate(CLR, Half Decay)')
plt.legend()                  # 顯示圖例
plt.grid()                    # 顯示格線
plt.xlabel('Iterations')      # x 軸標籤
plt.ylabel('Learning Rate')   # y 軸標籤

plt.subplot(3, 1, 3)          # 繪製於 3 × 1 格線範圍的 3
# 繪製學習率
plt.plot(clr_triangular_2.history['lr'],
         label='Learning Rate(CLR, Exp Decay)')
plt.legend()                  # 顯示圖例
plt.grid()                    # 顯示格線
plt.xlabel('Iterations')      # x 軸標籤
plt.ylabel('Learning Rate')   # y 軸標籤
plt.show()
```

▼ 輸出

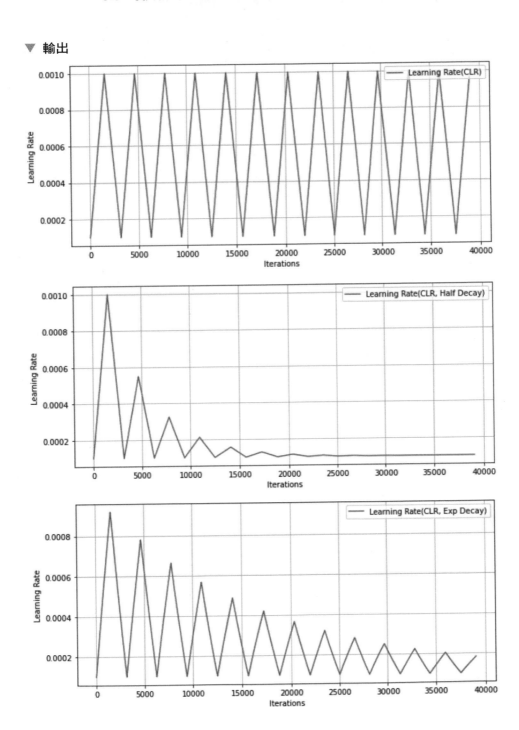

將學習率衰減的結果一同整理成表格，以下是相通的項目：

- 批次大小：128

- 訓練次數（epoch）：100

- 優化器：Adam

學習率衰減的方法	訓練資料準確率	驗證資料準確率
每 10 次訓練減少 50%	0.8937	0.8511
當準確率未獲得改善時減少 50%	0.9312	0.8613
三角循環學習率	0.9221	0.8332
三角循環學習率，搭配學習率減半	0.9195	0.8530
三角循環學習率，搭配學習率指數衰減	0.9449	0.8679

　　看起來若打算使用循環性學習率的話，三角循環學習率搭配學習率指數衰減會是最好的選擇。而站在訓練的角度來說，一般三角循環學習率根本無法收斂，三角循環學習率搭配學習率減半的方法則是太早收斂導致影響訓練成效。從這些狀況來看，循環步長、訓練次數這些超參數該如何妥善設定，也是頗有難度。

　　而當這樣思考下來，就值得仔細看看用回呼函式自動讓學習率衰減時的準確率（表中第二列）。訓練資料的準確率僅次於三角循環學習率搭配學習率指數衰減，而驗證資料的準確率也不會輸給三角角循環學習率。因此，倘若想要盡力節省成本的話，那麼選擇運用回呼函式讓學習率自動衰減，也是一個選擇。

6.4 假如要調降學習率，就增加批次大小！

本節重點

◉ 比較學習率衰減的訓練模型手法，跟增加批次大小的訓練模型手法，來證實這兩件事其實是等價。

◉ 如果增加批次大小能夠獲得與學習率衰減相同的成效，那麼使用增加批次大小達到縮短訓練時間應是更好的選擇。

使用的 Kaggle 範例

CIFAR-10 - Object Recognition in Images

這節的標題可能會讓人很困惑，但主要是要表達「當我們用增加批次大小取代學習率衰減時，能降低模型訓練時間」。也就是為了要降低模型訓練時間，才透過增加批次大小的方式來取代學習率衰減。

在 Samuel L. Smith 等人所發表的論文「Don't Decay the Learning Rate, Increase the Batch Size（別降低學習率，給我增加批次大小）」當中提倡，學習率衰減這件事跟增加批次大小是等價，所以為了要讓訓練時間更短，選擇增加批次大小就對了[註5]。

論文中所主張的是「跟控制學習率一樣，我們能以相同的方式控制批次大小」。舉例來說，如果學習率是固定的，批次大小設定為原來的 5 倍，那其實就跟固定批次大小，把學習率調降為 1/5 是相同的事情。也因為這樣，才能將增加批次大小視為是學習率衰減的替代方案。

（註5）Don't Decay the Learning Rate, Increase the Batch Size https://arxiv.org/abs/1711.00489

另一方面來思考，當我們擁有某個最佳學習率（論文當中是將其視為「Noise Scale」來探討），此時，批次大小設為 2 倍，如果也將學習率設為 2 倍，這跟使用原本最佳學習率去訓練的結果是相同。

這件事所代表的意思是，即使批次大小變大，我們透過將學習率也變大，就可以確保幾乎能獲得相同準確率的同時，享受模型訓練時間降低。尤其是使用 GPU 時，增加批次大小能減少計算的步驟，照理來說就會讓處理速度變快，因此批次大小越大，在速度上就越佔優勢。

論文當中運用了數學方式針對學習率與批次大小之間的關係進行了驗證，有興趣的讀者不妨參照附註的 URL，前往一探究竟。

驗證學習率衰減跟增加批次大小是否真能獲得相同的準確率

這邊也是跟前面一樣用 CIFAR-10 來進行實驗，卷積神經網路的結構也相同，我們要運用下列的條件來測試看看。

● 優化器為 Adam

● 訓練次數為 200

● 在學習率衰減方式的部分，批次大小為 128，剛初始學習率為 0.001，隨後在第 50、100、150 次訓練結束時，每次都衰減 1/5 的學習率

● 在增加批次大小的部分，學習率為 0.001，剛開始的批次大小為 128，隨後在隨後在第 50、100、150 次訓練結束時，每次都增加 5 倍的批次大小（128 → 640 → 3,200 → 16,000）

雖然我們想要在訓練過程中逐漸增加批次大小，但這只要重複執行不同批次大小的 fit() 就能做到。反之，衰減學習率的訓練過程則必須使

用專用的函式。我們打算在結束學習後，將兩者的準確率走勢繪製成圖形，看看他們的走勢圖會不會呈現相同的曲線。

我 們 從「CIFAR-10 - Object Recognition in Images」頁面新建 Notebook，並啟用 Internet 與 GPU，從建立模型的 make_convlayer() 函式定義開始編寫程式碼。卷積神經網路的結構都跟本章當中所用過的內容都相同。

▼ **建立模型的函式（Cell 1）**

```python
from tensorflow.keras.models import Sequential
from tensorflow.keras.layers import Dense, Dropout, Flatten
from tensorflow.keras.layers import Conv2D, MaxPooling2D
from tensorflow.keras import optimizers

def make_convlayer():
    # Sequential object
    model = Sequential()
    # 卷積層 1
    model.add(Conv2D(filters=64,
                     kernel_size=3,
                     padding='same',
                     activation='relu',
                     input_shape=(32,32,3)))
    # 2 × 2 池化層
    model.add(MaxPooling2D(pool_size=2))
    # 卷積層 2
    model.add(Conv2D(filters=128,
                     kernel_size=3,
                     padding='same',
                     activation='relu'))
    # 2 × 2 池化層
    model.add(MaxPooling2D(pool_size=2))
    # 卷積層 3
    model.add(Conv2D(filters=256,
                     kernel_size=3,
                     padding='same',
                     activation='relu'))
```

→ 接下頁

6

研究學習率與批次大小

```
#2 × 2 池化層
model.add(MaxPooling2D(pool_size=2))
# 展平層
model.add(Flatten())
# 丟棄法
model.add(Dropout(0.4))
# 第 7 層
model.add(Dense(512, activation='relu'))
# 輸出層
model.add(Dense(10, activation='softmax'))

# 優化器為 Adam
model.compile(loss="categorical_crossentropy",
              optimizer=optimizers.Adam(lr=0.001),
              metrics=["accuracy"])

return model
```

接著定義學習率衰減的 step_decay() 函式跟用來訓練模型的 train_batchsize() 函式：

▼ **定義 step_decay() 函式以及 train_batchsize() 函式（Cell 2）**

```
from tensorflow.keras.preprocessing.image import ImageDataGenerator
from tensorflow.keras.callbacks import History,
LearningRateScheduler

def step_decay(epoch):
    """
    以每 1/5 使學習率進行衰減
    Parameters:
        epoch(int): 訓練次數
        Returns : 學習率
    """
    lrate = 0.001
    if epoch >= 50: lrate /= 5.0
    if epoch >= 100: lrate /= 5.0
    if epoch >= 150: lrate /= 5.0
```

→ 接下頁

```
        return lrate

def train_batchsize(model, data, batch_size, epochs, decay):
    """
    Parameters:
        model(obj) : Model object
        data(tuple) : 訓練資料、測試資料
        batch_size(int): 批次大小
        epochs(int) : 訓練次數
        decay(float) : 學習率
    """
    x_train, y_train, x_test, y_test = data
    # 訓練資料
    train_gen = ImageDataGenerator(rescale=1.0/255.0, # 正規化
                                   width_shift_range=0.1,
                                   height_shift_range=0.1,
                                   rotation_range=10,
                                   zoom_range=0.1,
                                   horizontal_flip=True
                                   ).flow(x_train,
                                          y_train,
                                          batch_size=batch_size)

    # 驗證資料
    test_gen = ImageDataGenerator(rescale=1.0/255.0 # 正規化
                                  ).flow(x_test,
                                         y_test,
                                         batch_size=128)# 批次大小為 128


    hist = History()

    model.fit(train_gen,
              steps_per_epoch=x_train.shape[0] // batch_size,
              epochs=epochs,
              validation_data=test_gen,
              callbacks=[hist, decay])

    return hist.history
```

然後要定義 train() 函式，並進行以下的處理：

● 準備訓練資料與驗證資料

● 建立模型

● 定義學習率衰減的排程

● 定義改變批次大小的排成

● 訓練模式為 0 時

  • 訓練次數 200，批次大小 128，初始學習率 0.001，執行 train_
    batchsize()

● 訓練模式為 1 時

  • 訓練次數 50，批次大小 128，執行 train_batchsize()

  • 訓練次數 50，批次大小 640，執行 train_batchsize()

  • 訓練次數 50，批次大小 3,200，執行 train_batchsize()

  • 訓練次數 50，批次大小 16,000，執行 train_batchsize()

▼ 定義 train 函式（Cell 3）

```
from tensorflow.keras.datasets import cifar10
from tensorflow.keras.utils import to_categorical

def train(train_mode):
    """
    train_mode(int);
    # 0: normal batch_size=128,
        lr=0.001, 0.0002, 0.00004, 0.000008
    # 1: increase batch = 128, 640, 3200, 16000
        lr=0.001
    """
    (x_train, y_train), (x_test, y_test) = cifar10.load_data()
    y_train = to_categorical(y_train)
    y_test = to_categorical(y_test)
    data = (x_train, y_train, x_test, y_test)
```

→ 接下頁

```
# 建立模型
model = make_convlayer()

# 初始化 History 物件的清單
histories = []

# 學習率減衰排程
decay = LearningRateScheduler(step_decay)

# 批次大小排程
same_lr = LearningRateScheduler(lambda epoch: 0.001)

# 學習率減衰
if train_mode == 0:
    histories.append(train_batchsize(
    model, data, batch_size=128, epochs=200, decay=decay))
# 增加批次大小
if train_mode == 1:
    histories.append(train_batchsize(model,
                                     data,
                                     batch_size=128,
                                     epochs=50,
                                     decay=same_lr))
    histories.append(train_batchsize(model,
                                     data,
                                     batch_size=640,
                                     epochs=50,
                                     decay=same_lr))
    histories.append(train_batchsize(model,
                                     data,
                                     batch_size=3200,
                                     epochs=50,
                                     decay=same_lr))
    histories.append(train_batchsize(model,
                                     data,
                                     batch_size=16000,
                                     epochs=50,
                                     decay=same_lr))

# 整合 History
joined_history = histories[0]
for i in range(1, len(histories)):
```

→ 接下頁

6

研究學習率與批次大小

```
        for key, value in histories[i].items():
            joined_history[key] = joined_history[key] + value

    return joined_history
```

都定義好了之後，我們從學習率衰減這組開始。

▼ 運用學習率衰減進行學習（Cell 4）

```
%%time
history = train(0)
```

▼ 輸出（節錄最後訓練資訊）

```
Epoch 200/200
390/390 [==============================] - 31s 80ms/step - loss:
0.1775 - accuracy: 0.9390 - val_loss: 0.4855 - val_accuracy: 0.8623
CPU times: user 1h 47min 53s, sys: 4min 14s, total: 1h 52min 7s
Wall time: 1h 44min 49s
```

所耗費的時間是 1 小時 48 分鐘，訓練準確率為 0.9390、驗證準確率為 0.8623。再來我們要看增加批次大小這組。

▼ 運用增加批次大小（Cell 5）

```
%%time
history_batch = train(1)
```

▼ 輸出（僅節錄訓練次數第 50 次的輸出）

```
Epoch 50/50
390/390 [==============================] - 31s 80ms/step - loss:
0.3476 - accuracy: 0.8781 - val_loss: 0.4883 - val_accuracy: 0.8463
(... 中間略 ...)
Epoch 50/50
78/78 [==============================] - 30s 378ms/step - loss:
0.1944 - accuracy: 0.9307 - val_loss: 0.5048 - val_accuracy: 0.8595
(... 中間略 ...)
```

→ 接下頁

```
Epoch 50/50
15/15 [==============================] - 29s 2s/step - loss: 0.1318
- accuracy: 0.9531 - val_loss: 0.5111 - val_accuracy: 0.8683
(... 中間略 ...)
Epoch 50/50
3/3 [==============================] - 26s 12s/step - loss: 0.1208
- accuracy: 0.9569 - val_loss: 0.5264 - val_accuracy: 0.8696
CPU times: user 1h 41min 2s, sys: 4min 30s, total: 1h 45min 32s
Wall time: 1h 40min 12s
```

6

研究學習率與批次大小

　　所耗費的時間是 1 小時 41 分鐘，訓練準確率為 0.9569、驗證準確率為 0.8696。那麼照剛剛所說的，要來繪製兩者的訓練準確率圖形。

▼ **將訓練中的準確率變化繪製成圖形（Cell 6）**

```
import matplotlib.pyplot as plt
%matplotlib inline
plt.figure(figsize=(15, 10)) # 繪圖尺寸
plt.subplot(2, 1, 1) # 在 2 × 1 格線的上方繪圖
# 繪製學習率衰減的準確率走勢
plt.plot(history['accuracy'], label='lr', linestyle='--')
# 繪製增加批次大小的準確率走勢
plt.plot(history_batch['accuracy'], label='batch')
plt.legend()          # 顯示圖例
plt.grid()            # 顯示格線
plt.xlabel('Epoch')   # x 軸標籤
plt.ylabel('Acc')     # y 軸標籤
```

▼ **輸出**

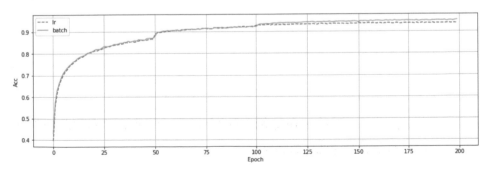

兩者的曲線幾乎就快要完美地重合在一起。而且在超過第 50 次、跟超過第 100 次的時候準確率也一樣都有上升，兩者的學習情況極度相似。最後也把驗證資料準確率的圖形畫出來吧。

▼ 將驗證資料的準確率變化繪製成圖形（Cell 7）

```python
import matplotlib.pyplot as plt
%matplotlib inline
plt.figure(figsize=(15, 15)) # 繪圖尺寸
plt.subplot(2, 1, 1) # 在 2 × 1 格線的上方繪圖

# 繪製學習率衰減的準確率走勢
plt.plot(history['val_accuracy'], label='lr', linestyle='--')
# 繪製增加批次大小的準確率走勢
plt.plot(history_batch['val_accuracy'], label='batch')
plt.legend()               # 顯示圖例
plt.grid()                 # 顯示格線
plt.xlabel('Epoch')        # x 軸標籤
plt.ylabel('Acc')          # y 軸標籤
```

▼ 輸出

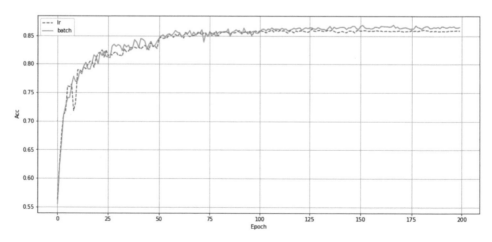

　　兩者幾乎類似，因此，在這個實驗條件下，改變學習率與改變批次大小，確實可以得到類似的訓練結果。

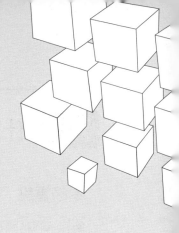

CHAPTER

7

使用「集成（Ensemble）」來辨識一般物體

7.1 什麼是集成？

本節重點

◉ 本章會介紹如何使用集成來預測、以及運用集成有什麼好處。

◉ Kaggle 當中許多前段班的團隊，他們都使用了模型集成來進行預測。

　　無論是表格資料、圖像資料、文字資料，為了要得出最優的準確率，最終密技就是集成。所謂的集成（Ensemble），是搭配了多個模型來進行預測的方法，甚至有人認為要是不這麼做，也就是最終的預測不是來自模型集成的結果，基本上就不是最佳的模型。集成已經可以說是實務上訓練模型不可或缺、常套用的技巧了。

　　雖然我們對單一的模型不斷地微調確實能夠提升性能，但我們肯定可以透過從多個模型當中「取其個別的優勢」，把大家的強項組合起來，以求獲得更優良的成效。在這一章我們會介紹集成的思考脈絡、手法，之後以圖像辨識為題，使用集成來提升模型準確率。

 事實上，在 Kaggle 上就常見有人將好幾個原本連前 30 名都排不上的單一模型，運用集成搭配起來，就獲得獎牌。

7.1.1 集成的思考脈絡與手法

　　有一篇知名的文章「Kaggle Ensembling Guide」解釋了何謂集成，當中深入淺出遞介紹了集成的概念，我們引用當中的具體案例來進行說明[註1]。

（註1）　「Kaggle Ensembling Guide」https://mlwave.com/kaggle-ensembling-guide/

三個分類模型

　　假設現在有 10 筆資料，我們打算將它們以二元分類的方式，將資料分為 1 跟 0。如果預測值都是 1，那麼準確率就是 100%（編註：10 筆資料的正確答案都是 1）。當我們使用準確率 70% 的三個分類模型（分別為 A、B、C），可以想成是有 70% 的機率會得到「1」、30% 的機率會得到「0」。而對這些分類模型的輸出來進行「多數決」，平均而言大約有 78%（0.343 + 0.441 = 0.784）的機率答對，因此就獲得了 78% 的準確率。

- 3 個分類器都輸出正確答案的機率：$0.7 \times 0.7 \times 0.7 = 0.343$

- 2 個分類器都輸出正確答案的機率：$0.7 \times 0.7 \times 0.3 + 0.7 \times 0.3 \times 0.7 + 0.3 \times 0.7 \times 0.7 = 0.441$

- 只有一個分類器輸出正確答案的機率：$0.7 \times 0.3 \times 0.3 + 0.3 \times 0.3 \times 0.7 + 0.3 \times 0.7 \times 0.3 = 0.189$

- 3 個分類器都輸出錯誤答案的機率：$0.3 \times 0.3 \times 0.3 = 0.027$

> 編註：由於採取多數決，因此後兩種情況最終會得到錯誤的答案

模型之間的關聯性

　　一樣分類 10 筆資料，如果預測值都是 1，那麼準確率就是 100%。現在來看不同的集成結果。

效能好但具有關聯性的 3 個模型

　　模型 A 預測 10 筆資料的結果為 1111111100，模型 A 的準確率 80%

　　模型 B 預測 10 筆資料的結果為 1111111100，模型 B 的準確率 80%

　　模型 C 預測 10 筆資料的結果為 1011111100，模型 C 的準確率 70%

三個模型取多數決之後，可以得到 10 筆資料的預測結果為 1111111100，集成結果的準確率為 80%。這些模型的預測結果具有高度的關聯性（ 編註： 3 個模型判斷為 1 的資料幾乎都重複），即便以多數決投票也看不出有所改善。

■ **效能較為不佳但關聯性較低的 3 個模型。**

模型 A 預測 10 筆資料的結果為 1111111100，模型 A 的準確率 80%

模型 B 預測 10 筆資料的結果為 0111011101，模型 B 的準確率 70%

模型 C 預測 10 筆資料的結果為 1000101111，模型 C 的準確率 60%

三個模型取多數決之後，可以得到 10 筆資料的預測結果為 1111111101，集成結果的準確率為 90%。由此我們可以看出，用來集成的模型之間如果關聯性較低時，修正誤差、互取所長的功能會較好。

針對多個模型以多數決輸出預測，就能獲得比一個模型還要更好的準確率。而這裡所提到的關聯性，指的是「皮爾森相關係數（Pearson correlation coefficient）」，用於測量 2 個變數之間線性關係強弱的指標。而相關係數會以 -1 到 1 的數字來呈現彼此之間有無相關。當數字為 1 時，就表示完全相關。有文獻指出(註2)，如果用來集成的模型們相關係數落在 0.95 以下，基本上就能獲得還不錯的結果。

(註2) 「The Good, the Bad and the Blended(Toxic Comment Classification Challenge)」 https:// www.kaggle.com/c/jigsaw-toxic-comment-classification-challenge/ discussion/51058。

集成的手法

接下來，我們看看幾個常見的集成手法。

■ 平均

計算所有模型預測值的平均值作為預測結果，若是分類問題則將擁有最高平均預測機率的類別作為集成的預測結果。這個方法適用性很廣，尤其是均方誤差或是交叉熵誤差作為誤差函數的問題。大多時候當我們求出預測值的平均，有助於降低過度配適。更進一步還可以在高準確率的模型套用較大的權重，這樣的加權平均，有助於讓高準確率模型在預測上扮演更重要的角色。以下來看有哪些常見的計算平均值方法。

● 算術平均數：一般如果說平均，通常是指算術平均。作法是用預測值總和除以預測總個數。

● 幾何平均數：預測值乘積後，取其累乘根（n 個數的乘積就開 n 次根號）。

● 調和平均數：先取預測值的倒數，再做算術平均數，最後將得到的算術平均數取倒數。

■ 多數決

在分類競賽當中，在所有模型的預測類別當中去取多數決是最單純、且最有可能獲得良好效果。不過，平均值與多數決究竟是誰技高一籌，難以一概而論。在本章後面的內容實際上去嘗試了平均值跟多數決這兩種方法，但結果幾乎是看不出差異。

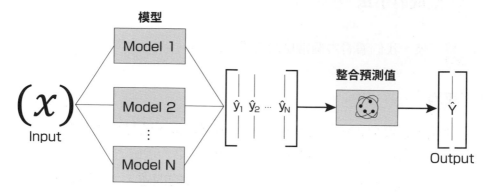

出處:「The Power of Ensembles in Deep Learning」(Julio Borges)
https://towardsdatascience. com/the-power-of-ensembles-in-
deep-learning-a8900ff42be9

集成的優點

　　就算單一模型無法得出夠好的準確率，我們也可以透過集成來獲得
更令人滿意的成效。由於即便單一模型的準確率不高，但只要彼此之間
性質不同，組合在一起就還是很有機會能得出比單一模型更好的預測結
果。因此，當我們弄了些準確率不佳的模型時，可別狠心拋棄它們，也
許它們會在集成當中發揮意想不到的功效，還是先留著吧。最後當我們
要提高預測準確率，透過集成低準確率模型，也是有可能出現一些貢
獻！

　　Kaggle 平台上可以組隊，共同解決問題。這時就能透過使用集成結
合彼此的模型，提升模型準確率。然而，即便只有一個人，不管是練習
還是要挑戰 Kaggle 上的專案，也是能夠透過巧思去準備多個不同性質、
具備多樣性的模型，並運用集成帶來更好的預測成果。

什麼樣的模型適用集成?

如剛剛所提,要讓集成的效果更好,得讓具有不同性質的模型組合在一起。但是我們這次選用的題材是圖像分類,必須用到卷積神經網路。然而即使沒有再用其他種類的神經網路,我們也可以使用不同的超參數,建立多樣化的模型,最後進行模型集成。

● 改變神經網路的層數、或是神經元數量

● 改變優化器

● 改變丟棄法的丟棄率

● 改變常規化的強度

  常規化跟丟棄法都是為了要避免過度配適的常用手段(常規化的部分稍後會再做介紹)。有人建議可以刻意選擇一些有點過度配適的模型,再搭配有丟棄法、或常規化的模型,互相搭配進行集成。

● 改變資料的尺度

  例如使用原本的圖像來訓練模型,與使用正規化的圖像來訓練模型,進行集成。也可以考慮標準化、對數轉換等。無論是哪個做法,最後透過集成高準確率的模型來試圖達到更好的效果。不過也要留意如果都只用高準確率的模型,可能會降低模型的多樣性,如同稍早有提到模型間的相關係數 0.95 以下做集成比較有效。

● 做出相同架構的模型,使用不同的參數

  建立模型時參數的初始值是隨機設定,因此即使是相同的網路架構,也有可能訓練出不同的參數。若每個模型的準確率不是非常高,可想而知每個模型的輸出都會不太一樣,也就形成了很多相關係數 0.95 以下的模型。從這點來看,我們可以刻意運用「把多個相同架構的模型拿來進行集成」,如果符合「相關係數在 0.95 以下」,就很有可能讓集成發揮功效。

7.2 在圖像分類當中使用多數決集成

本節重點

● 用多個卷積神經網路，對預測結果進行多數決集成。

使用的 Kaggle 範例

CIFAR-10 - Object Recognition in Images

我們使用 CIFAR-10 為題材，在「CIFAR-10 - Object Recognition in Images」建立新的 Notebook，編寫集成的程式碼。

7.2.1 製作要用來集成的卷積神經網路結構模型

我們要用下述卷積神經網路模型，來進行集成。

Layer	輸出的 shape	程式內部的輸出
輸入層	(32, 32, 3)	(資料個數, 32, 32, 3)
卷積層 1	(32, 32, 64)	(資料個數, 32, 32, 64)
卷積層 2	(32, 32, 64)	(資料個數, 32, 32, 64)
卷積層 3	(32, 32, 64)	(資料個數, 32, 32, 64)
平均值池化層	(16, 16, 64)	(資料個數, 16, 16, 64)
卷積層 4	(16, 16, 128)	(資料個數, 16, 16, 128)
卷積層 5	(16, 16, 128)	(資料個數, 16, 16, 128)
卷積層 6	(16, 16, 128)	(資料個數, 16, 16, 128)
平均值池化層	(8, 8, 128)	(資料個數, 8, 8, 128)
卷積層 7	(8, 8, 256)	(資料個數, 8, 8, 256)
卷積層 8	(8, 8, 256)	(資料個數, 8, 8, 256)
卷積層 9	(8, 8, 256)	(資料個數, 8, 8, 256)
平均值池化層、展平層	(256)	(資料個數, 256)
輸出層	(10)	(資料個數, 10)

真的可以把一模一樣網路架構的數個模型進行集成嗎？如同剛剛所說，相同架構但不同參數，只要模型間「相關係數在 0.95 以下」，就具有足夠的多樣性，集成後應該能順利得到預期的結果。而在實務中也是有許多使用相同結構的模型來集成的案例。

7.2.2 執行資料的標準化

執行標準化的用意，是為了要讓輸入的資料在各層所輸出時的數值可以小一點，讓訓練的收斂速度快一點。在 MNIST 資料當中，我們運用「正規化」將灰階圖像的像素值除以 255，讓像素值限制在 0.0～1.0 之間。這次我們是改用標準化，標準化在統計學概念來說，是將任意資料轉換為平均＝0，標準差＝1 的手法，細節可以回去參閱第二章。我們使用 numpy.mean() 函式求出平均，使用 numpy.std() 函式求出標準差之後，依循下述公式對各個資料進行標準化。

★ 標準化公式

$$\widetilde{x} = \frac{x - \mu_x}{\sigma_x}$$

有些資料可能會因為執行了標準化，而無限趨近於 0，因此我們在這次標準化當中的分母加上極小值來避免前述情況。

▼ 對資料進行標準化

```
# 求訓練資料的平均（也可以省略 axis=(0,1,2,3)）
mean = np.mean(X_train,axis=(0,1,2,3))
# 求標準差
std = np.std(X_train,axis=(0,1,2,3))
# 執行標準化時，在分母的標準差加上極小值
x_train = (X_train-mean)/(std+1e-7)
```

接著就到「CIFAR-10 - Object Recognition in Images」新建 Notebook 吧。這邊跟上一章相同，我們不是拿 Kaggle 當中的資料來用，而是使用 Keras 裡面的 CIFAR-10，所以記得啟用 Notebook 的 **Setting** 裡面的 **Internet**。下方的程式碼是用來讀入 CIFAR-10 的資料，並包含資料預處理都做完的函式。

▼ **對資料資料進行標準化的程式碼（Cell 1）**

```python
import numpy as np
from tensorflow.keras.datasets import cifar10
from tensorflow.keras.utils import to_categorical
def prepare_data():
    """
    準備資料
    Returns:
        X_train(ndarray): 訓練資料 (50000.32.32.3)
        X_test(ndarray) : 測試資料 (10000.32.32.3)
        y_train(ndarray): 將訓練資料的正確答案用 One-hot encoding 後表示 (50000,10)
        y_train(ndarray): 將測試資料的正確答案用 One-hot encoding 後表示 (10000,10)
        y_test_label(ndarray): 測試資料的正確答案 (10000)
    """
    (X_train, y_train), (X_test, y_test) = cifar10.load_data()

    # 將用於訓練跟測試的圖像資料進行標準化
    # 對 4 維矩陣所有軸線方向求出平均值、標準差
    # 可省略 axis=(0,1,2,3)
    mean = np.mean(X_train, axis=(0,1,2,3))
    std = np.std(X_train, axis=(0,1,2,3))
    # 要執行標準化時，在分母的標準差加上極小值
    x_train = (X_train - mean) / (std + 1e-7)
    x_test = (X_test - mean) / (std + 1e-7)
    # 將測試資料的正確答案拉直，從 2 維矩陣轉換為 1 維陣列
    y_test_label = np.ravel(y_test)
    # 將訓練資料與測試資料的正確答案進行 One-hot encoding
    y_train, y_test = to_categorical(y_train), to_categorical(y_test)

    return X_train, X_test, y_train, y_test, y_test_label
```

7.2.3 實際操作集成

再來就要運用集成學習來預測 CIFAR-10 的資料了。

 建立卷積神經網路的函式

因為我們要用 5 個模型來集成,先來準備能在程式運行中建立模型的函式。

▼ **建立模型的函式(Cell 2)**

```python
from tensorflow.keras.layers import Input, Conv2D, Dense,
Activation
from tensorflow.keras.layers import AveragePooling2D,
GlobalAvgPool2D
from tensorflow.keras.layers import BatchNormalization
from tensorflow.keras import regularizers
from tensorflow.keras.models import Model

def make_convlayer(input, fsize, layers):
    """
    建立卷積層
    Parameters:
        inp(Input)   : 輸入層
        fsize(int)   : 卷積核尺寸
        layers(int) : 層數
    Returns: 卷積層物件
"""
    x = input
    for i in range(layers):
        x = Conv2D(filters=fsize,
                   kernel_size=3,
                   padding="same")(x)
        x = BatchNormalization()(x)
        x = Activation("relu")(x)
    return x
```

→ 接下頁

7

使用「集成(Ensemble)」來辨識一般物體

```
def create_model():
    """
    建立模型
    Returns: 含有卷積層的模型
    """
    input = Input(shape=(32,32,3))
    x = make_convlayer(input, 64, 3)
    x = AveragePooling2D(2)(x)
    x = make_convlayer(x, 128, 3)
    x = AveragePooling2D(2)(x)
    x = make_convlayer(x, 256, 3)
    x = GlobalAvgPool2D()(x)
    x = Dense(10, activation="softmax")(x)

    model = Model(input, x)
    return model
```

　　實際在建立模型的函式為 create_model()，其中建立卷積層則會使用另外定義的 make_convlayer() 函式。整體來說，我們並非是在 Sequential 當中去增加 Layer，而是使用 functional API。將各層物件追加到變數上，最後再用 Model() 這的函式產生模型，傳回的模型即可執行編譯、訓練。

　　卷積層會使用 BatchNormalization() 來對前一層的輸出進行標準化。而 AveragePooling2D() 則是以 2×2 的矩陣進行平均值池化。隨後還會再以 GlobalAvgPool2D() 拉直剛剛完成平均值池化的輸出，因此我們在輸出層的前面是配置了池化層與展平層。

 ## 多數決集成函式

　　接著要來編寫多數決集成的程式碼。

▼ 使用 ensemble_majority() 來執行多數決集成（Cell 3）

```python
from scipy.stats import mode

def ensemble_majority(models, X):
    """
    多數決集成
    Parameters:
        models(list): Model 物件 list
        X(array): 驗證資料
    Returns: 驗證資料的預測值
    """
    # 初始化預測值的矩陣
    pred_labels = np.zeros((X.shape[0],    # 列數為圖像張數
                            len(models)))  # 行數為模型數量
    for i, model in enumerate(models):
        # 從每個模型輸出的各分類機率中
        # 用 argmax() 取出機率最高的標籤
        pred_labels[:, i] = np.argmax(model.predict(X), axis=1)
    # 用 mode() 取出 pred_labels 中各列的眾數做為預測值
    return np.ravel(mode(pred_labels, axis=1)[0])
```

　　函式中的 models 參數會收到完成訓練後的 Model 物件，然後對驗證資料 X 進行預測。第一個的模型訓練完成之後，只會記錄第一個模型的預測，但從第 2 個模型開始，就會在先前已訓練完成模型的預測，再加上新模型的預測。因此當所有模型的預測結果陸續出爐後，就可以執行平均集成。一般來說是只需要在所有模型的預測值都出來之後，才統一做集成。不過我們為了要觀察隨著模型的增加，集成對準確率帶來了什麼樣的變化，因此在這裡我們會每增加一個模型就集成一次。

　　我們準備了列數為資料數量，行數為模型數量的 2 維矩陣，記錄各個模型對各個資料的預測機率。SciPy 資料庫當中的 stats.mode() 可以指定傳回出現最多次的元素，在統計學就是眾數，也就是說會將眾數當作是多數決的結果。呼叫 ensemble_majority() 函式後，會收到傳回值，拿去跟正確答案進行比對，即可計算準確率。

▼ 多數決集成

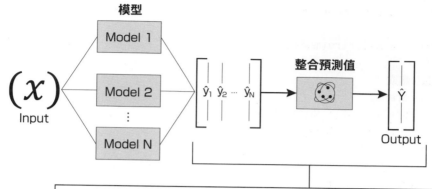

資料	Model1 預測值	Model2 預測值	Model3 預測值	Model4 預測值	Model5 預測值
batch_data_1	5	5	1	5	1
batch_data_2	4	4	4	6	3
batch_data_3	1	1	0	1	4
batch_data_4	8	8	5	8	8
⋮	⋮	⋮	⋮	⋮	⋮
batch_data_N	6	6	6	0	6

第 N 筆資料的眾數 6 就是使用了集成之後所採納的預測結果

 ## 將準確率最高時的模型參數儲存下來

　　不僅是圖像分類，在任何問題當中，要是我們看見訓練完成時的準確率，比先前所做的都還要低，難免會失望。但大多時候準確率都是上上下下、來來回回，重複這樣的狀態而慢慢收斂，有時候就是會剛好訓練停在準確率較低時候。因此，我們打算在這次的集成當中，加入一些機制來儲存訓練過程中得到最佳準確率時的參數，儲存下來的最佳參數可以直接應用在模型。透過這樣的做法來進行集成，試圖將模型的性能向上提升到極限狀態。

在 tensorflow.keras 專門用於每次訓練結束的回呼函式：on_epoch_
end()。我們重新定義函式內容，來儲存每次訓練結束時的參數，就可以
在訓練過程當中陸續儲存參數。不過呢，我們所想要存的僅僅是達到最
高準確率的那個參數而已，因此實務上來說，我們得去比對每次訓練的
準確率，然後存下準確率較高的參數。接著要示範的程式碼就是如何使
用 Callback 的 Checkpoint 來儲存最高準確率的參數：

```
class Checkpoint(Callback):
```

接著定義用於初始化的 __init__()，以及重新定義 on_epoch_end()。
__init__() 會在建立模型時使用，這邊就寫變數初始化等最基本的內容即
可，在 on_epoch_end() 則是撰寫存參數的程式。

▼ 重新定義訓練過程中回呼的 Checkpoint（Cell 4）

```
from tensorflow.keras.callbacks import Callback
class Checkpoint(Callback):
    """Callback 的子類別
    Attributes:
        model(object): 訓練中的模型
        filepath(str): 儲存參數的資料夾路徑
        best_val_acc : 目前最高準確率
    """
    def __init__(self, model, filepath):
        """
        Parameters:
            model(Model): 訓練中的模型
            filepath(str): 儲存參數的資料夾路徑
            best_val_acc(int): 目前最高準確率
        """
        self.model = model
        self.filepath = filepath
        self.best_val_acc = 0.0

    def on_epoch_end(self, epoch, logs):
        """
```

→ 接下頁

```
重新定義每次訓練結束時所呼叫的函式
儲存準確率最高的參數
Parameters:
    epoch(int): 訓練次數
    logs(dict): {'val_acc': 損失 , 'val_acc': 準確率 }
"""
if self.best_val_acc < logs['val_acc']:
    # 儲存比前一次的訓練準確率還要高的參數
    self.model.save_weights(self.filepath)
    # 儲存準確率
    self.best_val_acc = logs['val_acc']
    print('Weights saved.', self.best_val_acc)
```

on_epoch_end() 的 dict 物件當中包含了現在是第幾次的訓練、該次訓練得出的損失與準確率。這時我們要以下的程式碼來比較過去準確率 self.best_val_acc 與當下的準確率：

```
if self.best_val_acc < logs['val_acc']:
```

如果當下的準確率較高的話，則執行以下程式碼，將參數存下來：

```
self.model.save_weights(self.filepath)
```

藉由上述處理，就能夠儲存訓練過程中取得了最高準確率的參數。

 執行訓練的函式

這邊要來彙整 train() 函式究竟都在做哪些事情。

■ **處理下列的變數初始化**

- models_num：參與集成的模型數量

- batch_size：批次大小

- epoch：訓練次數

- models：收集模型

- history_all：儲存各個模型的訓練歷程

- model_predict：儲存各個模型的預測值

■ **依照模型的數量去重複以下的處理程序**

- 執行編譯、建立模型，並放入模型 list 當中

- 定義步進衰減函式，建立 ImageDataGenerator 物件

- 建立回呼當中的 History、Checkpoint、LearningRateScheduler 等函式

- 使用 fit_generator() 進行模型訓練

- 將準確率最高的參數讀入 Model

- 凍結參數，對測試資料進行預測，並將結果儲存在模型預測值的 2 維矩陣中

- 儲存訓練歷程

- 將所有模型以及測試資料代入 ensemble_majority() 進行集成，得出最終的集成結果

- 比對集成預測結果與正確答案，得出準確率

- 輸出最後集成的準確率

■ **當 for 的重複執行結束之後，分析各個模型的預測值相關性，輸出係數。**

我們照著順序來一步步撰寫程式碼。

▼ 定義 train() 函式（Cell 5）

```python
import math
import pickle
import numpy as np
from sklearn.metrics import accuracy_score
from tensorflow.keras.preprocessing.image import ImageDataGenerator
from tensorflow.keras.callbacks import LearningRateScheduler
from tensorflow.keras.callbacks import History
def train(X_train, X_test, y_train, y_test, y_test_label):
    """
    進行訓練
    Parameters:
        X_train(ndarray): 訓練資料 (50000.32.32.3)
        X_test(ndarray) : 測試資料 (10000.32.32.3)
        y_train(ndarray): 編碼後的訓練資料正確答案 (50000,10)
        y_test(ndarray) : 編碼後的測試資料正確答案 (10000,10)
        y_test_label(ndarray): 編碼前的測試資料正確答案 (10000)
    """
    models_num = 5 # 集成的模型數量
    batch_size = 1024 # 批次大小
    epoch = 80 # 訓練次數
    models = [] # 模型 list
    # 各個模型的訓練歷程
    history_all = {"hists":[], "ensemble_test":[]}
    # 初始化各個模型預測結果的 2 維矩陣
    model_predict = np.zeros((X_test.shape[0], # 列數為圖像張數
                              models_num))      # 行數為模型數量
    # 模型有幾個、就重複幾次
    for i in range(models_num):
        # 顯示現在是第幾個模型
        print('Model',i+1)
        # 建立卷積神經網路
        train_model = create_model()
        # 編譯模型
        train_model.compile(optimizer='adam',
                            loss='categorical_crossentropy',
                            metrics=["acc"])

        # 將編譯後的模型追加到 list
        models.append(train_model)
```

→ 接下頁

```
# 建立回呼當中的 History 物件
hist = History()
# 建立回呼當中的 Checkpoint 物件
cpont = Checkpoint(train_model,        # 模型
                   f'weights_{i}.h5')  # 儲存參數的檔名
# 步進衰減函式
def step_decay(epoch):
    initial_lrate = 0.001  # 初始學習率
    drop = 0.5             # 衰減率
    epochs_drop = 10.0     # 每 10 次訓練執行步進衰減
    exponent = math.floor((1+epoch)/epochs_drop)
    lrate = initial_lrate * math.pow(drop,
                                     exponent)

    return lrate


lrate = LearningRateScheduler(step_decay)


# 資料擴增
# 在 15 度的範圍內隨機旋轉
# 以圖像寬度 0.1 比例隨機橫向移動
# 以圖像高度 0.1 比例隨機縱向移動
# 左右翻轉
# 以原始尺寸 0.2 倍比例隨機放大
datagen = ImageDataGenerator(rotation_range=15,
                             width_shift_range=0.1,
                             height_shift_range=0.1,
                             horizontal_flip=True,
                             zoom_range=0.2)


# 訓練模型
step_epoch = X_train.shape[0] // batch_size
train_model.fit(datagen.flow(X_train,
                             y_train,
                             batch_size=batch_size),
                epochs=epoch,
                steps_per_epoch=step_epoch,
                validation_data=(X_test, y_test),
                verbose=1,
                callbacks=[hist, cpont, lrate]) # 回呼
# 讀入訓練完成的模型所獲得最高準確率時的參數
train_model.load_weights(f'weights_{i}.h5')
```

→ 接下頁

```
    # 凍結模型的所有參數
    for layer in train_model.layers:
        layer.trainable = False


    # 預測測試資料
    # 求取每列的最大值
    prediction = train_model.predict(X_test)
    model_predict[:, i] = np.argmax(prediction, axis=-1)
    # 將訓練完成模型的訓練歷程登錄到 history_all
    history_all['hists'].append(hist.history)
    # 執行多數決集成
    ensemble_test_pred = ensemble_majority(models, X_test)
    # 用 scikit-learn.accuracy_score() 取得集成的準確率
    ensemble_test_acc = accuracy_score(y_test_label,
                                        ensemble_test_pred)
    # 將集成準確率追加到 global_hist
    history_all['ensemble_test'].append(ensemble_test_acc)
    # 輸出現在的集成準確率
    print('Current Ensemble Accuracy : ', ensemble_test_acc)

# 求取每行的相關係數
history_all['corrcoef'] = np.corrcoef(model_predict,
                                        rowvar=False)
print('Correlation predicted value')
print(history_all['corrcoef'])
```

　　訓練完成的模型已含有準確率最高的參數，模型逐一加入 list 後，會叫出 ensemble_ majority() 來執行集成。我們的程式架構，會在所有的模型都訓練好的那一刻，也隨之完成所有模型的集成。在整個處理程序的最末尾，要將模型的預測值進行分析，並輸出相關係數，確認模型之間的相關程度收斂在 0.95 以下。

開始多數決集成

當先前的程式碼都已經輸入完成之後，就趕快來執行吧。在開始執行之前，請記得啟用 Notebook 的 Internet、並在 Accelerator 裏選擇 GPU。在使用 GPU 的狀態下整個程式運行從開始到結束，約略花費 3 個小時。

▼ 開始多數決集成（Cell 6）

```
# 準備資料
X_train, X_test, y_train, y_test, y_test_label = prepare_data()

# 開始訓練、集成
train(X_train, X_test, y_train, y_test, y_test_label)
```

▼ 輸出（僅擷取最後的訓練狀況）

```
Model 1
(... 中間略 ...)
Epoch 80/80
48/48 [==============================] - 25s 519ms/step - loss:
0.0906 - acc: 0.9709 - val_loss: 0.3422 - val_acc: 0.8971
Current Ensemble Accuracy :  0.9005
Model 2
(... 中間略 ...)
Epoch 80/80
48/48 [==============================] - 25s 516ms/step - loss:
0.0879 - acc: 0.9716 - val_loss: 0.3336 - val_acc: 0.8985
Current Ensemble Accuracy :  0.9072
Model 3
(... 中間略 ...)
Epoch 80/80
48/48 [==============================] - 26s 531ms/step - loss:
0.0880 - acc: 0.9710 - val_loss: 0.3485 - val_acc: 0.8953
Current Ensemble Accuracy :  0.9134
Model 4
(... 中間略 ...)
```

→ 接下頁

7

使用「集成（Ensemble）」來辨識一般物體

```
Epoch 80/80
48/48 [==============================] - 25s 520ms/step - loss:
0.0918 - acc: 0.9710 - val_loss: 0.3454 - val_acc: 0.8964
Current Ensemble Accuracy :  0.9143
Model 5
(... 中間略 ...)
Epoch 80/80
48/48 [==============================] - 25s 523ms/step - loss:
0.0939 - acc: 0.9700 - val_loss: 0.3425 - val_acc: 0.8972
Weights saved. 0.8971999883651733
Current Ensemble Accuracy :  0.9171
Correlation predicted value
[[1.          0.90632231 0.9055175  0.90722862 0.91047392]
 [0.90632231 1.          0.90451503 0.91443228 0.91063149]
 [0.9055175  0.90451503 1.          0.90049025 0.90801805]
 [0.90722862 0.91443228 0.90049025 1.          0.91222364]
 [0.91047392 0.91063149 0.90801805 0.91222364 1.         ]]
```

　　我們看到所有的模型預測值相關程度都在 0.95 以下，可以認為集成是有效運作了。以下將輸出結果彙整成表格，再來看看成效如何。

模型	模型個別準確率	集成準確率
模型 1	0.9005	－
模型 2	0.9005	0.9072
模型 3	0.8986	0.9134
模型 4	0.8973	0.9143
模型 5	0.8972	0.9171

　　雖然各個模型的準確率落在 0.89～0.90，但透過持續的集成不斷提升，最後在模型 5 的時候來到了將近 0.92。我們使用了相同的網路架構來進行集成，但是因為每個模型的參數都不一樣，也做了相關係數的分析，因此才能獲得如此優良的結果。

7.3　使用不同結構的模型來實驗平均集成

本節重點

◉ 用多個卷積神經網路執行平均集成。

◉ 嘗試在卷積神經網路搭載「常規化（Regularization）」處理。

使用的 Kaggle 範例

CIFAR-10 - Object Recognition in Images

　　有些人認為要將有點過度配適的模型湊成一堆，不過，也可以運用沒有過度配適的模型們來追求多樣性。在前一節當中，我們運用相同網路架構的模型進行集成。本節當中，我們要運用搭載了常規化處理的模型，搭配沒有常規化處理的模型，來進行「平均集成」看看會有什麼樣的效果。

7.3.1　過度配適的另一種解法：常規化

　　過度貼合訓練資料而導致測試資料的準確率降低，稱為過度配適。而用來避免這情況就是「丟棄法」：丟棄部分神經元的輸出。除此之外，「常規化」也是一種用於防止過度配適的方法，因為產生過度配適，主要有以下兩點：

● 模型參數過多。

● 訓練資料太少。

從模型參數過多的角度去思索防止過度配適的解方就是「常規化」，更具體而言是權重衰減（Weight decay），它會懲罰在訓練過程中數值太大的參數。會這麼做，正是因為過度配適大多時候就是因為權重的參數值過大所造成。至於該如何懲罰數值過大的參數，就要在下方的「常規化項」算式加上損失函數：。

★ 常規化項

$$R(w) = \frac{1}{2}\lambda\sum_{j=1}^{n}w_j^2$$

這其實就是在本書第 3 章提到的 L2 範數，算式的最前面有個 1/2，這只是方便梯度計算，並沒有其他的意義。決定常規化影響力的常數 λ（Lambda），能用來調整常規化的強弱程度。

如果訓練模型時我們選用交叉熵誤差函數，其函數形式如下：

★ 交叉熵誤差函數

$$E(w) = -\sum_{i=1}^{n}\{t_i \log f_w(x_i) + (1-t_i)\log(1-f_w(x_i))\}$$

在上述的算式中加入使用了 L2 範數的常規化項，就變成了下方的算式：

★ 交叉熵誤差函數加上 L^2 範數常規化項

$$E(w) = -\sum_{i=1}^{n}\{t_i \log f_w(x_i) + (1-t_i)\log(1-f_w(x_i))\} + \frac{1}{2}\lambda\sum_{j=1}^{m}w_j^2$$

就畫圖來看看有常規化處理後會有什麼樣的效果吧。分別畫出誤差函數 $E(w)$ 跟常規化函數 $R(w)$。為了讓圖形更簡潔，就僅先限制在一個參數 w_1，不考慮 λ。畫出來之後可以看見 $E(w_1)$ 呈現下凹的曲線：

▼ $E(w_1)$ 的圖形

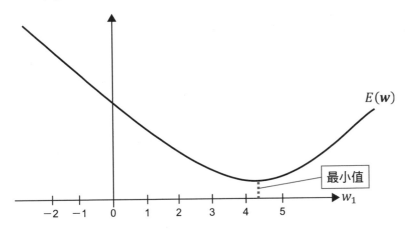

最小值大約落在 $w_1 = 4.3$ 的位置。再來我們畫出 $R(w_1) = \dfrac{1}{2} w_1^2$，會是個通過原點的二次函數曲線：

▼ $R(w_1)$ 的圖形

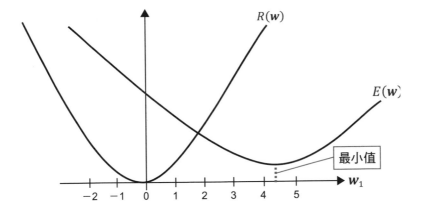

最後我們 w_1 座標上各個點的 $E(w_1)$ 高度加上 $R(w_1)$ 高度，並且連起來，來繪製 $E(w_1) + R(w_1)$ 的圖形：

▼ $E(w_1) + R(w_1)$ 的圖形

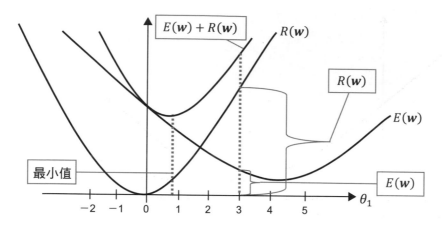

　　$E(w_1) + R(w_1)$ 的圖形最小值，約略落在 $w_1 = 0.9$ 的位置。從原本只有 $E(w_1)$ 時大約是 $w_1 = 4.3$，加上常規化之後則變成了 $w_1 = 0.9$，讓 w_1 的數值明顯小了許多。因此可以發現此常規化的影響在於：當每個神經元的計算是 $w_0 + w_1 x_1 + w_2 x_2 + \cdots + w_n x_n$ 的時候，執行常規化處理後讓參數值變小，如此一來就「不會過度反應訓練的結果」，而達到避免過度配適的目的。用來調整常規化強弱程度的 λ，一般來說會落在的 0.0001 到 1,000 這個區間，通常會設定為 10 的冪次方。

套用了輸出層常規化的權重更新算式

　　常規化函數為 $R(w) = \dfrac{1}{2}\lambda \sum_{j=1}^{m} w_j^2 = \dfrac{\lambda}{2} w_1^2 + \dfrac{\lambda}{2} w_2^2 \cdots + \dfrac{\lambda}{2} w_m^2$，而常規化函數對參數（權重）微分就會變成 $\dfrac{\partial R(w)}{\partial w_j} = \lambda w_j$。可以發現 1/2 消失了。一般來說，我們不會對偏值執行常規化。下面是更新輸出層權重的算式。

★ 沒有常規化的輸出層權重更新公式

$$w_{j(i)}^{(L)} := w_{j(i)}^{(L)} - \eta \delta_j^{(L)} \boxed{o_i^{(L-1)}} \quad \text{——} \quad \text{來自前一層神經元的輸出}$$

我們要將常規化的算式帶入。

★ 有常規化的輸出層權重更新公式

$$w_{j(i)}^{(L)} := w_{j(i)}^{(L)} - \eta \boxed{\delta_j^{(L)}} o_i^{(L-1)} + \boxed{\lambda w_{j(i)}^{(L)}} \quad \text{——} \quad \text{常規化項}$$

$$\delta_j^{(L)} = (o_j^{(L)} - t_j) \circ (1 - f(u_j^{(L)})) \circ f(u_j^{(L)})$$

再來是輸出層之外的權重更新算式。

★ 沒有常規化的輸出層之外的權重更新公式

$$w_{i(h)}^{(L-1)} := w_{i(h)}^{(L-1)} - \eta \delta_i^{(L-1)} \boxed{o_i^{(L-2)}} \quad \text{——} \quad \text{來自更往前一層的神經元的輸出}$$

這也要帶入常規化的算式。

★ 有常規化的輸出層之外的權重更新公式

$$w_{i(h)}^{(L-1)} := w_{i(h)}^{(L-1)} - \eta \boxed{\delta_i^{(L-1)}} o_i^{(L-2)} + \boxed{\lambda w_{i(h)}^{(L-1)}} \quad \text{——} \quad \text{常規化項}$$

$$\delta_i^{(L-1)} = (\sum_{j=1}^{n} \delta_j^{(L)} w_{j(i)}^{(L)}) \circ (1 - f(u_i^{(L-1)})) \circ f(u_i^{(L-1)})$$

那麼現在如果要對卷積層增加常規化的處理，我們要如下所示，將 Conv2D() 的 kernel_regularizer 超參數指定為 regularizers.l2()，並將其中的 λ 設為 0.0001。

▼ 對卷積層加入常規化處理

```
model.add(Conv2D(filters=32,              # 卷積核數量為 32
                 kernel_size=(3,3),       # 使用 3 × 3 卷積核
                 input_shape=x_train.shape[1:], # 輸入資料的 shape
                 padding='same',          # 執行填補法
                 kernel_regularizer=regularizers.l2(0.0001),
                 activation='relu'))      # 激活函數為 ReLU
```

將 λ 設為 0.0001，
來進行常規化

7.3.2 用 9 個模型來嘗試平均集成

這裡我們要使用 9 個卷積神經網路模型來實驗平均集成，當中有 4 個模型是會配置常規化處理的模型。

 製作 2 個有 5 層卷積層的模型

下面就是配置了 5 層卷積層的卷積神經網路模型程式碼。到「CIFAR-10 - Object Recognition in Images」新建 Notebook，在 Cell 1 跟 Cell 2 輸入下列內容。

▼ 準備資料的函式（Cell 1）

```
import numpy as np
from tensorflow.keras.datasets import cifar10
from tensorflow.keras.utils import to_categorical

def prepare_data():
    """
    準備資料
    Returns:
        X_train(ndarray): 訓練資料 (50000.32.32.3)
        X_test(ndarray) : 測試資料 (10000.32.32.3)
```

→ 接下頁

```
            y_train(ndarray): 編碼後的訓練資料正確答案 (50000,10)
            y_test(ndarray) : 編碼後的測試資料正確答案 (10000,10)
            y_test_label(ndarray): 編碼前的測試資料正確答案 (10000)
    """
    (X_train, y_train), (X_test, y_test) = cifar10.load_data()
    # 對訓練用以及測試用的圖像資料執行標準化 (可省略 axis=(0,1,2,3))
    mean = np.mean(X_train,axis=(0,1,2,3))
    std = np.std(X_train,axis=(0,1,2,3))
    # 執行標準化時在分母的標準差加上極小值
    x_train = (X_train-mean)/(std+1e-7)
    x_test = (X_test-mean)/(std+1e-7)

    # 將測試資料的正確答案先從 2 維矩陣拉直為 1 維陣列
    y_test_label = np.ravel(y_test)
    # 將訓練資料與測試資料的正確答案用 One-hot encoding 後表示
    y_train = to_categorical(y_train)
    y_test = to_categorical(y_test)

    return X_train, X_test, y_train, y_test, y_test_label
```

▼ 建立卷積神經網路模型的函式(Cell 2)

```
from tensorflow.keras.layers import Input, Conv2D, Dense
from tensorflow.keras.layers import Activation
from tensorflow.keras.layers import AveragePooling2D from
tensorflow.keras.layers import GlobalAvgPool2D
from tensorflow.keras.layers import BatchNormalization
from tensorflow.keras import regularizers
from tensorflow.keras.models import Model

"""
basic_conv_block1()
basic_conv_block2()
建立卷積層

Parameters:
    inp(Input): 輸入層
    fsize(int): 卷積核大小
    layers(int) : 層的數量
Returns: Conv2D 物件
"""
```

→ 接下頁

```python
def basic_conv_block1(inp, fsize, layers):
    x = inp
    for i in range(layers):
        x = Conv2D(filters=fsize,
                   kernel_size=3,
                   padding="same")(x)
        x = BatchNormalization()(x)
        x = Activation("relu")(x)
    return x

def basic_conv_block2(inp, fsize, layers):
    weight = 1e-4 # 超參數數值
    x = inp
    for i in range(layers):
        x = Conv2D(filters=fsize,
                   kernel_size=3,
                   padding='same',
                   kernel_regularizer=regularizers.l2(weight)
                   )(x)
        x = BatchNormalization()(x)
        x = Activation('relu')(x)
        return x

def create_cnn(model_num):
    """
    建立模型
    Parameters:
        model_num(int): 模型編號
    Returns: 模型
    """
    inp = Input(shape=(32,32,3))
    if model_num < 5:
        x = basic_conv_block1(inp, 64, 3)
        x = AveragePooling2D(2)(x)
        x = basic_conv_block1(x, 128, 3)
        x = AveragePooling2D(2)(x)
        x = basic_conv_block1(x, 256, 3)
        x = GlobalAvgPool2D()(x)
        x = Dense(10, activation='softmax')(x)
        model = Model(inp, x)
    # 後 4 個模型是有常規化
```

```
    else:
        x = basic_conv_block2(inp, 64, 3)
        x = AveragePooling2D(2)(x)
        x = basic_conv_block2(x, 128, 3)
        x = AveragePooling2D(2)(x)
        x = basic_conv_block2(x, 256, 3)
        x = GlobalAvgPool2D()(x)
        x = Dense(10, activation='softmax')(x)
        model = Model(inp, x)
    return model
```

　　大抵上網路架構與上一個範例差不多,三層卷積層、三層池化層、展平層與輸出層。不過,我們建立的 9 個神經網路中,最後 4 個會有常規化。

 ## 建立集成函式

▼　**建立集成函式(Cell 3)**

```
import numpy as np
def ensemble_average(models, X):
    """ 集合平均
    Parameters:
        models(list): 模型列表
        X(array): 驗證資料
    Returns : 各圖像的預測值
    """
    preds_sum = None # 儲存驗證結果
    for model in models: # 訓練好的模型
        if preds_sum is None:
            # 第一個模型的預測機率
            # preds_sum 列數為資料筆數,行數為類別數
            preds_sum = model.predict(X)
        else:
            # 第二個模型開始累加預測機率
            preds_sum += model.predict(X)
    # 計算每筆資料屬於各類別的平均機率
```

→ 接下頁

```
    probs = preds_sum / len(models)
    # 機率最大值為輸出類別
    return np.argmax(probs, axis=1)
```

　　每次模型訓練好之後都會對驗證資料 X 進行預測，然後對所有模型的預測取平均，傳回機率最高的類別索引。傳回集成後的預測值，並將預測結果拿來比對正確答案，計算出準確率。

▼ 平均集成

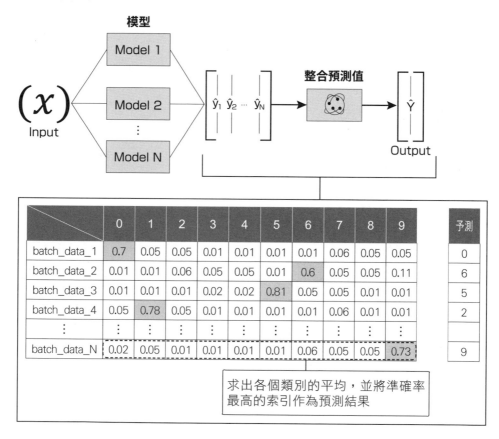

　　這邊要來定義每次訓練結束時儲存參數的回呼。程式碼跟之前的範例一樣。

▼ **定義訓練中用於回呼的 Checkpoint（Cell 4）**

```python
from tensorflow.keras.callbacks import Callback

class Checkpoint(Callback):
    """Callback 的子類別
    Attributes:
        model(object): 訓練中的模型
        filepath(str): 儲存權重的資料夾路徑
        best_val_acc : 目前最高準確率
    """

    def __init__(self, model, filepath):
        """
        Parameters:
            model(Model): 訓練中的模型
            filepath(str): 儲存權重的資料夾路徑
            best_val_acc(int): 目前最高準確率
        """
        self.model = model
        self.filepath = filepath
        self.best_val_acc = 0.0

    def on_epoch_end(self, epoch, logs):
        """
        重新定義訓練結束時所呼叫的函式
        儲存準確率較高的參數
        Parameters:
            epoch(int): 訓練次數
            logs(dict): {'val_acc': 損失 , 'val_acc': 準確率 }
        """
        if self.best_val_acc < logs['val_acc']:
            # 儲存比前一次的訓練準確率還要高的參數
            self.model.save_weights(self.filepath)
            # 儲存準確率
            self.best_val_acc = logs['val_acc']
            print('Weights saved.', self.best_val_acc)
```

　　然後要來定義負責執行訓練的 train() 函數。處理內容也跟之前的
集成一模一樣。不過，因為這次模型數量有 9 個，因此要加入 create_

cnn(i) 來將模型的流水號（ 編註： 索引值 +1 才會對應到模型的編號）當作引數。加入這個之後就能在第 1～第 5 個模型創建不執行常規化的卷積神經網路模型，第 6～9 個則是會執行常規化的卷積神經網路模型。最後平均集成則叫出 ensemble_average() 來執行。

▼ 定義 train() 函式（ Cell 5）

```python
import math
import pickle
import numpy as np
from sklearn.metrics import accuracy_score
from tensorflow.keras.preprocessing.image import ImageDataGenerator
from tensorflow.keras.callbacks import LearningRateScheduler
from tensorflow.keras.callbacks import History

def train(X_train, X_test, y_train, y_test, y_test_label):
    """
    執行訓練
    Parameters:
        X_train(ndarray): 訓練資料 (50000.32.32.3)
        X_test(ndarray) : 測試資料 (10000.32.32.3)
        y_train(ndarray): 編碼後的訓練資料正確答案 (50000,10)
        y_test(ndarray) : 編碼後的測試資料正確答案 (10000,10)
        y_test_label(ndarray): 編碼前的測試資料正確答案 (10000)
    """
    n_estimators = 9 # 集成的模型數量
    batch_size = 1024 # 批次大小
    epoch = 80 # 訓練次數
    models = [] # 模型的 list
    # 各個模型的訓練歷程 dict
    global_hist = {"hists":[], "ensemble_test":[]}
    # 初始化各個模型預測結果的 2 維矩陣
    single_preds = np.zeros((X_test.shape[0],  # 列數為圖像張數
                             n_estimators))     # 行數為模型數量

    # 模型有幾個、就重複幾次
    for i in range(n_estimators):
        # 顯示現在是第幾個模型
        print('Model',i+1)
```

→ 接下頁

```python
# 建立卷積神經網路，引數為模型的編號
train_model = create_cnn(i)
# 編譯模型
train_model.compile(optimizer='adam',
                    loss='categorical_crossentropy',
                    metrics=["acc"])
# 將編譯後的模型追加到 list
models.append(train_model)


# 建立回呼當中的 History 物件
hist = History()
# 建立回呼當中的 Checkpoint 物件
cp = Checkpoint(train_model,        # 模型
                f'weights_{i}.h5')  # 儲存參數的檔名
# 步進衰減函式
def step_decay(epoch):
    initial_lrate = 0.001 # 初始學習率
    drop = 0.5            # 衰減率
    epochs_drop = 10.0    # 每 10 次訓練執行步進衰減
    exponent = math.floor((1+epoch)/epochs_drop)
    lrate = initial_lrate * math.pow(drop,
                                     exponent)

    return lrate


lrate = LearningRateScheduler(step_decay)


# 資料擴增
# 在 15 度的範圍內隨機旋轉
# 以圖像寬度 0.1 比例隨機橫向移動
# 以圖像高度 0.1 比例隨機縱向移動
# 左右翻轉
# 以原始尺寸 0.2 倍比例隨機放大
datagen = ImageDataGenerator(rotation_range=15,
                             width_shift_range=0.1,
                             height_shift_range=0.1,
                             horizontal_flip=True,
                             zoom_range=0.2)


# 訓練模型
step_epoch = X_train.shape[0] // batch_size
train_model.fit(datagen.flow(X_train,
```

→ 接下頁

7

```
                              y_train,
                              batch_size=batch_size),
                  epochs=epoch,
                  steps_per_epoch=step_epoch,
                  validation_data=(X_test, y_test),
                  verbose=1,
                  callbacks=[hist, cpont, lrate]) # 回呼

    # 讀入訓練完成的模型所獲得最高準確率時的參數
    train_model.load_weights(f'weights_{i}.h5')

    # 凍結模型的所有參數
    for layer in train_model.layers:
        layer.trainable = False

    # 使用測試資料進行預測、求各個圖像當中標籤的最大值
    # 求出每列的最大值
    prediction = train_model.predict(X_test)
    model_predict[:, i] = np.argmax(prediction, axis=-1)

    # 將訓練完成模型的訓練歷程登錄到 global_hist
    global_hist['hists'].append(hist.history)

    # 執行平均集成
    ensemble_test_pred = ensemble_average(models, X_test)

    # 使用 scikit-learn.accuracy_score() 取得集成的準確率
    ensemble_test_acc = accuracy_score(y_test_label,
                                       ensemble_test_pred)

    # 將集成準確率追加到 global_hist
    global_hist['ensemble_test'].append(ensemble_test_acc)
    # 輸出現在的集成準確率
    print('Current Ensemble Test Accuracy : ', ensemble_test_acc)

global_hist['corrcoef'] = np.corrcoef(single_preds, rowvar=False)
print('Correlation predicted value')
print(global_hist['corrcoef'])
```

　　當輸入完成上述的程式碼之後，就立刻來執行看看吧！這跟上次的集成一樣，要開啟 Notebook 的 Internet、勾選 Accelerator 的 GPU。也因為模型數量增加到了 9 個，因此整個程式的運行在使用 GPU 的情況下也需要大約 5 小時。

▼ **執行多數決集成（Cell 6）**

```
# 準備資料
X_train, X_test, y_train, y_test, y_test_label = prepare_data()
# 執行訓練、集成
train(X_train, X_test, y_train, y_test, y_test_label)
```

▼ **輸出（僅擷取最後的訓練狀況）**

```
Model 1
(…中間略…)
Epoch 80/80
48/48 [==============================] - 26s 544ms/step - loss: 0.0921 - acc:
0.9705 - val_loss: 0.3384 - val_acc: 0.8966
Current Ensemble Test Accuracy :  0.8996
Model 2
(…中間略…)
Epoch 80/80
48/48 [==============================] - 25s 515ms/step - loss: 0.0901 - acc:
0.9710 - val_loss: 0.3379 - val_acc: 0.9006
Current Ensemble Test Accuracy :  0.9121
Model 3
(…中間略…)
Epoch 80/80
48/48 [==============================] - 25s 507ms/step - loss: 0.0889 - acc:
0.9727 - val_loss: 0.3335 - val_acc: 0.8997
Current Ensemble Test Accuracy :  0.9154
Model 4
(…中間略…)
Epoch 80/80
48/48 [==============================] - 24s 497ms/step - loss: 0.0833 - acc:
0.9733 - val_loss: 0.3290 - val_acc: 0.8999
Current Ensemble Test Accuracy :  0.921
Model 5
```

→ 接下頁

7

使用「集成（Ensemble）」來辨識一般物體

(…中間略…)

Epoch 80/80

48/48 [==============================] - 25s 513ms/step - loss: 0.0981 - acc: 0.9697 - val_loss: 0.3495 - val_acc: 0.8941

Current Ensemble Test Accuracy : 0.9207

Model 6

(…中間略…)

Epoch 80/80

48/48 [==============================] - 22s 456ms/step - loss: 0.6644 - acc: 0.7858 - val_loss: 0.7121 - val_acc: 0.7689

Current Ensemble Test Accuracy : 0.9195

Model 7

(…中間略…)

Epoch 80/80

48/48 [==============================] - 21s 442ms/step - loss: 0.6689 - acc: 0.7845 - val_loss: 0.7267 - val_acc: 0.7601

Current Ensemble Test Accuracy : 0.9159

Model 8

(…中間略…)

Epoch 80/80

48/48 [==============================] - 22s 462ms/step - loss: 0.6687 - acc: 0.7827 - val_loss: 0.7287 - val_acc: 0.7623

Current Ensemble Test Accuracy : 0.911

Model 9

(…中間略…)

Epoch 80/80

48/48 [==============================] - 22s 449ms/step - loss: 0.6743 - acc: 0.7824 - val_loss: 0.7308 - val_acc: 0.7613

Current Ensemble Test Accuracy : 0.9063

Correlation predicted value

```
[[1.         0.90639316 0.90855889 0.90814809 0.90130582 0.77559432
  0.78476346 0.78179953 0.78102497]
 [0.90639316 1.         0.90837776 0.91180309 0.90714844 0.7749871
  0.78674356 0.78779527 0.78335171]
 [0.90855889 0.90837776 1.         0.91140988 0.9055686  0.77694121
  0.786979   0.78876507 0.7782709 ]
 [0.90814809 0.91180309 0.91140988 1.         0.90733109 0.77126736
  0.78597793 0.7807699  0.79989832]
 [0.90130582 0.90714844 0.9055686  0.90733109 1.         0.77826039
  0.78562561 0.78738108 0.78608489]
 [0.77559432 0.7749871  0.77694121 0.77126736 0.77826039 1.
  0.86580821 0.87632471 0.86092695]
 [0.78476346 0.78674356 0.786979   0.78597793 0.78562561 0.86580821
  1.         0.8654721  0.86530741]
```

→ 接下頁

```
[0.78179953 0.78779527 0.78876507 0.7807699  0.78738108 0.87632471
 0.8654721  1.         0.86084387]
[0.78102497 0.78335171 0.7782709  0.77989832 0.78608489 0.86092695
 0.86530741 0.86084387 1.        ]]
```

那麼我們就來看看彙整之後的模型準確率與集成的結果吧。

模型	個別模型準確率	集成準確率
模型 1	0.8996	—
模型 2	0.9028	0.9121
模型 3	0.9015	0.9154
模型 4	0.9021	0.921
模型 5	0.8957	0.9207
模型 6	0.7723	0.9195
模型 7	0.7692	0.9159
模型 8	0.7689	0.911
模型 9	0.7704	0.9063

　　第 6 個模型之後是有執行常規化的模型準確率，可以發現模型之間的相關性降低一些。此外，從結果也可發現常規化的模型，個別模型的準確率以及對集成的影響，與沒有常規化的模型略有不同。

MEMO

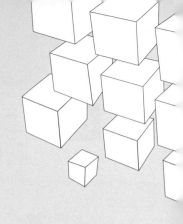

CHAPTER

遷移式學習
(Transfer Learning)

8.1 「Dogs vs. Cats Redux: Kernels Edition」圖像辨識

本節重點

◉ 本章先自行設計卷積神經網路，以做為之後遷移式學習的比較基準。

使用的 Kaggle 範例

Dogs vs. Cats Redux: Kernels Edition

遷移式學習在圖像辨識的領域當中廣為盛行，這是一種將「訓練完成的神經網路」直接移植到我們的程式當中，並辨識其他圖像。而 Kaggle 的圖像辨識數據分析專案也很常見到參與者使用遷移式學習。

8.1.1 「Dogs vs. Cats Redux: Kernels Edition」

這次我們的資料集是非常適合用來演練遷移式學習的「Dogs vs. Cats Redux: Kernels Edition」（以下簡述為「Dogs vs. Cats」），裡面存放了 25,000 張狗跟貓的彩色照片，狗的照片名稱是「dog.xxxx.jpg」（xxxx 是流水號），貓的照片則是一樣以「cat.xxxx.jpg」的方式命名。參賽者要在預處理的階段就先將正確答案為 dog 編碼成「1」、cat 編碼為「0」，接著將照片拿來訓練神經網路，最後在預測時比較模型的準確率。

▼「Dogs vs. Cats Redux: Kernels Edition」

人類與電腦之間的語意鴻溝

　　看似簡單的貓狗圖像二元分類，但難度卻也不容忽視。這些照片有各種不同樣貌，例如有的照片是一隻貓、有的是很多貓，或是有的照片中貓被人抱在懷裡，而不同照片中還有著不同的姿勢跟背景，從這點來看就能想見機器要學會判讀是有多難的一件事。對我們人類來說，管它是一隻貓還是一群狗，就算是被人抱著又何妨，一看就知道是貓還是狗，而能夠做到這點，是因為人是清楚貓狗各自有什麼概念與形象。但機器不認識貓狗，也就無法用人類的方法去判別。我們可以將這視為語意鴻溝（Semantic Gap），而要如何拉近電腦與人類之間的認知落差，就是這個分類問題的關鍵。

　　因此我們可以看到在「Dogs vs. Cats」的解決方案當中，除了使用卷積神經網路之外，許多人會再加進「遷移式學習」試圖提升準確率。當我們使用卷積神經網路好不容易獲得了超過 80% 的準確率時，那些加上了遷移式學習的模型卻能做到超越 95% 的準確率。「Dogs vs. Cats」這種對電腦來說難如登天的分類問題，遷移式學習似乎是有效的方法。

先將資料讀入卷積型類神經網路去進行學習

　　進到「Dogs vs. Cats」首頁，找到 **Codes** 連結，建立新的 Notebook，接著依下列順序輸入程式碼，看看我們的資料是什麼樣的東西。首先直接執行預設程式碼，看看目錄的結構。

▼ **執行預設程式碼（Cell 1）**

```
import numpy as np
import pandas as pd

import os
for dirname, _, filenames in os.walk('/kaggle/input'):
    for filename in filenames:
        print(os.path.join(dirname, filename))
```

▼ **輸出**

```
/kaggle/input/dogs-vs-cats-redux-kernels-edition/sample_submission.csv
/kaggle/input/dogs-vs-cats-redux-kernels-edition/train.zip
/kaggle/input/dogs-vs-cats-redux-kernels-edition/test.zip
```

　　train.zip 是訓練資料，test.zip 是測試資料，我們對這兩個檔案進行解壓縮。

▼ **解壓縮訓練資料與測試資料（Cell 2）**

```
import os, shutil, zipfile
# 欲解壓縮的 zip 檔名
data = ['train', 'test']
path = '../input/dogs-vs-cats-redux-kernels-edition/'
# 在當前的目錄解開 train.zip、test.zip
for el in data:
    with zipfile.ZipFile(path + el + ".zip", "r") as z:
        z.extractall(".")
```

　　資料都是 JPEG 格式的圖片，且沒有正確答案。檔案的命名方式「dog.xxxx.jpeg」、「cat.xxxx.jpeg」（xxxx 是流水號）可以看出正確答案，因此我們將檔名起首為「dog」的編碼為 1、「cat」編碼為 0。

▼ 製作正確答案，並與檔名配成對，一併放入 DataFrame（Cell 3）

```python
# 資料預處理
import pandas as pd

# 從 train 資料夾取得各檔案的檔名
filenames = os.listdir("./train")

categories = []

# 使用訓練資料檔名 dog.x.jpg、cat.x.jpg 來生成 1 與 0 的標籤
for filename in filenames:
    # 分割檔名，擷取字首的 dog 或 cat
    # 以 dog 為 1、cat 為 0 設定好標籤後放入 category
    category = filename.split('.')[0]
    if category == 'dog':
        # 若為 dog 則是標籤 1
        categories.append(1)
    else:
        # 若為 cat 則是標籤 0
        categories.append(0)

# 在 df 的 filename 欄位放入檔名 filenames
# 在 df 的 category 欄位放入標籤 categories
df = pd.DataFrame({'filename': filenames,
                   'category': categories})
df.head()
# 輸出前 5 筆資料
df.head()
```

▼ 輸出

```
filename          category
0    dog.2768.jpg    1
1    cat.11992.jpg   0
```

→ 接下頁

8

遷移式學習（Transfer Learning）

```
2    cat.710.jpg 0
3    cat.9559.jpg    0
4    cat.3398.jpg    0
```

將兩個類別的圖像數量繪製成圖表：

▼ **將 dog(1) 跟 cat(0) 的總數繪製為圖形（Cell 4）**

```
df['category'].value_counts().plot.bar()
```

▼ **輸出**

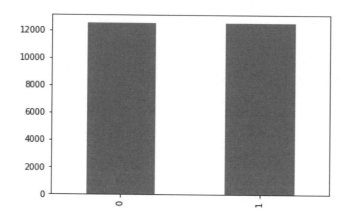

　　兩者的圖像張數大約一樣多。在分類任務當中如果每個類別的分佈過於偏頗，資料量較少的一方，就必須要配合資料量較多的一方去執行過取樣（over sampling）（**編註：** 簡單說就是複製樣本，以增加樣本數量），讓資料量能夠變得差不多，不過這次看起來沒這必要。接著我們就隨機選出圖像來顯示，看看圖像到底長什麼樣子吧。

▼ **隨機畫 16 張圖像（Cell 5）**

```
from tensorflow.keras.preprocessing.image import load_img
import matplotlib.pyplot as plt
import random
%matplotlib inline
```

→ 接下頁

```
# 隨機抽取 16 張
sample = random.sample(filenames, 16)

plt.figure(figsize=(12, 12))

for i in range(0, 16):
    # 從 4 × 4 格線的左上角開始依序繪製
    plt.subplot(4, 4, i+1)
    # 放入 sample 的第 i 項的圖像
    fname = sample[i]
    # 從 train 資料夾中讀取圖像資料
    image = load_img("./train/"+fname)
    # 描繪圖像
    plt.imshow(image)
    plt.axis('off') # 隱藏座標軸
plt.tight_layout()
plt.show()
```

▼ **輸出**

▌ 編註：因為是隨機抽取，你看到的照片應該會和此處不同。

8

遷移式學習（Transfer Learning）

很明顯地看到有多隻貓或狗在同一張照片中的狀況，也有貓狗被人抱著的狀態，甚至還有照片只出現貓咪的腳，要用機器來辨識這些照片恐怕不是很容易。

然後我們要將有正確答案的資料劃分為訓練資料跟驗證資料。在25,000 張照片當中我們取 10%、也就是 2,500 張照片用來當作驗證資料，其餘的則做為訓練資料。

▼ **建立訓練資料以及驗證資料（Cell 6）**

```
from sklearn.model_selection import train_test_split

# 90% 做為訓練資料，10% 做為驗證資料
train_df, validate_df = train_test_split(df, test_size=0.1)
# 重新配置列的索引
train_df = train_df.reset_index()
validate_df = validate_df.reset_index()

# 取得訓練資料的數量
total_train = train_df.shape[0]
# 取得驗證資料的數量
total_validate = validate_df.shape[0]

# 輸出訓練資料、驗證資料的數量
print(total_train)
print(total_validate)
```

▼ **輸出**

```
22500
2500
```

到此我們已經將資料準備好了，之後就是要拿這些資料訓練卷積神經網路，但其實我們在那之前還有一件重要的事情要做，那就是要「讓相片的尺寸統一，以方便訓練神經網路」。「Dogs vs. Cats」中所提供的圖片長寬並不同，除了有正方形的圖片之外，還有細長型的圖片跟寬扁型

的圖片。我們得統一圖片的尺寸，而且還是要統一成能放入卷積神經網路的尺寸才行。

　　還好我們可以使用 tensorflow.keras 裡面的 ImageDataGenerator，它在預處理照片時可以重新調整相片的尺寸。

▼ **預處理訓練資料（Cell 7）**

```
from tensorflow.keras.preprocessing.image import ImageDataGenerator

# 重新調整圖像尺寸
img_width, img_height = 224, 224
target_size = (img_width, img_height)
# 批次大小
batch_size = 16
# 檔名的欄位名稱，標籤的欄位名稱
x_col, y_col = 'filename', 'category'
# 設定 flow_from_dataframe() 的 class_mode 數值
# 此範例為二元分類，設定值為 'binary'
class_mode = 'binary'


# 建立 Generator 來預處理圖像
# 正規化
# 在 15 度的範圍內隨機旋轉
# 錯切
# 以原始尺寸 0.2 倍比例隨機放大
# 左右翻轉
# 以圖像寬度 0.1 比例隨機橫向移動
# 以圖像高度 0.1 比例隨機縱向移動
train_datagen = ImageDataGenerator(rescale=1./255,
                                   rotation_range=15,
                                   shear_range=0.2,
                                   zoom_range=0.2,
                                   horizontal_flip=True,
                                   width_shift_range=0.1,
                                   height_shift_range=0.1)


# 當 flow_from_dataframe() 引數為 class_mode = "binary" 時，
# 標籤 (train_df 中的 y_col = 'category') 那一欄需為文字格式
```

→ 接下頁

8

遷移式學習（Transfer Learning）

```
# 因此需要將 1 與 0 的數字轉換為文字
train_df['category'] = train_df['category'].astype(str)

# 使用 Generator 產生預處理完的圖像
train_generator = train_datagen.flow_from_dataframe(train_df,
                                        # 圖像資料目錄
                                        "./train/",
                                        # 放置檔名的欄位名稱
                                        x_col=x_col,
                                        # 放置標籤的欄位名稱
                                        y_col=y_col,
                                        # 二元分類
                                        class_mode=class_mode,
                                        # 圖像尺寸
                                        target_size=target_size,
                                        # 批次大小
                                        batch_size=batch_size)
```

▼ 輸出

```
Found 22500 validated image filenames belonging to 2 classes.
```

▼ 預處理驗證資料（Cell 8）

```
# 建立預處理圖像的 Generator
# 無需進行資料擴增，所以只進行數值轉換即可
valid_datagen = ImageDataGenerator(rescale=1./255)
# 當 flow_from_dataframe() 引數為 class_mode = "binary" 時，
# 標籤 (train_df 中的 y_col = 'category') 那一欄需為文字格式
# 因此需要將 1 與 0 的數字轉換為文字
validate_df['category'] = validate_df['category'].astype(str)

# 使用 Generator 產生預處理完的圖像
valid_generator = valid_datagen.flow_from_dataframe(validate_df,
                                        # 圖像資料目錄
                                        "./train/",
                                        # 放置檔名的欄位名稱
                                        x_col=x_col,
                                        # 放置標籤的欄位名稱
                                        y_col=y_col,
```

→ 接下頁

```
                              # 二元分類
                              class_mode=class_mode,
                              # 圖像尺寸
                              target_size=target_size,
                              # 批次大小
                              batch_size=batch_size)
```

▼ 輸出

```
Found 2500 validated image filenames belonging to 2 classes.
```

8

我們此時要從訓練資料當中選出一個樣本，來顯示預處理之後的 9
種樣貌，看看實際會生成什麼樣的資料。

▼ 從訓練資料取出一個樣本，顯示其經過預處理後的 9 種樣貌（Cell 9）

```python
# 從訓練資料取出 1 個樣本、使用 reset_index() 重新配置索引
# 用 drop=True 來刪除原本的索引
example_df = train_df.sample(n=1).reset_index(drop=True)
# 建立 DataFrameIterator 物件
example_generator = train_datagen.flow_from_dataframe(example_df,
                                                     "./train/",
                                                     x_col='filename',
                                                     y_col='category',
                                                     target_size=target_size)

plt.figure(figsize=(12, 12))
# 顯示預處理後的 9 種樣貌
for i in range(0, 9):
    # 在 3 × 3 的框架中由左上角開始依序繪圖
    plt.subplot(3, 3, i+1)
    for X_batch, Y_batch in example_generator:
        # 取出 X_batch 的第 1 個圖像資料
        image = X_batch[0]
        # 繪製完取出的圖像後就 break
        plt.imshow(image)
        break
plt.show()
```

▼ 輸出

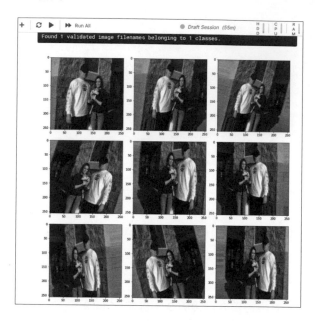

顯示出來的圖片尺寸都已經變成了 244 x 244，且也有旋轉跟放大的預處理跡象。現在就來看看卷積神經網路能有多少的準確率，這樣稍後我們才能知道加入了遷移式學習之後進步多少。

▼ 配置三層卷積層的卷積神經網路（Cell 10）

```
from tensorflow.keras.models import Sequential
from tensorflow.keras.layers import Conv2D, MaxPooling2D, Dropout,
Flatten, Dense
from tensorflow.keras.layers import GlobalMaxPooling2D
from tensorflow.keras import optimizers
from tensorflow.keras import regularizers

# 建立 Sequentual
model = Sequential()

# 輸入資料的 shape
input_shape = (img_width, img_height, 3)
```

→ 接下頁

```python
# 第 1 層：第一層卷積層
model.add(Conv2D(filters=32,                # 卷積核數量為 32
                 kernel_size=(3, 3),        # 使用 3 × 3 卷積核
                 padding='same',            # 執行填 0
                 activation='relu',         # 激活函數為 ReLU
                 input_shape=input_shape))  # 輸入資料的 shape


# 第 2 層：池化層
model.add(MaxPooling2D(pool_size=(2, 2)))
# 丟棄率 25%
model.add(Dropout(0.25))


# 第 3 層：第二層卷積層
model.add(Conv2D(filters = 64,             # 卷積核數量為 64
                 kernel_size = (3,3),      # 使用 3 × 3 卷積核
                 padding='same',           # 執行填 0
                 activation='relu'))       # 激活函數為 ReLU


# 第 4 層：池化層
model.add(MaxPooling2D(pool_size=(2, 2)))
# 丟棄率 25%
model.add(Dropout(0.25))


# 第 5 層：第三層卷積層
model.add(Conv2D(filters=128,             # 卷積核數量為 128
                 kernel_size=(3, 3),      # 使用 3 × 3 卷積核
                 padding='same',          # 執行填 0
                 activation='relu'))      # 激活函數為 ReLU


# 第 6 層：池化層
model.add(MaxPooling2D(pool_size=(2, 2)))
# 丟棄率 25%
model.add(Dropout(0.25))


# 將四維矩陣 (batch_size, rows, cols, channels)
# 降維成二維矩陣 (batch_size, channels)
model.add(GlobalMaxPooling2D())


# 第 7 層
model.add(Dense(128,                      # 神經元數量
                activation='relu'))       # 激活函數為 ReLU
```

→ 接下頁

8

遷移式學習（Transfer Learning）

```
# 丟棄率 25%
model.add(Dropout(0.25))

# 第 8 層：輸出層
model.add(Dense(1,                        # 神經元數量為 1 個
                activation='sigmoid'))    # 激活函數為 Sigmoid
# 編譯模型
model.compile(loss='binary_crossentropy',     # 二元交叉熵誤差
              metrics=['accuracy'],           # 將準確率指定為評價指標
              optimizer=optimizers.RMSprop()) # 使用 RMSprop 優化器
```

▼ 訓練模型（Cell 11）

```
import math
from tensorflow.keras.callbacks import LearningRateScheduler,
EarlyStopping, Callback

# 對學習率進行排程
def step_decay(epoch):
    initial_lrate = 0.001 # 初始學習率
    drop = 0.5            # 衰減率為 50%
    epochs_drop = 10.0    # 每 10 次訓練進行衰減
    lrate = initial_lrate * math.pow(drop,
                           math.floor((epoch)/epochs_drop))
    return lrate

# 建立學習率回呼
lrate = LearningRateScheduler(step_decay)

# 監控訓練進度、回呼提前中止檢查
earstop = EarlyStopping(monitor='val_loss', # 監控損失狀況
                        min_delta=0,         # 用於判定為有改善的最小變化值
                        patience=5)          # 判斷是否改善的訓練次數設定為 5

epochs = 40 # 訓練次數

history = model.fit(train_generator, # 訓練資料
                    epochs=epochs,    # 訓練次數
                    # 每個批次的步驟數
```

→ 接下頁

```
                    steps_per_epoch=total_train//batch_size,
                    # 驗證資料
                    validation_data=valid_generator,
                    # 驗證時的步驟數
                    validation_steps=total_validate//batch_size,
                    # 輸出訓練進度
                    verbose=1,
                    # 回呼
                    callbacks=[lrate, earstop])
```

　　這邊的訓練次數我們設定為 40，若訓練成果已經沒什麼進展了，訓練會提前中止（Eraly Stopping）。

▼ **監控訓練進度、回呼提前中止檢查**

```
earstop = EarlyStopping(monitor='val_loss',  # 監控損失狀況
                        min_delta=0,          # 用於判定為有改善的最小變化值
                        patience=5)           # 將用於判定為沒改善的訓練次數加大到 5
```

　　這裡的重點在 patience 的數值。如果使用預設值 0 的話，就表示跟上次訓練結果比，損失沒有改善，就會立刻停止訓練。不過大多時候，損失的變化時高時低、逐漸收斂，因此通常是會設定為 patience=5，意思是觀察在 5 次之中如果都沒有改善的話才會停止。以下為結果的輸出。

▼ **輸出（僅擷取最後的輸出）**

```
Epoch 40/40
1406/1406 [==============================] - 297s 211ms/step -
loss: 0.2503 - accuracy: 0.8900 - val_loss: 0.2135 - val_accuracy:
0.9143
```

　　訓練停止時，驗證資料的損失為 0.2135，準確率為 0.91。我們將以此作為比較遷移式學習是否有進步的參考基準。

8.2 使用遷移式學習，移植 VGG16 來提高準確率

本節重點

◉ 有許多圖像分類問題是藉由運用高準確率的預訓練模型，來讓自己的預測結果成效更高。我們要來運用遷移式學習來移植「VGG16」模型，看看準確率可以提升多少。

使用的 Kaggle 範例

Dogs vs. Cats Redux: Kernels Edition

「ImageNet」是個公開使用的資料集，當中收錄了超過 1400 萬張的圖像，不同類型的圖像分類在超過 20,000 種以上的類別。另一方面，在 tensorflow.keras 中收錄了以下幾個用於 ImageNet 成果優秀的模型，這些也都提供模型參數，放入我們的程式即可使用。

▼ 收錄在 tensorflow.keras 中的預訓練模型

模型名稱	Size	機率最高值的類別是正確答案的比例	機率最高前 5 名的類別中含有正確答案的比例	參數數量	層的數量
Xception	88 MB	0.790	0.945	22,910,480	126
VGG16	528 MB	0.715	0.901	138,357,544	23
VGG19	549 MB	0.727	0.910	143,667,240	26
ResNet50	99 MB	0.759	0.929	25,636,712	168
InceptionV3	92 MB	0.788	0.944	23,851,784	159

模型名稱	Size	機率最高值的類別是正確答案的比例	機率最高前5名的類別中含有正確答案的比例	參數數量	層的數量
InceptionResNetV2	215 MB	0.804	0.953	55,873,736	572
MobileNet	17 MB	0.665	0.871	4,253,864	88
DenseNet121	33 MB	0.745	0.918	8,062,504	121
DenseNet169	57 MB	0.759	0.928	14,307,880	169
DenseNet201	80 MB	0.770	0.933	20,242,984	201

　　有兩種方式呈現準確率，一種是模型輸出每一張圖屬於每一個類別的機率，機率最高值的類別正好是正確答案的比例（也就是原本我們所說的準確率）；另一種是模型輸出每一張圖屬於每一個類別的機率，機率最前五高的類別中正好有包含正確答案的比例。

8.2.1 使用 VGG16 模型分類貓狗圖像

　　這次我們選用的是「VGG16」模型，它是總共有 16 層（僅計算輸入層跟卷積層）的卷積神經網路，由英國牛津大學所屬研究室 Visual Geometry Group 中的 2 位研究人員所開發，並將其命名為 VGG，用於執行 ImageNet 多元分類。

▦ VGG16 的結構

　　下圖是 VGG16 的結構。輸入層預設為 244 x 244 的圖像，也可以調整為長跟寬 48 像素以上的尺寸。

8

遷移式學習（Transfer Learning）

▼ VGG16 模型

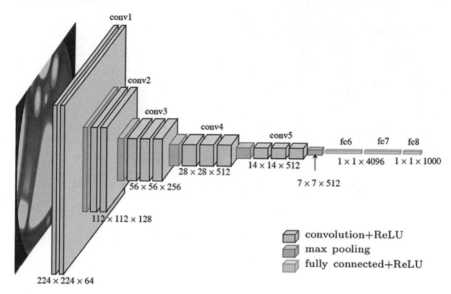

出處:「Use CNN With Machine Leaning」Suraj Kumar（https://medium.com/@surajx42/use-cnn-with-machine-learning-a8310b76fb96）

　　雖然第 5 個 Block（也就是圖中的 conv5）所輸出的是三維矩陣（7, 7, 512），而實際的輸出則會是（圖像張數, 7, 7, 512）的四維矩陣。在第 6 個 Block 放置了全連接層（Full Connected layer）。最後在輸出層放 1000 個神經元，因為這是一個對 1000 個類別進行多元分類的任務。

　　這次移植 VGG16 來用，我們打算拔掉最靠近輸出層的 3 個全連接層，並改接 512 個神經元的全連接層，以及 1 個神經元的輸出層，接點在 VGG16 第 5 個 Block 的輸出。重新組裝後就可以訓練模型。

 移植 VGG16

　　遷移式學習會以下述步驟進行:

- 將訓練資料與測試資料輸入 VGG16，將各自的輸出儲存為 .npy 檔

- 把存好的 .npy 檔讀入我們自行建構的全連接層進行模型訓練

  外加我們需要做資料預處理，因此步驟須調整如下：

- prepareData()

  解壓縮 zip 檔案，將 train 其中 90% 作為訓練用、10% 作為驗證用，
  並將兩者放入 DataFrame 後傳回。

- ImageDataGenerate()

  對訓練資料進行資料擴增，而驗證資料僅執行調整尺寸，並將兩者
  以 DirectoryIterator 物件的方式傳回。

- save_VGG16_outputs()

  將訓練資料、驗證資料輸入 VGG16，並將兩者最後的輸出存檔
  為 .npy 檔。

- train_FClayer()

  將 VGG16 的輸出結果放入自行建構的全連接層進行模型訓練。

▼ 以 **prepareData()** 函式準備資料（Cell 1）

```
import pandas as pd
import os, zipfile
from sklearn.model_selection import train_test_split

def prepareData():
    """
    讀入資料，並分割訓練資料與驗證資料
    Returns:
        train_df(DataFrame)   :從 train 取出用於訓練的資料（90%）
        validate_df(DataFrame):從 train 取出用於驗證的資料（10%）
    """
    # 將訓練資料跟測試資料解壓縮
```

→ 接下頁

遷移式學習（Transfer Learning）

8

```python
# 解壓縮的 zip 檔名
data = ['train', 'test']

# 在當前的目錄解壓縮 train.zip、test.zip
path = '../input/dogs-vs-cats-redux-kernels-edition/'
for el in data:
    with zipfile.ZipFile(path + el + ".zip", "r") as z:
        z.extractall(".")

# 使用檔名 dog.x.jpg、cat.x.jpg，建立標籤 1 與 0
# 取得 train 資料夾內的檔名，放入 filenames
filenames = os.listdir("./train")
# 放置標籤的清單
categories = []
for filename in filenames:
    # 分割檔名，擷取字首的 dog 或 cat
    # 將 dog 為 1、cat 為 0 設為標籤，放入 category
    category = filename.split('.')[0]
    if category == 'dog': # 若為 dog，則加上標籤 1
        categories.append(1)
    else: # 若為 cat，則加上標籤 0
        categories.append(0)

# 對 df 的列 filename 放入檔名 filename
# 對列 category 放入標籤數值 categories
df = pd.DataFrame({'filename': filenames,
                   'category': categories})

# 將訓練資料總數 25000 已隨機方式分割為 90% 跟 10%、
# 90% 為用於訓練的資料、10% 為用於驗證的資料
train_df, validate_df = train_test_split(df, test_size=0.1)
# 重新配置列的索引
train_df = train_df.reset_index()
validate_df = validate_df.reset_index()

return train_df, validate_df
```

建立要進行預處理的 ImageDataGenerate() 函式。

▼ **以 ImageDataGenerate() 函式擴增資料（Cell 2）**

```python
from keras.preprocessing.image import ImageDataGenerator

def ImageDataGenerate(train_df, validate_df):
    """
    對圖像進行預處理
    parameters:
        train_df(DataFrame)    : 從 train 取出用於訓練的資料 (90%)
        validate_df(DataFrame): 從 train 取出用於驗證的資料 (10%)
    Returns:
        train_generator(DirectoryIterator): 預處理後的訓練資料
        valid_generator(DirectoryIterator): 預處理後的驗證資料
    """
    # 重新調整圖像尺寸
    img_width, img_height = 224, 224
    target_size = (img_width, img_height)
    # 批次大小
    batch_size = 16

    # 檔名的欄位名稱，標籤的欄位名稱
    x_col, y_col = 'filename', 'category'
    # 設定 flow_from_dataframe() 的 class_mode 數值
    # 此範例為二元分類，設定值為 'binary'
    class_mode = 'binary'

    # 建立 Generator 來預處理訓練資料
    train_datagen = ImageDataGenerator(rotation_range=15,
                                       rescale=1./255,
                                       shear_range=0.2,
                                       zoom_range=0.2,
                                       horizontal_flip=True,
                                       fill_mode='nearest',
                                       width_shift_range=0.1,
                                       height_shift_range=0.1)

    # 使用 Generator 產生預處理的訓練資料
    # 因沒有輸出層，故 class_mode 為 None
    train_generator = train_datagen.flow_from_dataframe(train_df,
                                                        "./train/",
                                                        x_col=x_col,
```

→ 接下頁

遷移式學習（Transfer Learning）

8

```
                                             y_col=y_col,
                                             class_mode=None,
                                             target_size=target_size,
                                             batch_size=batch_size,
                                             shuffle=False)


    # 建立 Generator 來預處理的驗證資料
    valid_datagen = ImageDataGenerator(rescale=1./255)

    # 使用 Generator 產生預處理的驗證資料
    valid_generator = valid_datagen.flow_from_dataframe(validate_df,
                                             "./train/",
                                             x_col=x_col,
                                             y_col=y_col,
                                             class_mode=None,
                                             target_size=target_size,
                                             batch_size=batch_size,
                                             shuffle=False)


    # 傳回訓練資料與驗證資料
    return train_generator, valid_generator
```

　　save_VGG16_outputs() 函式可以將除了全連接層以外的 VGG16 參數一併讀入，並將訓練資料的預測結果、驗證資料的評斷結果分別儲存為 .npy 檔。

▼ 輸入 VGG16，以 save_VGG16_outputs() 函式儲存輸出結果（Cell 3）

```
from keras.applications import VGG16
import numpy as np

def save_VGG16_outputs(train,
                       valid):
    '''
    將訓練資料、驗證資料輸入 VGG16
    並將兩者的輸出儲存為 npy 檔

    parameters:
    train(DataFrameIterator): 預處理完成的訓練資料
```

→ 接下頁

```
valid(DataFrameIterator): 預處理完成的驗證資料
'''
# 取得圖像尺寸
image_size = len(train[0][0][0])
# 將輸入資料的 shape 改為 Tuple
input_shape = (image_size, image_size, 3)

# 讀入 VGG16 模型與預學習之參數
model = VGG16(include_top=False, # 不用最後 3 層全連接層
              weights='imagenet', # 運用以 ImageNet 訓練好的參數
              input_shape=input_shape) # 輸入資料的 shape
# 顯示 VGG16 概要
model.summary()

# 將訓練資料輸入 VGG16 模型
vgg16_train = model.predict_generator(train,
                                      steps = len(train),
                                      verbose=1)

# 儲存訓練資料的輸出結果
np.save('vgg16_train.npy', vgg16_train)

# 將驗證資料輸入 VGG16 模型
vgg16_test = model.predict_generator(valid,
                                     steps = len(valid),
                                     verbose=1)
# 儲存驗證資料的輸出結果
np.save('vgg16_test.npy', vgg16_test)
```

　　train_FClayer() 是用來製作我們要的全連接層，並移植 VGG16 的
結果拿來訓練。但要留意學習率的設定，我們這次選了 RMSprop 作為優
化器，學習率設定為預設值的 1/100 = 0.00001。其實在移植了 VGG16
後，我們若使用預設的學習率，會陷入了屢屢失敗的窘境，不管怎麼去
嘗試準確率都不會改善，甚至還會陷入停滯的狀態。這或許可以說是因
為學習率過高而導致發散。作者參考 Kaagle 上其他有使用 VGG16 的
Notebook，發現使用 RMSprop、Adam、或隨機梯度下降法等優化器的
團隊普遍都將學習率設定為預設值的 1/100。RMSprop 跟 Adam 的預設

值是 0.001，所以我們現在就設定為 0.00001。隨機梯度下降法的預設值是 0.01，因此學習率可以設定為 0.0001。作者也嘗試用預設值的 1/10，但發現還是預設值的 1/100 比較好，因此才將 RMSprop 的學習率設定在 0.00001。

▼ 以 train_FClayer() 函式進行全連接層的訓練（Cell 4）

```python
import numpy as np
from keras.models import Sequential
from keras import optimizers
from keras.layers import Dropout, GlobalMaxPooling2D, Dense

def train_FClayer(train_labels, validation_labels):
    '''
    將 VGG16 的輸出放入自創的全連接層進行學習
    parameters:
        train_labels(int 的 list)   : 訓練資料的正確答案
        validate_labels(int 的 list): 驗證資料的正確答案
    '''
    # 將 VGG16 的訓練資料輸出讀入 NumPy 陣列
    train_data = np.load('vgg16_train.npy')
    # 將 VGG16 的驗證資料輸出讀入 NumPy 陣列
    validation_data = np.load('vgg16_test.npy')

    # 製作自創的神經網路結構
    model = Sequential()
    # 對四維矩陣 (batch_size, rows, cols, channels) 套用池化演算法後
    # 降維成二維矩陣 (batch_size, channels)
    model.add(GlobalMaxPooling2D())
    # 全連接層
    model.add(Dense(512,                  # 神經元數為 512
                    activation='relu')) # 激活函數為 ReLU
    # 丟棄率 50%
    model.add(Dropout(0.5))

    # 輸出層
    model.add(Dense(1,                    # 神經元數為 1
                    activation='sigmoid')) # 激活函數為 Sigmoid
```

→ 接下頁

```
# 模型編譯
model.compile(loss='binary_crossentropy',
              optimizer=optimizers.RMSprop(lr=1e-5),
              metrics=['accuracy'])

# 訓練模型
epoch = 20       # 訓練次數
batch_size = 16 # 批次大小
history = model.fit(train_data,    # 訓練資料
                    train_labels, # 訓練資料的正確答案
                    epochs=epoch,
                    batch_size=batch_size,
                    verbose=1,
                    # 驗證資料與正確答案
                    validation_data=(validation_data,
                                     validation_labels))

# 傳回 history
return history
```

　　寫完以上的函式後，接下來就要呼叫這些函式，完成遷移式學習。首先要先取得資料。

▼ **取得訓練資料跟驗證資料（Cell 5）**

```
train_df, validate_df = prepareData()
```

　　將取得的 DataFrame 作為引數，執行 ImageDataGenerate() 函式，將圖片做預處理。

▼ **使用 Generator 進行資料預處理（Cell 6）**

```
train, valid = ImageDataGenerate(train_df, validate_df)
```

▼ **輸出**

```
Found 22500 validated image filenames.
Found 2500 validated image filenames.
```

一切準備就緒，就可以使用 VGG16。

▼ **放入 VGG16、並儲存其輸出結果（Cell 7）**

```
save_VGG16_outputs(train, valid)
```

除了已經移除的最後三層全連階層之外，原來 VGG16 的其他層在概要中都會顯示出來。

▼ **輸出**

```
Downloading data from https://storage.googleapis.com/tensorflow/
keras-applications/vgg16/vgg16_weights_tf_dim_ordering_tf_kernels_
notop.h5
58892288/58889256 [==============================] - 1s 0us/step
Model: "vgg16"

_____
Layer (type)                 Output Shape              Param #
=================================================================
input_1 (InputLayer)         [(None, 224, 224, 3)]     0
_____
block1_conv1 (Conv2D)        (None, 224, 224, 64)      1792
_____
block1_conv2 (Conv2D)        (None, 224, 224, 64)      36928
_____
block1_pool (MaxPooling2D)   (None, 112, 112, 64)      0
_____
block2_conv1 (Conv2D)        (None, 112, 112, 128)     73856
_____
block2_conv2 (Conv2D)        (None, 112, 112, 128)     147584
_____
block2_pool (MaxPooling2D)   (None, 56, 56, 128)       0
_____
block3_conv1 (Conv2D)        (None, 56, 56, 256)       295168
_____
block3_conv2 (Conv2D)        (None, 56, 56, 256)       590080
_____
block3_conv3 (Conv2D)        (None, 56, 56, 256)       590080
_____
```

→ 接下頁

```
block3_pool (MaxPooling2D)      (None, 28, 28, 256)        0
_____
block4_conv1 (Conv2D)           (None, 28, 28, 512)        1180160
_____
block4_conv2 (Conv2D)           (None, 28, 28, 512)        2359808
_____
block4_conv3 (Conv2D)           (None, 28, 28, 512)        2359808
_____
block4_pool (MaxPooling2D)      (None, 14, 14, 512)        0
_____
block5_conv1 (Conv2D)           (None, 14, 14, 512)        2359808
_____
block5_conv2 (Conv2D)           (None, 14, 14, 512)        2359808
_____
block5_conv3 (Conv2D)           (None, 14, 14, 512)        2359808
_____
block5_pool (MaxPooling2D)      (None, 7, 7, 512)          0
=================================================================
Total params: 14,714,688
Trainable params: 14,714,688
Non-trainable params: 0
1407/1407 [==============================] - 6120s 4s/step
157/157 [==============================] - 667s 4s/step
CPU times: user 7h 2min 11s, sys: 17min 19s, total: 7h 19min 31s
Wall time: 1h 53min 16s
```

接著將 VGG16 加上我們的全連接層來訓練模型，訓練次數為 20 次。這時我們會需要拿訓練資料跟驗證資料的正確答案當作參數傳入 train_FClayer() 函式，就能用我們自創的神經網路完成遷移式學習。

▼ **將 VGG16 加上我們的全連接層來訓練模型（Cell 8）**

```
# 取得訓練資料的正確答案
train_labels = np.array(train_df['category'])
# 取得驗證資料的正確答案
validation_labels = np.array(validate_df['category'])
# 執行訓練模型
history = train_FClayer(train_labels,validation_labels)
```

▼ 輸出（僅擷取最後的部分）

```
Epoch 20/20
1407/1407 [==============================] - 6s 4ms/step - loss:
0.2361 - accuracy: 0.8998 - val_loss: 0.1789 - val_accuracy: 0.9220
```

套用遷移式學習後，我們得到準確率為 0.92、損失為 0.1789。

8.3 微調 VGG16

本節重點

● 微調預訓練模型，使借來用的模型更符合我們想要分析的資料。在本節當中我們會對 VGG16 最後一層進行微調，試圖獲取更高的準確率。

使用的 Kaggle 範例

Dogs vs. Cats Redux: Kernels Edition

這裡要介紹的是微調，可以讓我們運用遷移式學習時再提高準確率的手法。在稍早的遷移式學習當中，我們借用了 VGG16，並在後面連接了我們自創的全連接層來進行訓練、預測，而在那樣的情況當中，真正有重新訓練的只有自創的全連接層而已。接下來我們打算讓位於自創全連接層前面的 VGG16 卷積層參數也重新訓練。卷積神經網路的特性就在於，越靠近輸入的卷積層越容易抓出如圖像邊界這類通用性高的特徵，但越靠近輸出層的卷積層就越能抓出訓練資料獨有的特徵。我們要做的就是凍結原有 VGG16 第 1～4 個 Block 的參數，只要重新訓練第 5 個 Block 的參數。如此一來，VGG16 就能更適用於我們的資料，這就是我們進行調整的目的。這種作法稱為「微調（fine-tuning）」。

使 VGG16 的第 5 個 Block 能夠重新訓練，並與我們自創的全連接層結合

下圖所要呈現的就是本次我們打算結合 VGG16 與自創全連接層的構造。

▼ VGG16 模型

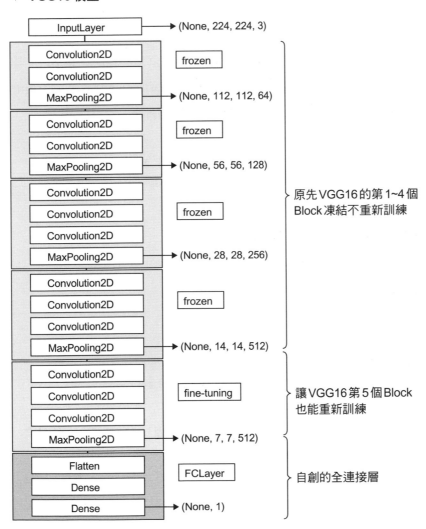

8

遷移式學習（Transfer Learning）

編寫微調的程式碼

在「Dogs vs. Cats Redux: Kernels Edition」新建 Notebook，依序寫入程式碼。我們要來定義以下 3 個函式。

● prepareData()

● ImageDataGenerate()

● train_FClayer()

負責預處理的 prepareData() 跟 ImageDataGenerate() 要做的事情跟前一節相同，不過這裡我們使用的是 tensorflow.keras。而 train_FClayer() 則會依據微調之後的 VGG16 模型進行訓練。

▼ **以 prepareData() 函式準備資料（Cell 1）**

跟第 8-19 頁以 `prepareData()` 函式準備資料（Cell 1）的程式碼相同

▼ **以 ImageDataGenerate() 函式預處理資料（Cell 2）**

```python
from tensorflow.keras.preprocessing.image import ImageDataGenerator

def ImageDataGenerate(train_df, validate_df):
    """
    對圖像進行預處理
    parameters:
        train_df(DataFrame)   : 從 train 取出用於訓練的資料 (90%)
        validate_df(DataFrame): 從 train 取出用於驗證的資料 (10%)
    Returns:
        train(DirectoryIterator): 預處理後的訓練資料
        valid(DirectoryIterator): 預處理後的驗證資料
    """
    # 重新調整圖像尺寸
    img_width, img_height = 224, 224
    target_size = (img_width, img_height)
    # 批次大小
    batch_size = 16
```

 → 接下頁

```
# 檔名的欄位名稱，標籤的欄位名稱
x_col, y_col = 'filename', 'category'
# 設定 flow_from_dataframe() 的 class_mode 數值
# 此範例為二元分類，設定值為 'binary'
class_mode = 'binary'

# 建立 Generator 來預處理圖像
train_datagen = ImageDataGenerator(rotation_range=15,
                                   rescale=1./255,
                                   shear_range=0.2,
                                   zoom_range=0.2,
                                   horizontal_flip=True,
                                   fill_mode='nearest',
                                   width_shift_range=0.1,
                                   height_shift_range=0.1)

# 當 flow_from_dataframe() 引數為 class_mode = "binary" 時，
# 標籤 (train_df 中的 y_col = 'category') 那一欄須為文字格式
# 因此需要將 1 與 0 的數字轉換為文字
train_df['category'] = train_df['category'].astype(str)

train = train_datagen.flow_from_dataframe(train_df,
                                          "./train/",
                                          x_col=x_col,
                                          y_col=y_col,
                                          class_mode=class_mode,
                                          target_size=target_size,
                                          batch_size=batch_size,
                                          shuffle=False)
# 建立 Generator 來預處理驗證資料
valid_datagen = ImageDataGenerator(rescale=1./255)

# 當 flow_from_dataframe() 引數為 class_mode = "binary" 時，
# 標籤 (train_df 中的 y_col = 'category') 那一欄須為文字格式
# 因此需要將 1 與 0 的數字轉換為文字
validate_df['category'] = validate_df['category'].astype(str)

# 使用 Generator 產生預處理的驗證資料
valid = valid_datagen.flow_from_dataframe(validate_df,
                                          "./train/",
```

→ 接下頁

8 遷移式學習（Transfer Learning）

```
                                             x_col=x_col,
                                             y_col=y_col,
                                             class_mode=class_mode,
                                             target_size=target_size,
                                             batch_size=batch_size,
                                             shuffle=False)

    # 傳回訓練資料與驗證資料
    return train, valid
```

▼ 以 train_FClayer() 運用微調後的 VGG16 進行學習（Cell 3）

```python
from tensorflow.keras.models import Sequential
from tensorflow.keras.layers import Dense, Dropout, GlobalMaxPooling2D
from tensorflow.keras import optimizers
from tensorflow.keras.applications import VGG16
from tensorflow.keras.callbacks import LearningRateScheduler
import math

def train_FClayer(train_generator, validation_generator):
    """
    使用完成微調的 VGG16 進行訓練
    Returns: history(History 物件 )
    """
    # 取得圖像尺寸
    image_size = len(train_generator[0][0][0])
    # 指定輸入資料的 shape
    input_shape = (image_size, image_size, 3)
    # 批次大小
    batch_size = len(train_generator[0][0])
    # 取得訓練資料的數量
    total_train = len(train_generator) * batch_size
    # 取得驗證資料的數量
    total_validate = len(validation_generator) * batch_size

    # 一併讀入 VGG16 模型跟預訓練之參數
    pre_trained_model = VGG16(include_top=False,   # 不用 VGG16 的全連接層
                              weights='imagenet', # 運用以 ImageNet 訓練好的參數
                              input_shape=input_shape) # 輸入資料之 shape
```

→ 接下頁

```
for layer in pre_trained_model.layers[:15]: # 凍結第 1 ~ 第 15 層的參數
    layer.trainable = False
for layer in pre_trained_model.layers[15:]: # 使第 16 層之後的參數可以更新
    layer.trainable = True

# 建立 Sequentual 物件
model = Sequential()
```

編註：VGG16 的第 1~15 層即為第 1~4 個 Block，第 16 層之後為第 5 個 Block。

```
# 加入 VGG16 模型
model.add(pre_trained_model)


# 對四維矩陣 (batch_size, rows, cols, channels) 套用池化演算法後
# 降維成二維矩陣 (batch_size, channels)
model.add(GlobalMaxPooling2D())


# 全連接層
model.add(Dense(512,                    # 神經元數量為 512
                activation='relu')) # 激活函數為 ReLU
# 丟棄率 50%
model.add(Dropout(0.5))


# 輸出層
model.add(Dense(1,                      # 神經元數量為 1
                activation='sigmoid')) # 激活函數為 Sigmoid


# 模型編譯
model.compile(loss='binary_crossentropy',
              optimizer=optimizers.RMSprop(lr=1e-5),
              metrics=['accuracy'])


# 編譯後顯示概要
model.summary()


# 對學習率進行排程
def step_decay(epoch):
    initial_lrate = 0.00001 # 學習率初始值
    drop = 0.5              # 衰減率為 50%
    epochs_drop = 10.0      # 每 10 次訓練進行衰減
    lrate = initial_lrate * math.pow(drop,
                              math.floor((epoch)/epochs_drop))
    return lrate
```

→ 接下頁

遷移式學習（Transfer Learning）

8

```
# 回呼學習率
lrate = LearningRateScheduler(step_decay)

# 使用完成微調的模型進行訓練
epochs = 40 # 訓練次數

history = model.fit(train_generator,
                    epochs=epochs,
                    validation_data=validation_generator,
                    validation_steps=total_validate//batch_size,
                    steps_per_epoch=total_train//batch_size,
                    verbose=1,
                    callbacks=[lrate])

# 傳回 history
return history
```

這裡的重點在使用以下的程式碼，讀入全連接層之外的 VGG16 模型：

```
pre_trained_model = VGG16(include_top=False,
                          weights='imagenet',
                          input_shape=input_shape)
```

並且透過以下程式碼的處理，讓第 5 個 Block（第 16 層之後）能夠重新訓練：

```
for layer in pre_trained_model.layers[:15]: # 凍結第 1 ~ 第 15 層的參數
    layer.trainable = False
for layer in pre_trained_model.layers[15:]: # 使第 16 層之後的參數可以更新
    layer.trainable = True
```

要讓網路的各層是否可以訓練，可以用下述程式碼的方式取出 Layer 件的 trainable 屬性，將其設定為 True（能訓練）或 False（不能訓練）：

> Model 物件 .layers[開始索引 : 終止索引]

而在程式當中，我們指定 layers 物件的範圍，並使用 for 迴圈來依序完成處理。雖然已經到第 8 章，但因為很多人容易搞混，在這裡還是提醒一下，Python 的索引是從 0 開始，且上述的範圍實際切片的結果並不包含終止索引的網路層。例如我們如果要使模型到第 15 層之前都不重新訓練的話，就要寫成 layers[:15]，而為了讓第 16 層之後能重新訓練，我們將範圍寫成 layers[15:]。

上述的程式已經定義好我們要的模型，接下來我們建立 Sequential 物件來產生模型：

```
model = Sequential()
model.add(pre_trained_model)
```

接著，我們使用以下的程式碼追加池化層與展平層，

```
model.add(GlobalMaxPooling2D())
```

並且如下程式，再加上 512 個 Unit 的全連接層以及 1 個 Unit 的輸出層，我們的模型就大功告成了。

```
model.add(Dense(512,               # 全連接層
                activation='relu'))
model.add(Dropout(0.5))            # 丟棄率 50%
model.add(Dense(1,                 # 輸出層
                activation='sigmoid'))
```

8

遷移式學習（Transfer Learning）

跟平常時一樣，使用以下的程式碼進行編譯。

```
model.compile(loss='binary_crossentropy',
              optimizer=optimizers.RMSprop(lr=1e-5),
              metrics=['accuracy'])
```

RMSprop 的學習率跟上次一樣是設定在 0.00001，而搭配微調，我們使用如下 step_deacy() 設定每經過 10 次訓練，學習率就會減半的步進衰減排程，訓練時就會回呼 step_decay() 來使學習率衰減。

```
def step_decay(epoch):
    initial_lrate = 0.00001 # 初始學習率
    drop = 0.5              # 衰減率為 50%
    epochs_drop = 10.0      # 每 10 次訓練進行衰減
    lrate = initial_lrate * math.pow(drop,
                                math.floor((epoch)/epochs_drop))
    return lrate
```

現在就來執行程式吧。除了剛剛輸入了 3 個函式的 Cell 之外，我們再輸入下面的程式碼，從頭到尾一氣呵成地完成訓練。

▼ 從預處理到模型訓練（Cell 4）

```
# 取得處理的資料
train_df, validate_df = prepareData()
# 資料預處理
train, valid = ImageDataGenerate(train_df, validate_df)
# 使用完成微調的 VGG16 模型進行訓練
history = train_FClayer(train, valid)
```

▼ **輸出**

```
Found 22500 validated image filenames belonging to 2 classes.
Found 2500 validated image filenames belonging to 2 classes.
Downloading data from https://storage.googleapis.com/tensorflow/
keras-applications/vgg16/vgg16_weights_tf_dim_ordering_tf_kernels_
notop.h5
58892288/58889256 [==============================] - 0s 0us/step
Model: "sequential"

_____
Layer (type)                 Output Shape              Param #
=================================================================
vgg16 (Functional)           (None, 7, 7, 512)         14714688

_____
global_max_pooling2d (Global (None, 512)               0

_____
dense (Dense)                (None, 512)               262656

_____
dropout (Dropout)            (None, 512)               0

_____
dense_1 (Dense)              (None, 1)                 513
=================================================================
Total params: 14,977,857
Trainable params: 7,342,593
Non-trainable params: 7,635,264

_____
Epoch 1/40
(... 中間略 ...)
Epoch 40/40
1407/1407 [==============================] - 310s 220ms/step -
loss: 0.0131 - accuracy: 0.9958 - val_loss: 1.8212e-09 -
val_accuracy: 0.9732
```

　　相較於原本凍結了 VGG16 的狀態來進行訓練，我們微調過後的準確率上升到了 0.9732，雖說只是微調，卻是成效顯著，可以說是透過重新訓練比較靠近最終輸出層的神經網路，而產生了更適用於資料的模型。

8

遷移式學習（Transfer Learning）

MEMO

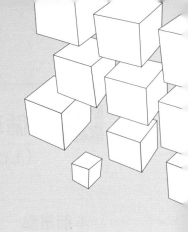

CHAPTER

9

循環神經網路

（Recurrent Neural Network, RNN）

9.1 循環神經網路與長短期記憶網路
（Long Short-Term Memory, LSTM）

> **本節重點**
>
> ◉ 介紹廣泛運用在文字等自然語言處理的循環神經網路之概念與實作。

依照時間的順序、並以一定間隔搜集而成的資料，我們稱之為時序資料，這樣的資料在統計上相當常見。比如文字資料、銷售報表、音訊資料等都算是時序資料，特別是近來循環神經網路在音訊辨識上更是發揮了強大的功效。而本章將以常見的文字資料處理為範例

9.1.1 循環神經網路

循環神經網路是一種具備自我迴圈循環特性的神經網路，能「將隱藏層的輸出再輸入到隱藏層」，適用於解決時序資料的問題。循環神經網路就如下圖所示，它具備自我迴圈的循環特性。

▼ 自我迴圈

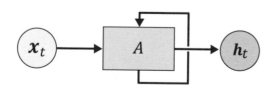

▼ 循環神經網路

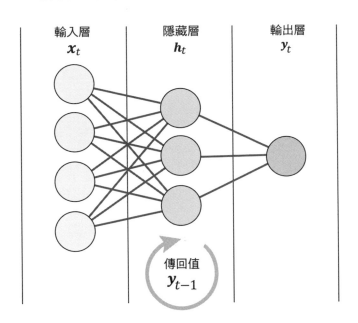

自我迴圈的架構如下圖所示。時間 $t = 0$ 時的隱藏層輸出為 h_0，它會在 $t = 1$ 時跟資料 x_1 同時被傳入隱藏層，輸出 h_1，接著 h_1 在 $t = 2$ 時會跟資料 x_2 一起被傳入隱藏層，輸出 h_2。如此一來，我們可以看到每次輸入都含有過去的資料。

▼ 將循環神經網路依照時間軸展開之示意圖

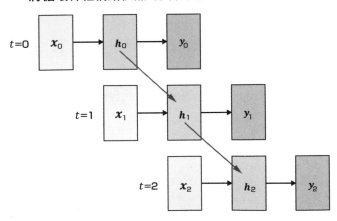

一般來說，循環神經網路的特色就是把過去的狀態「反覆地（Recurrent）輸入」。因此模型輸出的算式就會變成下面這樣。

$$h(t) = f(Wx(t) + Uh(t-1) + b)$$

$f(\cdot)$：激活函數

W：輸入層到隱藏層的權重

U：過去隱藏層到當前隱藏層的權重

b：偏值

$$y(t) = g(Vh(t) + c)$$

$g(\cdot)$：激活函數

V：隱藏層到輸出層的權重

c：偏值

　　隱藏層的算式中除了有 $Uh(t-1)$ 之外，其他都跟前饋神經網路（Feed-Forward Neural Network, FFNN）相同，一樣可以運用反向傳播來訓練循環神經網路。令隱藏層、輸出層激活函數之前的值為 $p(t)$、$q(t)$，就能如下求出隱藏層誤差訊號（Error Signal）$\delta_h(t)$ 跟輸出層誤差訊號 $\delta_o(t)$：

$$\delta_o(t) = g'(q(t)) \circ (y(t) - t(t))$$

$$\delta_h(t) = f'(p(t)) \circ V^T \delta_o(t)$$

$t(t)$ 代表真實值，$f'(\cdot)$ 跟 $g'(\cdot)$ 各是 $f(\cdot)$ 跟 $g(\cdot)$ 的導數（ 編註： 依照之前提到的反向傳播，輸出層的誤差訊號是「輸出層的激活函數的微分」乘上「輸出層的誤差」，隱藏層的誤差訊號是「隱藏層的激活函數的微分」乘上「隱藏層到輸出層的參數的轉置」乘上「輸出層的誤差訊號」）。在 $t-1$ 時間點，模型順向傳播的隱藏層輸出是 $h(t-1)$，所以在反向傳播時就也需要去考量到 $t-1$ 的誤差。

到目前為止，看起來跟前饋神經網路一樣。但是，影響循環神經網路的輸出，除了有當前的輸入訊號，還有來自過去隱藏層的訊號。過去隱藏層的訊號傳到循環神經網路的輸出，也有參數 U，我們也需要根據目前的誤差訊號來更新 U。此外，過去隱藏層的訊號又是來自更早之前隱藏層的訊號，因此概念上是「將誤差 $\delta_h(t)$ 對 $\delta_h(t-1)$ 反向傳播，然後 $\delta_h(t-1)$ 再對 $\delta_h(t-2)$ 反向傳播，如此繼續」。此時反向傳播因為是逆著時間往前回溯的關係，而稱為 Backpropagation Through Time，簡稱 BPTT。誤差 $\delta_h(t)$ 跟過去的隱藏層誤差 $\delta_h(t-1)$ 兩者的關聯如下算式所示：

$$\delta_h(t-1) = f'(p(t-1)) \circ U^T \delta_h(t)$$

（ 編註： 過去隱藏層的誤差訊號是「隱藏層的激活函數的微分」乘上「現在隱藏層到過去隱藏層的參數的轉置」乘上「現在隱藏層的誤差訊號」）。我們將 $\delta_h(t)$ 改為 $\delta_h(t-z)$，將過去的隱藏層誤差改為 $\delta_h(t-z-1)$。如此一來 $\delta_h(t-z-1)$ 跟 $\delta_h(t-z)$ 的關聯就能改成以下通用式：

$$\delta_h(t-z-1) = \delta_h(t-z) \circ \{Uf'(p(t-z-1))\}$$

經過數學推導過程，各個參數的更新算式如下：

$$W(t+1) = W(t) - \eta \sum_{z=0}^{\tau} \delta_h(t-z) x(t-1)^T$$

$$V(t+1) = V(t) - \eta \delta_o(t) h(t)^T$$

$$U(t+1) = U(t) - \eta \sum_{z=0}^{\tau} \delta_h(t-z) h(t-z-1)^T$$

$$b(t+1) = b(t) - \eta \sum_{z=0}^{\tau} \delta_h(t-z)$$

$$c(t+1) = c(t) - \eta \delta_o(t)$$

這時候的 τ 是用來表示能夠回溯到多久之前的參數。雖說能回溯越前面越好,但卻會因此遭遇梯度消失(或是梯度爆炸)的問題(編註: 讀者可以發現,如果要回溯越久,就要乘越多次參數矩陣,如果矩陣內容小於 0,多乘幾次之後就變成 0;反之,就會變成超大的數字),實際上將 τ 設定為 10～100 之間是最為常見的作法。

編註:關於 BPTT 的推導過程,由於本書篇幅有限因此僅列出結論。詳細的推導可以參考 DIVE INTO DEEP LEARNING(https://d2l.ai/chapter_recurrent-neural-networks/bptt.html)。

9.1.2 長短期記憶網路

循環神經網路因為有梯度消失(或梯度爆炸)的問題,所以無法無窮盡地回溯過去。除此之外,隱藏層的資訊回饋到隱藏層的過程中,並沒有額外判斷機制。這造成訓練過程中,有時遇到重要訊息則調大權重來加強回饋,有時遇到其他無關緊要的資訊卻想要調低權重。在這樣的狀態下,循環神經網路就會處於相互矛盾的狀態下持續訓練,訓練結果就會差強人意。

　　而透過改良隱藏層來因應這些問題的方法，就是長短期記憶網路。循環神經網路中隱藏層的神經元可以如下置換為長短期記憶元件，一個元件稱為「Cell」。就如同在運行中的輸送帶上一樣，所有 Cell 會排列成一直線往前進，其中每個 Cell 含有三個控制閘：遺忘閘、輸入閘、以及輸出閘。

▼ 長短期記憶網路的架構

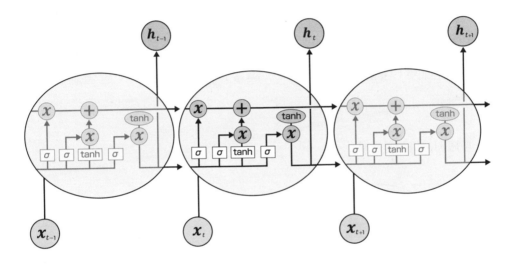

▼ 長短期記憶元件

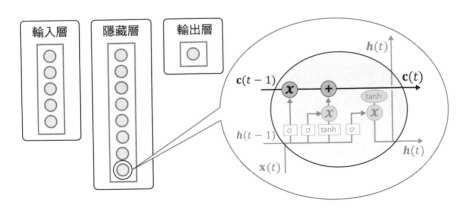

遺忘閘

決定 Cell 要捨棄什麼資訊，會交由遺忘閘神經元來負責。對輸入層傳過來的值 $x(t)$ 乘上權重 W_f、對過去的隱藏層輸出 $h(t-1)$ 乘上權重 U_f、偏值為 b_f，如此一來遺忘閘的值 $f(t)$ 如下算式所示：

$$f(t) = \sigma(W_f x(t) + U_f h(t-1) + b_f)$$

對來自輸入層、以及過去隱藏層的訊息都乘上各自的權重後相加，再套用 Sigmoid 函數，就能變成 $0.0\sim1.0$ 之間的數值。當數值越接近 1.0 就開閘門（保留過去的訊息），越接近 0.0 就關閘門（遺忘過去的訊息）。

▼ **長短期記憶的遺忘閘**

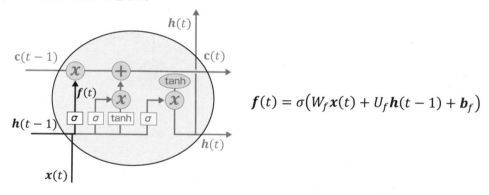

$$f(t) = \sigma\big(W_f x(t) + U_f h(t-1) + b_f\big)$$

 輸入閘與 CEC（Constant Error Carousel，常數誤差傳輸）單元

Cell 若要更新資訊，首先要用輸入閘來決定要更新的數值，再用 CEC 單元，為 Cell 加上一個不會使梯度消失的數值。透過兩者的合作來更新 Cell 的狀態。

■ **輸入閘**

　　用時序資料訓練模型時，對於在時間上有相關的訊號時要讓權重變大、激活神經元，但是遇到在時間上沒有相關的訊號時則是要讓權重變小、避免激活神經元。但是，當閘門都用同一個的權重，權重會忽大忽小，時間一拉長反而很難訓練好。這稱之為輸入權重衝突（input weight conflict），是阻礙訓練循環神經網路的一大主因。輸出端也有這樣的問題，稱為輸出權重衝突（output weight conflict）。

　　要解決這問題，我們在長短期記憶網路中配置輸入閘（input gate），當需要更新資訊時才開閘門，其餘時候就緊閉閘門。在時刻為 t 時，對輸入層傳過來的值 $x(t)$ 乘上權重 W_i、對過去的隱藏層輸出 $h(t-1)$ 乘上權重 U_i，此時輸入閘的值 $i(t)$ 如下算式所示：

$$i(t) = \sigma(W_i x(t) + U_i h(t-1) + b_i)$$

　　其實算式結構跟遺忘閘是相同，只是有不同參數（權重跟偏值）而已，對來自輸入層、以及過去隱藏層的訊息都乘上各自的權重後相加，再套用 Sigmoid 函數，就能變成 0.0～1.0 之間的數值。當數值越接近 1.0 就開閘門（接收輸入），越接近 0.0 就關閘門（阻擋輸入）。

■ **CEC 單元**

　　循環神經網路會因為回溯的時間太久遠而導致梯度消失，解決這個問題的機制為 CEC 單元。CEC 單元 $\tilde{c}(t)$ 的算式如下所示：

$$\tilde{c}(t) = \tanh(W_c x(t) + U_c h(t-1) + b_c)$$

　　其實算式結構也跟遺忘閘一樣，只是換了不同的參數以及激活函數。tanh 是雙曲正切函數，輸出範圍收斂在 -1～1，是 CEC 單元常用的激活函數。

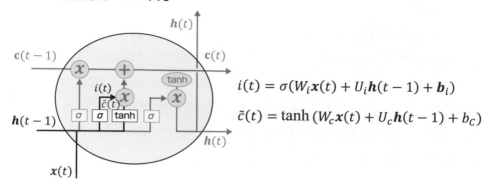

$$i(t) = \sigma(W_i \boldsymbol{x}(t) + U_i \boldsymbol{h}(t-1) + \boldsymbol{b}_i)$$

$$\tilde{c}(t) = \tanh(W_c \boldsymbol{x}(t) + U_c \boldsymbol{h}(t-1) + b_C)$$

　　而在這第二步當中的最後一件事，就是以下方算式更新記憶元件裡面的內容：

$$c(t) = f(t) \circ c(t-1) + i(t) \circ \tilde{c}(t)$$

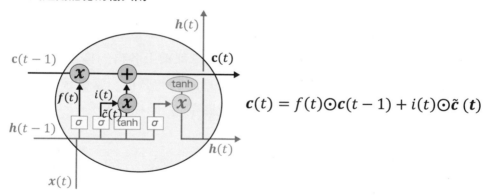

$$\boldsymbol{c}(t) = f(t) \odot \boldsymbol{c}(t-1) + i(t) \odot \tilde{\boldsymbol{c}}(t)$$

　　新記憶內容 $c(t)$ 來自舊記憶內容 $c(t-1)$ 以及目前輸入 $\tilde{c}(t)$ 的組合。如果只看新記憶內容跟舊記憶內容的關係，會知道新記憶內容對舊記憶內容的變化率，會因為 $f(t)$ 而被限縮在一個小範圍。同理，新記憶內容對目前輸入的變化率，會因為 $i(t)$ 而被限縮在一個小範圍。因此，CEC 單元便是透過控制變化率，來解決梯度消失或梯度爆炸的問題。

輸出閘

輸出閘是控制是否輸出長短期記憶 Cell 的內容。先使用 Sigmoid 函式：

$$o(t) = \sigma(W_o x(t) + U_o h(t-1) + b_i)$$

當數值越接近 1.0 就開閘門（輸出 LSTM 訊號），越接近 0.0 就關閘門。再來要將 Sigmoid 的輸出與 tanh 層相乘得到輸出閘的結果：

$$h(t) = o(t) \circ \tanh(c(t))$$

▼ 長短期記憶的輸出閘

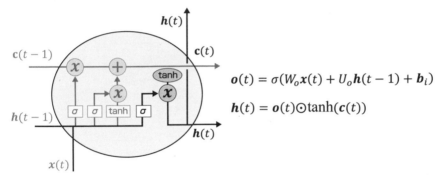

$$o(t) = \sigma(W_o \boldsymbol{x}(t) + U_o \boldsymbol{h}(t-1) + \boldsymbol{b}_i)$$

$$\boldsymbol{h}(t) = \boldsymbol{o}(t) \odot \tanh(\boldsymbol{c}(t))$$

9.2 預測售價所需的資料預處理

本節重點

◉ 了解售價預測的問題特點。

◉ 為了要讓資料能順利進行分析，需運用對數轉換等預處理。

使用的 Kaggle 範例

Mercari Price Suggestion Challenge

本章以 Kaggle 的「Mercari Price Suggestion Challenge」為範例，這是個依據賣家所撰寫的資訊來預測「合適的銷售價格」。訓練資料是賣家所登錄的商品資訊、商品類別、商品狀態與品牌名稱等資料，參賽者要運用這些資訊，建立模型，預測銷售價格。接下來就來看看這個範例的概要，以及得進行哪些預處理吧。

▼ Mercari Price Suggestion Challenge

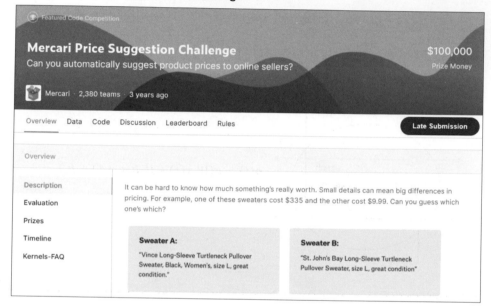

9.2.1 從商品資料來預測銷售價格

「Mercari Price Suggestion Challenge」是 2017/11/21 到 2018/2/7 在 Kaggle 上進行的專案，專案的相關資訊如下：

● 需繳交模型（程式碼），而非繳交模型預測結果

● 第一名獎金 60,000 美金、第二名獎金 30,000 美金、第三名獎金 10,000 美金

這個專案比較不一樣的地方是，得提交分析時所使用的程式碼，Kaggle 就會自動執行、計算出分數。也因為這樣，在提交的程式碼中就必須要做好包含預處理、訓練到預測等全部的事情，而且程式在 Kaggle 平台上也有執行時間的限制，要求一小時內要執行完畢。

▼ 計算資源的限制

> CPU：4 核心
>
> 記憶體：16GB
>
> 硬碟：1GB
>
> 程式執行時間限制：1 小時

而在分析資料當中有「商品名稱」、「商品敘述」，若將這些文字資料當作時序資料來處理，其實就相當適合用來作為循環神經網路的練習題材。當然，既然要做就要做好，本章目標是能做出與獲獎團隊不相上下的優秀模型。

9.2.2 「Mercari Price Suggestion Challenge」資料預處理

本節要確認資料內容並思考需要的預處理，在「Mercari Price Suggestion Challenge」首頁的 **Code** 裡頭點擊 **New Notebook** 來建立新 Notebook。此 Notebook 操作主要是講解資料預處理，不是實際會使用的程式，後面一小節會製作正式分析的 Notebook。

準備資料

新 建 Notebook 後，在「../input/mercari-price-suggestion-challenge/」就能看見訓練資料與測試資料，分別是「train.csv.7z」跟「test.csv.7z」

的壓縮檔，可以在 Notebook 裡面解壓縮。然而其實已經有公開的解壓縮資料集可以使用，因此我們可以直接讀取公開資料。

在 Notebook 畫面右方側邊欄展開 **Data**，點擊 **+Add Data** 後，畫面中間就會出現對話框，我們要在搜尋欄位輸入「mercari」。此時我們會看到能夠取得的資料集，點擊 **Add**，取得「test.tsv」、「train.tsv」資料集。其他還有不同格式的資料集，想知道的話只要點擊每個資料集的標題就能查看相關資訊。

> **編註**：常見的 csv 檔是用逗號分隔，tsv 檔則是用 tab 鍵分隔，都可以用 Pandas 直接處理匯入 DataFrame。

▼ 開啟資料集的總覽，將 **test.tsv** 跟 **train.tsv** 儲存在「../input/」之下

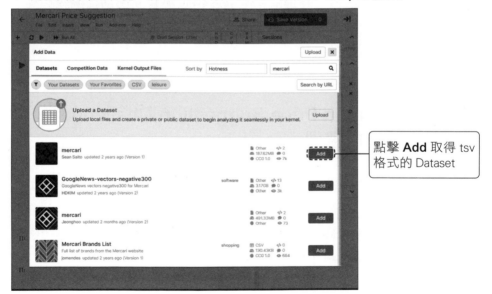

點擊 **Add** 取得 tsv 格式的 Dataset

▼ 儲存於「../input/」之下的 test.tsv 跟 train.tsv

 讀入資料並確認內容

將 test.tsv 跟 train.tsv 讀到 DataFrame 中。

▼ 將訓練資料與測試資料讀入 DataFrame

```
%%time
import pandas as pd
train_df = pd.read_table('../input/mercari/train.tsv')
test_df = pd.read_table('../input/mercari/test.tsv')
print(train_df.shape, test_df.shape)
```

▼ 輸出

```
(1482535, 8) (693359, 7)
CPU times: user 7.88 s, sys: 400 ms, total: 8.28 s
Wall time: 8.28 s
```

訓練資料共有 1,482,535 筆，每一筆有 8 個欄位。而測試資料共有 693,359 筆，每一筆有 7 個欄位（因為沒有正確答案）。我們印出一部分來看看。

▼ **輸出訓練資料一開始的部分**

```
train_df.head()
```

▼ **輸出**

	train_id	name	item_condition_id	category_name	brand_name	price	shipping	item_description
0	0	MLB Cincinnati Reds T Shirt Size XL	3	Men/Tops/T-shirts	NaN	10.0	1	No description yet
1	1	Razer BlackWidow Chroma Keyboard	3	Electronics/Computers & Tablets/Components & P...	Razer	52.0	0	This keyboard is in great condition and works ...
2	2	AVA-VIV Blouse	1	Women/Tops & Blouses/Blouse	Target	10.0	1	Adorable top with a hint of lace and a key hol...
3	3	Leather Horse Statues	1	Home/Home Décor/Home Décor Accents	NaN	35.0	1	New with tags. Leather horses. Retail for [rm]...
4	4	24K GOLD plated rose	1	Women/Jewelry/Necklaces	NaN	44.0	0	Complete with certificate of authenticity

▼ **輸出測試資料一開始的部分**

```
test_df.head()
```

▼ **輸出**

	test_id	name	item_condition_id	category_name	brand_name	shipping	item_description
0	0	Breast cancer "I fight like a girl" ring	1	Women/Jewelry/Rings	NaN	1	Size 7
1	1	25 pcs NEW 7.5"x12" Kraft Bubble Mailers	1	Other/Office supplies/Shipping Supplies	NaN	1	25 pcs NEW 7.5"x12" Kraft Bubble Mailers Lined...
2	2	Coach bag	1	Vintage & Collectibles/Bags and Purses/Handbag	Coach	1	Brand new coach bag. Bought for [rm] at a Coac...
3	3	Floral Kimono	2	Women/Sweaters/Cardigan	NaN	0	-floral kimono -never worn -lightweight and pe...
4	4	Life after Death	3	Other/Books/Religion & Spirituality	NaN	1	Rediscovering life after the loss of a loved o...

▼ **資料的欄位名稱與內容**

train_id, test_id	每一列所分配到的流水號，從 0 開始
name	商品名稱
item_condition_id	商品狀態（以 1～5 的整數進行評分）
category_name	商品類別（分為 3 種不同層級）
brand_name	品牌名稱
price	商品銷售價格（美元）
shipping	運費由賣方吸收時為 1，由買方自付時為 0
item_description	商品敘述

測試資料基本上也是同樣的內容，但因為是要用來預測售價，所以沒有 price 那一欄。我們要進行的預處理如下：

● name：以單詞（Token）為單位進行分割，使其向量化。

● category_name：我們可以看到比如像是 Men/Tops/T-shirts 之間有著「/」區分，因此將其分成 3 塊，並將 3 個各自獨立新增欄位 subcat_0、subcat_1、subcat_2 後，進行編碼使其轉換為數值。

● brand_name：將所有的缺失值 NaN 都換成「missing」文字，進行編碼使其轉換為數值。

● item_description：以單詞為單位進行分割，使其向量化。

● price：因為銷售價格沒有呈現常態分佈，我們打算執行對數轉換，使其盡量接近常態分佈。

讓銷售價格呈現常態分佈

在 Mercari 當中，未達 3 美金不能出貨，所以我們要先將未達 3 美金的資料全部刪掉。

▼ 將未達 3 美金的列全數刪除

```
train_df = train_df.drop(train_df[(train_df.price < 3.0)].index)
print(train_df.shape)
print(train_df['price'].max())
print(train_df['price'].min())
```

▼ 輸出

```
(1481661, 8)
2009.0
3.0
```

資料筆數從 1,482,535 變成了 1,481,661，有 874 列被刪除了。另外，最高單價 2,009 美金其實是相當大的金額（ 編註：導致資料分佈很分散）。我們繪製直方圖來看看價格的分佈狀態。

▼ 將 'price' 輸出為直方圖

```
import matplotlib.pyplot as plt
train_df['price'].hist()
```

▼ 輸出

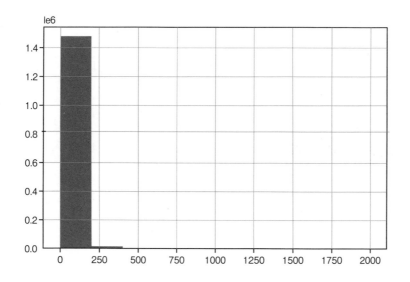

　　由於分佈結果太極端，所以我們將價格範圍設限在 0～100，重新繪製一次直方圖。

▼ 將 'price' 範圍設限在 0～100

```
train_df['price'].hist(range=(0, 100))
```

▼ 輸出

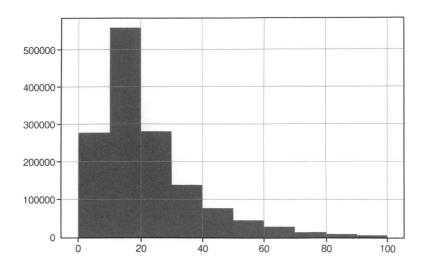

可以看到在價格為 10～19 是最高峰，越往高價位的方向越平緩。但是通常模型是假設輸出值會呈現常態分佈，因此目前的狀態直接拿去分析，可能無法獲得理想的結果。我們可以執行對數轉換，讓原始資料能夠盡量接近常態分佈。

我們在 2.3.3 節有提到對數轉換，使用對數運算來改變資料的尺度。只是，對數轉換後資料的分佈形狀會跟著變化。當資料的尺度較大時，會因為對數轉換的關係而導致範圍被縮小；反之，較小的尺度會被放大。執行之後，資料分佈的形狀會趨近山字形。

▼ 對銷售價格進行對數轉換

```python
import numpy as np

# 對訓練資料中的 price 進行對數轉換
train_df['target'] = np.log1p(train_df.price)
# 顯示直方圖
train_df['target'].hist()
```

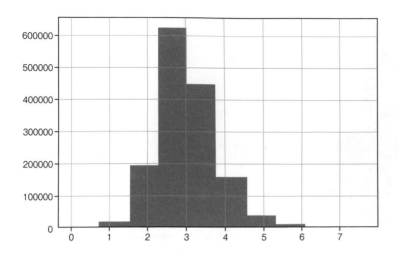

Numpy 當中有 4 種對數函式，這次我們使用 np.log1p() 來解決前面提過 log(0) 的問題。

▼ Numpy 中的對數轉換函式

函式	內容	公式
np.log(a)	底數為 e	$\log_e(a)$
np.log2(a)	底數為 2	$\log_2(a)$
np.log10(a)	底數為 10	$\log_{10}(a)$
np.log1p(a)	底數為 e，先加 1 之後再取對數	$\log_e(a+1)$

將商品類別切分為 3 個獨立的商品子類別

「category_name」裡面是類似 Men/Tops/T-shirts 這種具有 3 個層級的資訊，我們希望能夠依據原本順序，如「Men」、「Tops」、「T-shirts」，來進行切割。因此我們在「/」的地方將字分開後，各自擺到新的欄位。因為商品類別當中其實有缺失值，遇到缺失的位置時就填入「No Label」。

▼ 切割字串並加入至新欄位

```
def split_cat(text):
    """
    將字串以 / 進行切割
    若無資料時，則傳回 'No Label'
    """
    try: return text.split('/')
    except: return ('No Label', 'No Label', 'No Label')

# 放到各自的新欄位 'subcat_0'、'subcat_1'、'subcat_2'
train_df['subcat_0'], train_df['subcat_1'], train_df['subcat_2'] = \
    zip( * train_df['category_name'].apply(lambda x: split_cat(x)))

test_df['subcat_0'], test_df['subcat_1'], test_df['subcat_2'] = \
    zip( * test_df['category_name'].apply(lambda x: split_cat(x)))
```

放入新欄位前要切割再依序取出，會用到 zip 和 lambda，特別在此複習一下相關語法：

▼ 切割字串

```
lambda x: split_cat(x)
```

將 split_cat 傳回的 3 個單詞以 zip() 函式依序取出，各自加入到「subcat_0」、「subcat_1」、「subcat_2」這些新欄位。zip() 函式的引數最前頭的「*」，則是為了讓傳回值變成如下 Tuple 的形式才能用 zip() 處理。

▼ Tuple 格式範例

```
（單詞 1，單詞 2，單詞 3）
```

▼ 處理 category_name 之後，訓練資料的內容

```
train_df.head()
```

9

循環神經網路（Recurrent Neural Network, RNN）

這是新增的欄位

	train_id	name	item_condition_id	category_name	brand_name	price	shipping	item_description	target	subcat_0	subcat_1	subcat_2
0	0	MLB Cincinnati Reds T Shirt Size XL	3	Men/Tops/T-shirts	NaN	10.0	1	No description yet	2.397895	Men	Tops	T-shirts
1	1	Razer BlackWidow Chroma Keyboard	3	Electronics/Computers & Tablets/Components & P...	Razer	52.0	0	This keyboard is in great condition and works ...	3.970292	Electronics	Computers & Tablets	Components & Parts
2	2	AVA-VIV Blouse	1	Women/Tops & Blouses/Blouse	Target	10.0	1	Adorable top with a hint of lace and a key hol...	2.397895	Women	Tops & Blouses	Blouse
3	3	Leather Horse Statues	1	Home/Home Décor/Home Décor Accents	NaN	35.0	1	New with tags. Leather horses. Retail for [rm]...	3.583519	Home	Home Décor	Home Décor Accents
4	4	24K GOLD plated rose	1	Women/Jewelry/Necklaces	NaN	44.0	0	Complete with certificate of authenticity	3.806662	Women	Jewelry	Necklaces

▼ 處理 category_name 之後，測試資料的內容

```
test_df.head()
```

▼ 輸出

	test_id	name	item_condition_id	category_name	brand_name	shipping	item_description	subcat_0	subcat_1	subcat_2
0	0	Breast cancer "I fight like a girl" ring	1	Women/Jewelry/Rings	NaN	1	Size 7	Women	Jewelry	Rings
1	1	25 pcs NEW 7.5"x12" Kraft Bubble Mailers	1	Other/Office supplies/Shipping Supplies	NaN	1	25 pcs NEW 7.5"x12" Kraft Bubble Mailers Lined...	Other	Office supplies	Shipping Supplies
2	2	Coach bag	1	Vintage & Collectibles/Bags and Purses/Handbag	Coach	1	Brand new coach bag. Bought for [rm] at a Coac...	Vintage & Collectibles	Bags and Purses	Handbag
3	3	Floral Kimono	2	Women/Sweaters/Cardigan	NaN	0	-floral kimono -never worn -lightweight and pe...	Women	Sweaters	Cardigan
4	4	Life after Death	3	Other/Books/Religion & Spirituality	NaN	1	Rediscovering life after the loss of a loved o...	Other	Books	Religion & Spirituality

將品牌名稱的缺失值置換為有意義的資料

　　接著要來處理「brand_name」。訓練資料當中的「brand_name」共有 632,336 筆缺失值，呈現為 NaN，我們是可以將其置換為「missing」，這樣做好處是不會改變它為缺失值的事實。不過，我們可以利用「商品的名稱是否出現在品牌清單（把所有出現的品牌名稱整理在一個 set 中，可

得品牌清單），如果有就用商品名稱做為品牌名稱」來填補缺失值。此時的重點「不是要找到商品名稱跟品牌清單完全相符的字串」，而是「要以商品名稱中的單詞為單位，去尋找是否出現在品牌清單」中（ 編註： 這邊是假設完整商品名稱可能包含品牌名稱，因此用此方法嘗試找出正確的品牌資訊）。透過這樣的預處理，可以減少約 137,000 個缺失值。

　　另外，有些品牌名稱誤參雜了商品類別的資訊，比如說品牌名稱出現了「Boots」或「Key」這類字。為了得到更有用的品牌名稱，我們嘗試運用「當商品名稱跟品牌清單中的名稱完全符合時，就將品牌名稱改商品名稱」，試圖盡量正確掌握品牌名稱。

　　剩下的就是商品名稱跟品牌清單都沒有符合，或商品名稱的單詞不存在品牌清單當中，我們也只能保留品牌名稱的現狀了。

▼ **品牌名稱預處理**

```
# 將 train_df 與 test_df 結合
full_set = pd.concat([train_df, test_df])
# 從全部資料中找出所有出現的品牌名稱，建立品牌清單
all_brands = set(full_set['brand_name'].values)

# 將 'brand_name' 的缺失值 NaN 置換為 'missing'
train_df['brand_name'].fillna(value='missing', inplace=True)
test_df['brand_name'].fillna(value='missing', inplace=True)

# 取得訓練資料中缺失值的個數
train_premissing = len(train_df.loc[train_df['brand_name']
                                        == 'missing'])
# 取得測試資料中缺失值的個數
test_premissing = len(test_df.loc[test_df['brand_name']
                                        == 'missing'])


def brandfinder(line):
```

→ 接下頁

9

循環神經網路（Recurrent Neural Network, RNN）

```
"""
Parameters: line(str): 品牌名稱
· 當商品名稱單詞存在於品牌清單中時：
    將品牌名稱的 'missing' 替換為商品名稱
· 當商品名稱與品牌清單中的名稱完全一致時：
    將品牌名稱替換為商品名稱，藉此修正誤參雜商品類別的品牌名稱
· 商品名稱與品牌清單的名稱不一致，且商品名稱的單詞不在品牌清單內：
    維持現有品牌名稱
"""

brand = line[0] # 索引 0 為品牌名稱
name = line[1]  # 索引 1 為商品名稱
namesplit = name.split(' ') # 使用空格分割商品名稱

if brand == 'missing':  # 是缺失值
    for x in namesplit: # 取出從商品名稱分割出來的單詞
        if x in all_brands:
            return name # 商品名稱單詞存在於品牌清單中，則傳回商品名稱
if name in all_brands:  # 不是缺失值
    return name          # 商品名稱存在於品牌清單中，則傳回商品名稱

return brand # 都沒有一致的話就傳回品牌名稱

# 更換品牌名稱
train_df['brand_name'] = train_df[['brand_name',
                                   'name']].apply(brandfinder,
                                                  axis = 1)
test_df['brand_name'] = test_df[['brand_name',
                                 'name']].apply(brandfinder,
                                                axis = 1)


# 取得改寫後的缺失值數量
train_len = len(train_df.loc[train_df['brand_name'] == 'missing'])
test_len = len(test_df.loc[test_df['brand_name'] == 'missing'])
train_found = train_premissing - train_len
test_found = test_premissing - test_len
print(train_premissing) # 改寫前訓練資料的缺失值數量
print(train_found)      # 改寫後訓練資料的缺失值數量
print(test_premissing)  # 改寫前測試資料的缺失值數量
print(test_found)       # 改寫後測試資料的缺失值數量
```

▼ 輸出

```
632336
137342
295525
64154
```

訓練資料中的「brand_name」所含有的「missing」數量原本有 632,336 筆，其中的 137,342 筆已經填補好。而測試資料當中原有 295,525 筆的 'missing' 也有 64,154 填補好。再次輸出資料開頭幾筆來進行確認。

▼ 處理 brand_name 後資料的樣子

```
train_df.head()
```

▼ 輸出

	train_id	name	item_condition_id	category_name	brand_name	price	shipping	item_description	target	subcat_0	subcat_1	subcat_2
0	0	MLB Cincinnati Reds T Shirt Size XL	3	Men/Tops/T-shirts	MLB Cincinnati Reds T Shirt Size XL	10.0	1	No description yet	2.397895	Men	Tops	T-shirts
1	1	Razer BlackWidow Chroma Keyboard	3	Electronics/Computers & Tablets/Components & P...	Razer	52.0	0	This keyboard is in great condition and works ...	3.970292	Electronics	Computers & Tablets	Components & Parts
2	2	AVA-VIV Blouse	1	Women/Tops & Blouses/Blouse	Target	10.0	1	Adorable top with a hint of lace and a key hol...	2.397895	Women	Tops & Blouses	Blouse
3	3	Leather Horse Statues	1	Home/Home Décor/Home Décor Accents	missing	35.0	1	New with tags. Leather horses. Retail for [rm]...	3.583519	Home	Home Décor	Home Décor Accents
4	4	24K GOLD plated rose	1	Women/Jewelry/Necklaces	missing	44.0	0	Complete with certificate of authenticity	3.806662	Women	Jewelry	Necklaces

第一筆資料的「brand_name」原本是 NaN，中途有暫時填成「missing」，最終是順利改寫成為了商品名稱 MLB Cincinnati Reds T Shirt Size XL。

將文字資料進行編碼

我們要將所有文字資料都進行編碼，轉換成數值。為了要讓訓練資料跟測試資料能夠一起完成，可以先將訓練資料跟測試資料連接在一起。

▼ 將訓練資料跟測試資料連接在一起

```
full_df = pd.concat([train_df, test_df], sort=False)
```

連接好資料集後，接著填補缺失值。

▼ 填補缺失值

```
def fill_missing_values(df):
    # 商品類別
    df.category_name.fillna(value='missing', inplace=True)
    # 品牌名稱
    df.brand_name.fillna(value='missing', inplace=True)
    # 商品敘述
    df.item_description.fillna(value='missing', inplace=True)
    # 將敘述中的 'No description yet' 改為 'missing'
    df.item_description.replace('No description yet',
                                'missing',
                                inplace=True)
    return df

full_df = fill_missing_values(full_df)
```

商品類別、品牌名稱、3 層級商品類別這些其實都只有 1 個單詞，可以直接進行 Label encoding。這邊我們使用 LabelEncoder 的 fit() 以及 transform() 函式來進行編碼。

▼ **商品類別、品牌名稱、3 層級商品類別進行 Label encoding**

```
from sklearn.preprocessing import LabelEncoder

# 建立 LabelEncoder
le = LabelEncoder()
# 對 'category_name' 進行編碼、登錄至 'category' 欄位
le.fit(full_df.category_name)
full_df['category'] = le.transform(full_df.category_name)
# 'brand_name' 編碼
le.fit(full_df.brand_name)
full_df.brand_name = le.transform(full_df.brand_name)
# 'subcat_0' 編碼
le.fit(full_df.subcat_0)
full_df.subcat_0 = le.transform(full_df.subcat_0)
# 'subcat_1' 編碼
le.fit(full_df.subcat_1)
full_df.subcat_1 = le.transform(full_df.subcat_1)
# 'subcat_2' 編碼
le.fit(full_df.subcat_2)
full_df.subcat_2 = le.transform(full_df.subcat_2)
del le
print(full_df.category.head())      # 商品類別
print(full_df.brand_name.head())  # 品牌名稱
print(full_df.subcat_0.head())  # 已分割的商品類別，大類別
print(full_df.subcat_1.head())  # 已分割的商品類別，中類別
print(full_df.subcat_2.head())  # 已分割的商品類別，小類別
```

▼ **輸出**

```
0      829
1       86
2     1277
3      503
4     1204
Name: category, dtype: int64
0      99781
1     133889
2     154438
3     177922
4     177922
```
→ 接下頁

```
Name: brand_name, dtype: int64
0      5
1      1
2     10
3      3
4     10
Name: subcat_0, dtype: int64
0    103
1     30
2    104
3     55
4     58
Name: subcat_1, dtype: int64
0    774
1    215
2     97
3    410
4    542
Name: subcat_2, dtype: int64
```

　　這裡我們試著輸出前五筆資料的商品類別、品牌名稱、3 層級商品類別，確認到都轉換成數值。

將商品名稱與商品敘述分解為單詞，並進行編碼

　　做到這裡，剩下還是文字資料的就是商品敘述跟商品名稱了，它們大部分都是由不只一個單詞所組成的資料，因此要使用 Keras 的 Tokenizer 來進行編碼。Tokenizer 會進行以下的處理：

● 將英文的文字資料分割並整理成不重複的單詞（Token）。

● 將每個單詞對應到一個索引，文字資料即可轉換為數值向量。

▼ **將商品名稱與商品敘述分解為單詞，並進行編碼**

```python
import numpy as np
from tensorflow.keras.preprocessing.text import Tokenizer

# 將商品敘述、商品名稱、商品類別如下連接成一為陣列
# [ 商品敘述 1, 商品敘述 2, ..., 商品名稱 1, 商品名稱 2,..., 商品類別 ,...]

print("Transforming text data to sequences...")
raw_text = np.hstack([full_df.item_description.str.lower(),
                      full_df.name.str.lower(),
                      full_df.category_name.str.lower()])
print('sequences shape', raw_text.shape)

# 建立 Tokenizer
print(" Fitting tokenizer...")
tok_raw = Tokenizer()
tok_raw.fit_on_texts(raw_text)

# 使用 Tokenizer 對商品敘述、商品名稱分別進行 Label encoding
full_df['seq_item_description'] = tok_raw.texts_to_sequences(
    full_df.item_description.str.lower())
full_df['seq_name'] = tok_raw.texts_to_sequences(
    full_df.name.str.lower())

del tok_raw

print(full_df.seq_item_description.head())
print(full_df.seq_name.head())
```

編註：刪除用不到的 Tokenizer，原因在下一小節會說明。

▼ **輸出**

```
Transforming text data to sequences...
sequences shape (6525060,)
 Fitting tokenizer...
 Transforming text to sequences...https://www.tensorflow.org/
```

→ 接下頁

循環神經網路（Recurrent Neural Network, RNN）

```
0                                                        [83]
1        [33, 2787, 11, 8, 49, 17, 1, 256, 65, 21, 1205...
2        [693, 74, 10, 5, 5464, 12, 242, 1, 5, 1010, 14...
3        [6, 10, 80, 228, 6719, 284, 4, 22, 210, 1192, ...
4                                  [907, 10, 7123, 12, 2121]
Name: seq_item_description, dtype: object
0         [2495, 9076, 7078, 71, 101, 7, 198]
1                  [11483, 27977, 17417, 2787]
2                          [7910, 10940, 275]
3                           [228, 2720, 621]
4                         [5072, 126, 1143, 339]
Name: seq_name, dtype: object
```

> **編註**：此商品的商品敘述只有一個單詞，該單詞經過轉換後變成數字 83

> **編註**：此商品的商品名稱含有三個單詞，這些單詞經過轉後變成數字 228、2720、621

　　實際上訓練時，每筆資料的長度要一樣，因此沒有包含 Token 的索引會補 0：

▼ **文字轉成向量後會自行補 0，確保每筆資料長度一致**

```python
from keras.preprocessing.sequence import pad_sequences
print(pad_sequences(full_df.seq_item_description, maxlen=80),'\n')
# 商品敘述
print(pad_sequences(full_df.seq_name, maxlen=10))
# 商品名稱
```

▼ **輸出**

```
[[    0     0     0 ...     0     0    83]
 [    0     0     0 ...    14    63  1108]
 [    0     0     0 ...   224     8    79]
 ...
 [    0     0     0 ...    19 63533   109]
 [    0     0     0 ...     5   417    90]
 [    0     0     0 ...     5   689   728]]

[[    0     0     0 ...   101     7   198]
```

→ 接下頁

```
[     0      0      0 ... 27977 17417  2787]
[     0      0      0 ...  7910 10940   275]
...
[     0      0      0 ...   475  1669   109]
[     0      0      0 ...   393   340  2343]
[     0      0      0 ...  1002    41    89]]
```

9.3　使用循環神經網路來預測價格

本節重點

◉ 使用循環神經網路預測商品銷售價格。

使用的 Kaggle 範例

Mercari Price Suggestion Challenge

　　了解需要的資料預處理後,接著就要使用循環神經網路模型來訓練與預測了。由於 Mercari 企業設有「1 小時程式執行時間」的限制,我們要去量測每個動作所花費的時間,以求出整個運算共需耗費多少的執行時間。

　　而且,我們能使用的記憶體只有 16GB,因此我們在程式運行的過程中得要用 del 來刪除不再需要的物件,以及使用 gc.collect() 來釋放記憶體空間。若不這麼做,很可能會在過程中就因為超出記憶體條件限制而導致辛苦做出來的 Notebook 強制停止。

9

循環神經網路(Recurrent Neural Network, RNN)

9.3.1 讀入資料以及預處理

我們到「Mercari Price Suggestion Challenge」頁面新建 Notebook，將資料讀入並進行資料預處理。以下的動作都跟之前一樣，只是多了量測執行時間的步驟。

 讀入 CSV 檔案、以及刪除不需要的資料列

由於時間限制的關係，我們在每個 Cell 的起頭都放上 %%time，用意在於能得知每次執行的耗時。另外我們當然也想知道所有 Cell 的執行時間，因此也在第一個 Cell 加上 datetime.now。

▼ 讀取資料（Cell 1）

```
%%time
from datetime import datetime
start_real = datetime.now() # 開始量測整體的處理時間

import pandas as pd
# 讀取訓練資料與測試資料
train_df = pd.read_table('../input/mercari/train.tsv')
test_df = pd.read_table('../input/mercari/test.tsv')
print(train_df.shape, test_df.shape)
```

▼ 輸出

```
(1482535, 8) (693359, 7)
CPU times: user 8.1 s, sys: 1.17 s, total: 9.27 s
Wall time: 15.1 s
```

接著刪除所有未達 3 美金的資料。

▼ 刪除所有未達 3 美金的資料（Cell 2）

```
train_df = train_df.drop(train_df[(train_df.price < 3.0)].index)
train_df.shape
```

▼ 輸出

```
(1481661, 8)
```

 事先釐清商品名稱跟商品敘述的單詞數量

　　新增「name_len」、「desc_len」欄位紀錄商品名稱跟商品敘述的單詞數量（ **編註：** 這邊的單詞可能會重複，跟 Token 的意義不太一樣）。之所以在這邊要先統計單詞數量，是為了讓 Label encoding 得以在已知商品名稱跟商品敘述中單詞數量的狀態下來進行。而要取得單詞數量，我們使用以下的程式碼，對「name」套用 apply() 函式傳回單詞數量，並將該傳回值儲存在「name_len」欄位。

▼ 取得單詞數量

```
train_df['name'].apply(lambda x: wordCount(x))
```

　　接著，在商品敘述的部分遇到沒有內文，也就是呈現「No description yet」時，視為缺失值，並將單詞數量定義為 0。

▼ 確認商品名稱與商品敘述中的單詞數量（Cell 3）

```
%%time
 # 確認商品名稱與商品敘述的單詞數量

def wordCount(text):
    """
    Parameters:
        text(str): 商品名稱、商品敘述
    """
```

→ 接下頁

```
        try:
            if text == 'No description yet':
                return 0 # 商品名稱跟敘述為 'No description yet' 時則傳回 0
            else:
                text = text.lower() # 全數改為小寫字母
                words = [w for w in text.split(" ")] # 用空白鍵進行切割
                return len(words) # 傳回單詞數量
        except:
            return 0

# 將 'name' 單詞數量紀錄在 'name_len'
train_df['name_len'] = train_df['name'].apply(
    lambda x: wordCount(x))
test_df['name_len'] = test_df['name'].apply(
    lambda x: wordCount(x))
# 將 'item_description' 單詞數量紀錄在 'desc_len'
train_df['desc_len'] = train_df['item_description'].apply(
    lambda x: wordCount(x))
test_df['desc_len'] = test_df['item_description'].apply(
    lambda x: wordCount(x))
```

▼ 輸出

```
CPU times: user 11.6 s, sys: 41.3 ms, total: 11.6 s
Wall time: 11.6 s
```

 對銷售價格執行對數轉換

執行對數轉換，讓銷售價格的分佈接近常態分佈。

▼ **對銷售價格執行對數轉換（Cell 4）**

```
%%time
import numpy as np

# 對訓練資料的 price 進行對數轉換
train_df["target"] = np.log1p(train_df.price)
```

▼ 輸出

```
CPU times: user 34.2 ms, sys: 0 ns, total: 34.2 ms
Wall time: 33.1 ms
```

 將商品類別以斜線「/」分割，分別存在新的 3 個欄位中

▼ 將商品類別以斜線「/」分割，分別存在 'subcat_0'、'subcat_1'、'subcat_2'（Cell 5）

```
%%time

def split_cat(text):
    """
    Parameters:
    text(str): 類別名稱
        ・ 使用 / 分割類別名稱
        ・ 若資料不存在 / 時則傳回 "No Label"
    """
    try: return text.split("/")
    except: return ("No Label", "No Label", "No Label")

# 訓練資料
train_df['subcat_0'], train_df['subcat_1'], train_df['subcat_2'] =\
    zip( * train_df['category_name'].apply(lambda x: split_cat(x)))
# 測試資料
test_df['subcat_0'], test_df['subcat_1'], test_df['subcat_2'] =\
    zip( * test_df['category_name'].apply(lambda x: split_cat(x)))
```

▼ 輸出

```
CPU times: user 8.62 s, sys: 862 ms, total: 9.48 s
Wall time: 9.48 s
```

品牌名稱的缺失值處理

品牌名稱「brand_name」的部分我們要執行以下三個處理，細節已經在 9.2.2 節介紹過了。

● 品牌名稱呈現缺失值，若商品名稱單詞存在於品牌清單時，則用商品名稱單詞填補品牌名稱

● 當商品名稱跟品牌名稱完全一致時，則將品牌名稱改為商品名稱

● 以上皆非時，則維持現有的品牌名稱

▼ 'brand_name' 預處理（Cell 6）

```
%%time
# 將 train_df 與 test_df 結合
full_set = pd.concat([train_df, test_df])
# 從全部資料中找出所有出現的品牌名稱，建立品牌清單
all_brands = set(full_set['brand_name'].values)

# 將 'brand_name' 的缺失值 NaN 置換為 'missing'
train_df['brand_name'].fillna(value='missing', inplace=True)
test_df['brand_name'].fillna(value='missing', inplace=True)

# 取得訓練資料中缺失值的個數
train_premissing = len(train_df.loc[train_df['brand_name']
                                    == 'missing'])
# 取得測試資料中缺失值的個數
test_premissing = len(test_df.loc[test_df['brand_name']
                                  == 'missing'])
def brandfinder(line):

    brand = line[0] # 索引 0 為品牌名稱
    name = line[1]  # 索引 1 為商品名稱
    namesplit = name.split(' ') # 使用空格分割商品名稱
```

→ 接下頁

```
    if brand == 'missing':  # 是缺失值
        for x in namesplit:  # 取出從商品名稱分割出來的單詞
            if x in all_brands:
                return name # 商品名稱單詞存在於品牌清單中,則傳回商品名稱
    if name in all_brands:  # 不是缺失值
        return name            # 商品名稱若存在於品牌清單中,則傳回商品名稱

    return brand # 都沒有一致的話就傳回品牌名稱

# 更換品牌名稱
train_df['brand_name'] = train_df[['brand_name','name']].apply(
    brandfinder, axis = 1)
test_df['brand_name'] = test_df[['brand_name','name']].apply(
    brandfinder, axis = 1)

# 取得改寫後的缺失值數量
train_len = len(train_df.loc[train_df['brand_name'] == 'missing'])
test_len = len(test_df.loc[test_df['brand_name'] == 'missing'])
train_found = train_premissing - train_len
test_found = test_premissing - test_len
print(train_premissing) # 改寫前訓練資料的缺失值數量
print(train_found)       # 改寫後訓練資料的缺失值數量
print(test_premissing)   # 改寫前測試資料的缺失值數量
print(test_found)        # 改寫後測試資料的缺失值數量
```

▼ 輸出

```
632336
137342
295525
64154
CPU times: user 32.7 s, sys: 639 ms, total: 33.3 s
Wall time: 33.3 s
```

9

循環神經網路 (Recurrent Neural Network, RNN)

將訓練資料分為訓練用及驗證用

我們隨機將訓練資料當中99％當作訓練用的資料,剩下1％用於驗證(編註: 因為資料集總筆數夠多,1％資料就有上萬筆,做為驗證集非常足夠了)。

▼ 分割用於訓練、用於驗證的資料(Cell 7)

```
%%time
# 將訓練用的 DataFrame 以 99:1 的比例分割為訓練資料跟驗證資料
from sklearn.model_selection import train_test_split
import gc

train_dfs, dev_dfs = train_test_split(train_df,
                                      random_state=123,
                                      train_size=0.99,
                                      test_size=0.01)

n_trains = train_dfs.shape[0] # 訓練資料 shape
n_devs = dev_dfs.shape[0]     # 驗證資料 shape
n_tests = test_df.shape[0]    # 測試資料 shape
print('Training :', n_trains, 'examples')
print('Validating :', n_devs, 'examples')
print('Testing :', n_tests, 'examples')
del train_df
gc.collect()
```

▼ 輸出

```
Training : 1466844 examples
Validating : 14817 examples
Testing : 693359 examples
CPU times: user 2.96 s, sys: 345 ms, total: 3.3 s
Wall time: 3.46 s
```

這裡使用了 scikit_learn 的 train_test_split() 函式,來從訓練資料當中切出一部分作為驗證資料。下表為函式語法。

語法		sklearn.model_selection.train_test_split(arrays, option)
參數	arrays	欲分割的資料。支援 List、Numpy 陣列、Scipy-sparse 矩陣、Pandas DataFrame。
	test_size	指定小數時，會在 0.0～1.0 之間去指定驗證資料的佔比。而指定整數時，則是驗證資料的筆數。若無指定時，則會根據 train_size 指示分割資料，剩下的即為驗證資料。倘若連 train_size 也沒有指定，則用預設值 0.25。
	train_size	指定小數時，會在 0.0～1.0 之間去指定訓練資料的佔比。而指定整數時，則是訓練資料的筆數。若無指定時，則會根據 test_size 指示分割資料，剩下的即為訓練資料。
	random_state	指定亂數種子，需為整數值。若無指定時，則用 NumPy 的 np.random() 產生亂數。
	shuffle	在分割資料前是否進行洗牌，可指定為 True（預設值）或是 False。設定為 False 時，stratify 須為 None。
	stratify	欲執行 Stratified Sampling（分層抽樣）時，需設定類別的欄位（預設值為 None）。

 將所有資料連接，並置換類別名稱、品牌名稱、商品敘述的缺失值

　　將訓練資料、驗證資料、測試資料合併，將商品類別、品牌名稱、商品敘述的缺失值置換為「missing」。

▼ 合併資料，將商品類別、品牌名稱、商品敘述的缺失值置換為 'missing'（Cell 8）

```
%%time
# 將訓練資料、驗證資料、測試資料合併
full_df = pd.concat([train_dfs, dev_dfs, test_df])

def fill_missing_values(df):
    # 商品類別
    df.category_name.fillna(value='missing', inplace=True)
    # 品牌名稱
    df.brand_name.fillna(value='missing', inplace=True)
    # 商品敘述
    df.item_description.fillna(value='missing', inplace=True)
```

→ 接下頁

循環神經網路（Recurrent Neural Network, RNN）

```
    # 將敘述中的 'No description yet' 改為 'missing'
    df.item_description.replace('No description yet',
                                'missing',
                                inplace=True)
    return df

full_df = fill_missing_values(full_df)
```

▼ 輸出

```
CPU times: user 2.25 s, sys: 183 ms, total: 2.43 s
Wall time: 2.43 s
```

 對商品類別、品牌名稱、3 層級商品類別的文字進行 Label encoding

▼ 對商品類別、品牌名稱、3 層級商品類別的文字進行 Label encoding（Cell 9）

```
from sklearn.preprocessing import LabelEncoder

print("Processing categorical data...")

# 建立 LabelEncoder
le = LabelEncoder()
# 對 'category_name' 進行編碼、登錄至 'category' 欄位
le.fit(full_df.category_name)
full_df['category'] = le.transform(full_df.category_name)
# 'brand_name' 編碼
le.fit(full_df.brand_name)
full_df.brand_name = le.transform(full_df.brand_name)
# 'subcat_0' 編碼
le.fit(full_df.subcat_0)
full_df.subcat_0 = le.transform(full_df.subcat_0)
# 'subcat_1' 編碼
le.fit(full_df.subcat_1)
full_df.subcat_1 = le.transform(full_df.subcat_1)
```

→ 接下頁

```
# 'subcat_2' 編碼
le.fit(full_df.subcat_2)
full_df.subcat_2 = le.transform(full_df.subcat_2)
del le
gc.collect()
```

▼ 輸出

```
Processing categorical data...
CPU times: user 8.03 s, sys: 101 ms, total: 8.13 s
Wall time: 8.13 s
```

將商品名稱與商品敘述分解為單詞，進行 Label encoding

使用 Keras 的 Tokenizer 對商品敘述以及商品名稱進行編碼。

▼ 將商品名稱與商品敘述分解為單詞，進行 Label encoding（Cell 10）

```
%%time
# 對完成連接的商品敘述、商品名稱進行 Label encoding
from tensorflow.keras.preprocessing.text import Tokenizer

# 將商品敘述、商品名稱、商品類別如下連接成一為陣列
# [ 商品敘述 1, 商品敘述 2, ..., 商品名稱 1, 商品名稱 2,..., 商品類別 ,...]

print("Transforming text data to sequences...")
raw_text = np.hstack([full_df.item_description.str.lower(),
                      full_df.name.str.lower(),
                      full_df.category_name.str.lower()])
print('sequences shape', raw_text.shape)

print(" Fitting tokenizer...")
tok_raw = Tokenizer()
tok_raw.fit_on_texts(raw_text)
```

→ 接下頁

```
print(" Transforming text to sequences...")
full_df['seq_item_description'] = tok_raw.texts_to_sequences(
    full_df.item_description.str.lower())
full_df['seq_name'] = tok_raw.texts_to_sequences(
    full_df.name.str.lower())

del tok_raw
gc.collect()
```

▼ 輸出

```
Transforming text data to sequences...
sequences shape (6525060,)
 Fitting tokenizer...
 Transforming text to sequences...
CPU times: user 3min 49s, sys: 2.54 s, total: 3min 52s
Wall time: 3min 55s
```

9.3.2 建立多輸入循環神經網路

我們要用的循環神經網路會有以下 10 種輸入，這些輸入都有各自對應的輸入層：

● 商品名稱（name）

● 商品敘述（item_desc）

● 品牌名稱（brand_name）

● 商品狀態（item_condition）

- 由誰負擔運費（num_vars）

- 商品敘述的單詞數量（desc_len）

- 商品名稱的單詞數量（name_len）

- 商品類別 0（subcat_0）

- 商品類別 1（subcat_1）

- 商品類別 2（subcat_2）

　　剛剛雖然已經對商品名稱、商品敘述等文字進行過了 Label encoding，不過我們還是要再對這些資料做一次 word embedding，轉換為向量。好處是可以更能展現單詞語意跟特性，獲得更好的訓練成果。因此，除了運費（num_vars）之外，其餘都要在嵌入層（embedding layer），進行 word embedding 轉換成向量（ 編註： 關於嵌入層的細節，請上旗標網站下載 Bonus 延伸閱讀，或是參考旗標出版的「tf.keras 技術者們必讀！深度學習攻略手冊」）。

　　word embedding 的處理會使用 Keras 的 Embedding，它會將輸入層傳進來的值轉換成向量。接著會再將商品名稱以及商品敘述的 embedding 放入閘控循環單元（Gated Recurrent Unit, GRU，稍後會介紹），而最後所有的 Unit 都會接上全連接層。

9

循環神經網路（Recurrent Neural Network, RNN）

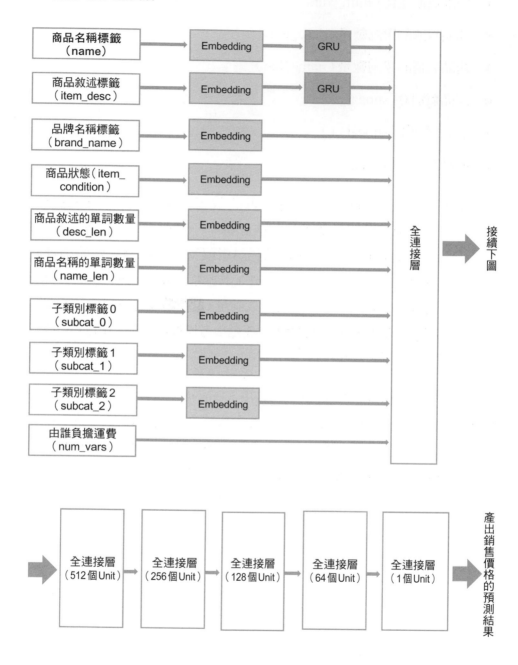

▼ 從輸入層到輸出層

長短期記憶網路的進化版：閘控循環單元

雖然長短期記憶網路很擅長處理時序資料、準確率也高，然而因為參數的數量繁多、處理起來相對耗時。所以這次我們選擇使用了閘控循環單元，其原理跟 LSTM 差不多，不過只有重置閘跟更新閘，參數比長短期記憶網路少、處理也較快。

 建立模型

我們先指定輸入層需要用的常數：

▼ **定義用於循環神經網路的常數（Cell 11）**

```python
# 統一商品名稱、商品敘述、商品類別的尺寸
MAX_NAME_SEQ = 10        # 商品名稱的最大尺寸（最大為 17，直接截短為 10）
MAX_ITEM_DESC_SEQ = 75 # 商品敘述的最大尺寸（最大為 269，直接截短為 75）
MAX_CATEGORY_SEQ = 8     # 商品類別的最大尺寸（最大為 8）

# 定義 Embedding Layer 的輸入尺寸
# 商品名稱與商品敘述的單詞數量：最大值 +100
MAX_TEXT = np.max(
    [np.max(full_df.seq_name.max()),
     np.max(full_df.seq_item_description.max())]) + 100
# 商品類別的單詞數量：最大值 +1
MAX_CATEGORY = np.max(full_df.category.max()) + 1
# 品牌名稱的單詞數量：最大值 +1
MAX_BRAND = np.max(full_df.brand_name.max()) + 1
# 商品狀態的數量：最大值 +1
MAX_CONDITION = np.max(full_df.item_condition_id.max()) + 1
# 商品敘述的單詞數量：每列單詞數量的最大值 +1
MAX_DESC_LEN = np.max(full_df.desc_len.max()) + 1
# 商品名稱的單詞數量：每列單詞數量的最大值 +1
MAX_NAME_LEN = np.max(full_df.name_len.max()) + 1
# 商品子類別的單詞數量：最大值 +1
MAX_SUBCAT_0 = np.max(full_df.subcat_0.max()) + 1
MAX_SUBCAT_1 = np.max(full_df.subcat_1.max()) + 1
MAX_SUBCAT_2 = np.max(full_df.subcat_2.max()) + 1
```

9

循環神經網路（Recurrent Neural Network, RNN）

這次我們要製作的循環神經網路的輸入有商品名稱、商品敘述等 10 個欄位，所以我們為每一個欄位都準備一個輸入層。這些資料經過運算後，會整合到全連接層，通過數層全連接層後，最終由 1 個神經元的輸出層來產出預測結果。

一般神經網路的輸入層設計，是看資料的一維陣列有多大，就設計對應數量的輸入層。不過，事實上 tensorflow.keras 也可以支援多個輸入層，我們可以透過 Python 的 dict 字典來完成。例如：我們可以將一筆資料的欄位分別用以下的鍵值對來表示：

```
X_train = {'name': 資料 A,
           'item_desc': 資料 B,
           'brand_name': 資料 C,
           'category': 資料 D,
           ......}
```

就可以用下方範例程式來建立模型：

```
name = Input(shape=[X_train["name"].shape[1]], name="name")
item_desc = Input(shape=[X_train["item_desc"].shape[1]],
                  name="item_desc")
......
```

用欄位名稱、大小來指定輸入層，接著就可以用 fit() 來訓練模型：

```
rnn_model.fit(X_train, ...)
```

所以，我們現在就來製作訓練資料、驗證資料、以及測試資料的 dict 字典。

▼ **準備要用來輸入循環神經網路模型的資料（Cell 12）**

```
%%time
from tensorflow.keras.preprocessing.sequence import pad_sequences
def get_rnn_data(dataset):
    """
    將輸入的資料放入 dict 後傳回
    Parameter:
        dataset: 全部資料
    """
    X = {
        # 商品名稱
        # MAX_NAME_SEQ=10
        'name': pad_sequences(dataset.seq_name,
                              maxlen=MAX_NAME_SEQ),
        # 商品敘述
        # MAX_ITEM_DESC_SEQ=75
        'item_desc': pad_sequences(dataset.seq_item_description,
                                   maxlen=MAX_ITEM_DESC_SEQ),
        # 品牌名稱
        'brand_name': np.array(dataset.brand_name),
        # 商品類別
        'category': np.array(dataset.category),
        # 商品狀態
        'item_condition': np.array(dataset.item_condition_id),
        # 運費負擔: 賣方負擔為 1, 買方負擔為 0
        'num_vars': np.array(dataset[["shipping"]]),
        # 商品敘述
        'desc_len': np.array(dataset[["desc_len"]]),
        # 商品名稱
        'name_len': np.array(dataset[["name_len"]]),
        # 商品子類別 0
        'subcat_0': np.array(dataset.subcat_0),
        # 商品子類別 1
        'subcat_1': np.array(dataset.subcat_1),
        # 商品子類別 2
        'subcat_2': np.array(dataset.subcat_2)}
    return X

# 訓練資料: 索引 0 到訓練資料數量的索引為止
train = full_df[:n_trains]
```

→ 接下頁

9

循環神經網路（Recurrent Neural Network, RNN）

```
# 驗證資料：接續上述訓練資料的索引到驗證資料數量的索引為止
dev = full_df[n_trains:n_trains+n_devs]
# 測試資料：接續上述驗證資料的索引到最後
test = full_df[n_trains+n_devs:]

# 取得訓練用的 dict
X_train = get_rnn_data(train)
# 將訓練用的商品價格 1 維陣列轉換為 2 維矩陣
# (1466844) → (1466844,1)
Y_train = train.target.values.reshape(-1, 1)

# 取的驗證用的 dict
X_dev = get_rnn_data(dev)
# 將驗證用的商品價格 1 維陣列轉換為 2 維矩陣
# (14817) → (14817,1)
Y_dev = dev.target.values.reshape(-1, 1)

# 取的測試用的 dict
X_test = get_rnn_data(test)

del full_df
gc.collect()
```

▼ 輸出

```
CPU times: user 39.4 s, sys: 504 ms, total: 40 s
Wall time: 39.9 s
```

　　將 Input() 的 name 指定為 dict 的鍵（key）產生輸入層，Embedding、GRU 等網路結構都用 concatenate() 產生。此外，Embedding 輸出的資料會用 Flatten() 拉直之後再往後傳到全連接層。

▼ 建立循環神經網路模型（Cell 13）

```
from tensorflow.keras.models import Model
from tensorflow.keras.layers import Input, Dropout, Dense,
Embedding, Flatten
from tensorflow.keras.layers import concatenate, GRU
from tensorflow.keras.optimizers import Adam
```

→ 接下頁

```
np.random.seed(123)  # 設定亂數種子

# 定義均方根誤差 (Root Mean Square Error, RMSE)
# 用於確認預測狀況
# 使用此函式時的 Y_pred (預測售價) 與 Y (實際售價) 已經有經過對數轉換
def rmsle(Y, Y_pred):
    assert Y.shape == Y_pred.shape
    return np.sqrt(np.mean(np.square(Y_pred - Y )))


def new_rnn_model(lr=0.001, decay=0.0):
    """
    生成循環型類神經網路模型
    Parameters:
        lr: 學習率
        decay: 學習率的衰減
    """
    # 輸入層
    # 商品名稱、商品敘述、品牌名稱、商品狀態、負擔運費
    name          = Input(shape=[X_train["name"].shape[1]],
                          name="name")
    item_desc     = Input(shape=[X_train["item_desc"].shape[1]],
                          name="item_desc")
    brand_name    = Input(shape=[1], name="brand_name")
    item_condition = Input(shape=[1], name="item_condition")
    num_vars      = Input(shape=[X_train["num_vars"].shape[1]],
                          name="num_vars")
    # 商品名稱文字、商品敘述文字的單詞數量
    name_len      = Input(shape=[1], name="name_len")
    desc_len      = Input(shape=[1], name="desc_len")
    # 商品子類別
    subcat_0      = Input(shape=[1], name="subcat_0")
    subcat_1      = Input(shape=[1], name="subcat_1")
    subcat_2      = Input(shape=[1], name="subcat_2")

    # Embedding 層
    # 商品名稱 Embedding: 輸入的長度是 MAX_TEXT,輸出是 20
    emb_name = Embedding(MAX_TEXT, 20)(name)
    # 商品敘述 Embedding: 輸入的長度是 MAX_TEXT,輸出是 60
    emb_item_desc = Embedding(MAX_TEXT, 60)(item_desc)
    # 品牌名稱 Embedding: 輸入的長度是 MAX_BRAND,輸出是 10
```

→ 接下頁

9

循環神經網路 (Recurrent Neural Network, RNN)

```
emb_brand_name = Embedding(MAX_BRAND, 10)(brand_name)
# 商品狀態 Embedding: 輸入的長度是 MAX_CONDITION，輸出是 5
emb_item_condition = Embedding(MAX_CONDITION,
                                 5)(item_condition)
# 商品敘述單詞數量 Embedding: 輸入的長度是 MAX_DESC_LEN，輸出是 5
emb_desc_len = Embedding(MAX_DESC_LEN, 5)(desc_len)
# 商品名稱單詞數量 Embedding: 輸入的長度是 MAX_NAME_LEN，輸出是 5
emb_name_len = Embedding(MAX_NAME_LEN, 5)(name_len)
# 商品子類別的 Embedding: 輸入的長度是 MAX_SUBCAT_X，輸出是 10
emb_subcat_0 = Embedding(MAX_SUBCAT_0, 10)(subcat_0)
emb_subcat_1 = Embedding(MAX_SUBCAT_1, 10)(subcat_1)
emb_subcat_2 = Embedding(MAX_SUBCAT_2, 10)(subcat_2)

# 閘控循環單元
rnn_layer1 = GRU(16) (emb_item_desc) # 商品敘述
rnn_layer2 = GRU(8) (emb_name)        # 商品名稱

# 展平層
main_l = concatenate([Flatten()(emb_brand_name),
                      Flatten()(emb_item_condition),
                      Flatten()(emb_desc_len),
                      Flatten()(emb_name_len),
                      Flatten()(emb_subcat_0),
                      Flatten()(emb_subcat_1),
                      Flatten()(emb_subcat_2),
                      rnn_layer1, # 商品敘述 GRU Unit
                      rnn_layer2, # 商品名稱 GRU Unit
                      num_vars]) # 負擔運費 (0 或 1)

# 全連接層
main_l = Dropout(0.1)(Dense(512,
                            kernel_initializer='normal',
                            activation='relu')(main_l))
main_l = Dropout(0.1)(Dense(256,
                            kernel_initializer='normal',
                            activation='relu')(main_l))
main_l = Dropout(0.1)(Dense(128,
                            kernel_initializer='normal',
                            activation='relu')(main_l))
main_l = Dropout(0.1)(Dense(64,
                            kernel_initializer='normal',
```

→ 接下頁

```
                                      activation='relu')(main_l))

    # 輸出層
    output = Dense(1,
                   activation="linear") (main_l)

    # 輸入層
    model = Model(inputs=[name,
                          item_desc,
                          brand_name,
                          item_condition,
                          num_vars,
                          desc_len,
                          name_len,
                          subcat_0,
                          subcat_1,
                          subcat_2],
                  # 輸出層
                  outputs=output)

    # 設定損失函數以及優化器，開始編譯
    model.compile(loss = 'mse',
                  optimizer = Adam(lr=lr, decay=decay))

    return model

# 建立模型
model = new_rnn_model()
model.summary()

del model
gc.collect()
```

▼ 輸出

```
Model: "model_1"
_____
Layer (type              Output Shape      Param #   Connected to
=================================================================
brand_name (InputLayer       [(None, 1)]        0
```
→ 接下頁

```
--------------------------------------------------------------------------
item_condition (InputLayer)     (None, 1)]        0

--------------------------------------------------------------------------
desc_len (InputLayer)           [(None, 1)]        0

--------------------------------------------------------------------------
name_len (InputLayer)           [(None, 1)]        0

--------------------------------------------------------------------------
subcat_0 (InputLayer)           [(None, 1)]        0

--------------------------------------------------------------------------
subcat_1 (InputLayer)           [(None, 1)]        0

--------------------------------------------------------------------------
subcat_2 (InputLayer)           [(None, 1)]        0

--------------------------------------------------------------------------
item_desc (InputLayer)          [(None, 75)]       0

--------------------------------------------------------------------------
name (InputLayer)               [(None, 10)]       0

--------------------------------------------------------------------------
embedding_11 (Embedding)        (None, 1, 10)    1791400    brand_name[0][0]

--------------------------------------------------------------------------
embedding_12 (Embedding)        (None, 1, 5)        30      item_condition[0][0]

--------------------------------------------------------------------------
embedding_13 (Embedding)        (None, 1, 5)       1230     desc_len[0][0]

--------------------------------------------------------------------------
embedding_14 (Embedding)        (None, 1, 5)        90      name_len[0][0]

--------------------------------------------------------------------------
embedding_15 (Embedding)        (None, 1, 10)      110      subcat_0[0][0]

--------------------------------------------------------------------------
embedding_16 (Embedding)        (None, 1, 10)     1140      subcat_1[0][0]

--------------------------------------------------------------------------
embedding_17 (Embedding)        (None, 1, 10)     8830      subcat_2[0][0]

--------------------------------------------------------------------------
embedding_10 (Embedding)        (None, 75, 60)  19321200   item_desc[0][0]

--------------------------------------------------------------------------
embedding_9 (Embedding)         (None, 10, 20)   6440400    name[0][0]


--------------------------------------------------------------------------
flatten_7 (Flatten)             (None, 10)         0        embedding_11[0][0]

--------------------------------------------------------------------------
flatten_8 (Flatten)             (None, 5)          0        embedding_12[0][0]

--------------------------------------------------------------------------
flatten_9 (Flatten)             (None, 5)          0        embedding_13[0][0]
```

flatten_10 (Flatten)	(None, 5)	0	embedding_14[0][0]
flatten_11 (Flatten)	(None, 10)	0	embedding_15[0][0]
flatten_12 (Flatten)	(None, 10)	0	embedding_16[0][0]
flatten_13 (Flatten)	(None, 10)	0	embedding_17[0][0]
gru_2 (GRU)	(None, 16)	3744	embedding_10[0][0]
gru_3 (GRU)	(None, 8)	720	embedding_9[0][0]
num_vars (InputLayer)	[(None, 1)]	0	
concatenate_1 (Concatenate)	(None, 80)	0	flatten_7[0][0]
			flatten_8[0][0]
			flatten_9[0][0]
			flatten_10[0][0]
			flatten_11[0][0]
			flatten_12[0][0]
			flatten_13[0][0]
			gru_2[0][0]
			gru_3[0][0]
			num_vars[0][0]
dense_5 (Dense)	(None, 512)	41472	concatenate_1[0][0]
dropout_4 (Dropout)	(None, 512)	0	dense_5[0][0]
dense_6 (Dense)	(None, 256)	131328	dropout_4[0][0]
dropout_5 (Dropout)	(None, 256)	0	dense_6[0][0]
dense_7 (Dense)	(None, 128)	32896	dropout_5[0][0]
dropout_6 (Dropout)	(None, 128)	0	dense_7[0][0]
dense_8 (Dense)	(None, 64)	8256	dropout_6[0][0]

9

循環神經網路（Recurrent Neural Network, RNN）

→ 接下頁

```
dropout_7 (Dropout)              (None, 64)        0        dense_8[0][0]
-----------------------------------------------------------------------
dense_9 (Dense)                  (None, 1)         65       dropout_7[0][0]
=======================================================================
Total params: 27,782,911
Trainable params: 27,782,911
Non-trainable params: 0
```

開始訓練模型

這是最耗時的階段，經過一段嘗試之後，我們發現要在時間限制內完成，以下超參數設定的訓練成果為最佳：

● 批次大小：512 x 2

● 訓練次數：3

▼ 開始訓練模型（Cell 14）

```
%%time
# 批次大小
BATCH_SIZE = 512 * 2
epochs = 3

# 學習率衰減（步進衰減）
exp_decay = lambda init, fin, steps: (init/fin) ** (1/(steps-1)) - 1
steps = int(len(X_train['name']) / BATCH_SIZE) * epochs
lr_init = 0.005
lr_fin = 0.001
lr_decay = exp_decay(lr_init, lr_fin, steps)

# 建立模型
rnn_model = new_rnn_model(lr=lr_init, decay=lr_decay)
# 訓練模型
rnn_model.fit(X_train,
              Y_train,
```

→ 接下頁

```
        epochs=epochs,
        batch_size=BATCH_SIZE,
        validation_data=(X_dev, Y_dev),
        verbose=1)
```

▼ **輸出**

```
Epoch 1/3
1433/1433 [==============================] - 599s 415ms/step -
loss: 0.4318 - val_loss: 0.1897
Epoch 2/3
1433/1433 [==============================] - 586s 409ms/step -
loss: 0.1857 - val_loss: 0.1803
Epoch 3/3
1433/1433 [==============================] - 607s 424ms/step -
loss: 0.1495 - val_loss: 0.1807
CPU times: user 1h 3min 1s, sys: 33min 17s, total: 1h 36min 19s
Wall time: 29min 54s
```

 預測驗證資料，並量測誤差

我們使用訓練完成的循環神經網路預測驗證資料，來看看模型的成效如何。本專案要求使用預測值跟真實值的 RMSE（均方根誤差）

▼ **預測驗證資料，並量測誤差均方根誤差（Cell 15）**

```
%%time
# 使用驗證資料評估模型
print("Evaluating the model on validation data...")
# 用訓練完成的模型預測驗證資料進行
Y_dev_preds_rnn = rnn_model.predict(X_dev,
                                    batch_size=BATCH_SIZE)
# 使用 rmsle() 求出均方根誤差
print("RMSLE error:", rmsle(Y_dev,            # 驗證資料的商品價格
                           Y_dev_preds_rnn)) # 預測值
```

```
Evaluating the model on validation data...
RMSLE error: 0.4250640846993077
CPU times: user 2.7 s, sys: 133 ms, total: 2.83 s
Wall time: 1.58 s
```

損失為 0.425 左右，接下來要對測試資料做出預測。

 ## 輸入測試資料，預測商品價格

這是本節的最後一個步驟，我們要對測試資料做商品價格的預測。但因為網路輸出的是對數轉換之後的數值，所以要用指數函數將其還原為原本的數值。

▼ 輸入測試資料、預測商品價格（Cell 16）

```
rnn_preds = rnn_model.predict(X_test,
                              batch_size=BATCH_SIZE,
                              verbose=1)
# 對預測出的商品價格套用指數函數
rnn_preds = np.expm1(rnn_preds)
del rnn_model
gc.collect()

stop_real = datetime.now()
execution_time_real = stop_real-start_real
print(execution_time_real)
```

▼ 輸出

```
678/678 [==============================] - 35s 52ms/step
0:36:29.891405
```

到這邊，我們就完成了使用循環神經網路來預測商品銷售。目前我們程式的執行時間大約只有 40 分鐘左右，應該還有餘裕可以再強化。現階段可以先保留目前的 Notebook 成果，準備加入下一節要說明的集成（Ensemble）吧。

9.4 使用 Ridge 模型進行集成（Ensemble）

本節重點

◉ 在前一節所使用的循環神經網路上添加 Ridge 迴歸模型進行集成，計算最終的預測結果。

使用的 Kaggle 範例

Mercari Price Suggestion Challenge

使用循環神經網路模型進行了預測，也求出了均方根誤差。因為還有一點時間，我們可以使用集成來嘗試提高準確率。考量到可運用的執行時間有限，可能很難再多放一個神經網路模型，因此就要思考有沒有適合的輕量模型可以使用。本節選擇了在這項任務當中也廣泛出現的 Ridge 迴歸模型，而 Ridge 模型即是加上了 L2 常規化（Regularization）的迴歸模型。

9.4.1 使用 Ridge、RidgeCV 預測銷售價格

最佳化 Ridge 模型的運算負擔其實不大，因此我們進一步加上 RidgeCV 模型，它的特色是運用了交叉驗證（cross-validation）來驗證模型的效能。因此，我們會將循環神經網路、Ridge 模型、以及 RidgeCV 模型總計三個模型做集成。

 Ridge 迴歸模型的預處理

我們要準備適合 Ridge 迴歸模型的資料，並處理缺失值，以及將資料轉換為文字列。

▼ 準備適合 Ridge 迴歸模型的資料（Cell 17）

```
# 連結訓練資料、驗證資料、測試資料
full_df2 = pd.concat([train_dfs, dev_dfs, test_df])
```

▼ 處理缺失值、將所有的資料轉換為字串（Cell 18）

```
%%time

print("Handling missing values...")
# 將類別名稱的缺失值置換為 'missing'
full_df2['category_name'] = full_df2['category_name'
                                    ].fillna('missing').astype(str)
# 將子類別轉換為字串
full_df2['subcat_0'] = full_df2['subcat_0'].astype(str)
full_df2['subcat_1'] = full_df2['subcat_1'].astype(str)
full_df2['subcat_2'] = full_df2['subcat_2'].astype(str)
# 將品牌名稱的缺失值置換為 'missing'
full_df2['brand_name'] = full_df2['brand_name'
                                 ].fillna('missing').astype(str)
# 將運費負擔、商品狀態置換為字串
full_df2['shipping'] = full_df2['shipping'].astype(str)
full_df2['item_condition_id'] = full_df2['item_condition_id'
                                        ].astype(str)
```

→ 接下頁

```
# 將商品敘述的單詞數量、商品名稱的單詞數量置換為字串
full_df2['desc_len'] = full_df2['desc_len'].astype(str)
full_df2['name_len'] = full_df2['name_len'].astype(str)
# 將商品敘述的缺失值置換為 'No description yet'
full_df2['item_description'] = full_df2['item_description'
                                        ].fillna('No description yet'
                                               ).astype(str)
```

 ## 使用 Bag-of-words 跟 N-gram 將文字資料轉為向量

使用 Bag-of-words 跟 N-gram 的技巧將所有的文字資料轉化為向量。Bag-of-words 會計算每個單詞出現的次數，而 N-gram 先將連續的單詞切割成詞組，再去計算每個詞組出現的次數。

■ 商品名稱使用 N-gram

使用 2-gram 將 2 個單詞為一組進行切割之後，計算其出現的次數。舉例來說，「this is a sentence」這段文字就會被切成「this-is」、「is-a」、「a-sentence」共 3 組詞組。

■ 商品敘述使用 N-gram

使用 3-gram 將 3 個單詞為一組進行切割之後，計算其出現的次數。舉例來說，「this is a sentence」這段文字就會被切成「this-is-a」、「is-a-sentence」共 2 組詞組。

■ 商品子類別、品牌名稱、運費、商品狀態、商品敘述使用 Bag-of-words

計算每個單詞出現的次數。例如「this is a sentence」這段文字就會變成是「this」、「is」、「a」、「sentence」這 4 個單詞各出現 1 次。

9

循環神經網路（Recurrent Neural Network, RNN）

▼ 使用 Bag-of-words 跟 N-gram 將文字資料轉為向量（Cell 19）

```
%%time

from sklearn.feature_extraction.text import CountVectorizer
from sklearn.feature_extraction.text import TfidfVectorizer
from sklearn.pipeline import FeatureUnion

print("Vectorizing data...")
default_preprocessor = CountVectorizer().build_preprocessor()

def build_preprocessor(field):
    """
    取得指定欄位的索引
    傳回製作 Token count 矩陣的 CountVectorizer
    Parameter: 全連接 DataFrame 的欄位名稱
    """
    field_idx = list(full_df2.columns).index(field)
    return lambda x: default_preprocessor(x[field_idx])

# 轉換文字資料
vectorizer = FeatureUnion([
    ('name', CountVectorizer(ngram_range=(1, 2),
        max_features=5000, # Token count 上限值
        preprocessor=build_preprocessor('name'))),
    ('subcat_0', CountVectorizer(token_pattern='.+',
        preprocessor=build_preprocessor('subcat_0'))),
    ('subcat_1', CountVectorizer(token_pattern='.+',
        preprocessor=build_preprocessor('subcat_1'))),
    ('subcat_2', CountVectorizer(token_pattern='.+',
        preprocessor=build_preprocessor('subcat_2'))),
    ('brand_name', CountVectorizer(token_pattern='.+',
        preprocessor=build_preprocessor('brand_name'))),
    ('shipping', CountVectorizer(token_pattern='\d+',
        preprocessor=build_preprocessor('shipping'))),
    ('item_condition_id', CountVectorizer(token_pattern='\d+',
        preprocessor=build_preprocessor('item_condition_id'))),
    ('desc_len', CountVectorizer(token_pattern='\d+',
        preprocessor=build_preprocessor('desc_len'))),
    ('name_len', CountVectorizer(token_pattern='\d+',
        preprocessor=build_preprocessor('name_len'))),
    ('item_description', TfidfVectorizer(ngram_range=(1, 3),
        max_features=5000,  # Token count 上限值
```

→ 接下頁

```
        preprocessor=build_preprocessor('item_description'))),])

X = vectorizer.fit_transform(full_df2.values)

del vectorizer
gc.collect()

# 取出訓練資料
X_train = X[:n_trains]
# 將訓練資料中的商品價格轉換成二維矩陣
Y_train = train_dfs.target.values.reshape(-1, 1)

# 取出驗證資料
X_dev = X[n_trains:n_trains+n_devs]
# 將驗證資料中的商品價格轉換成二維矩陣
Y_dev = dev_dfs.target.values.reshape(-1, 1)

# 取出測試資料
X_test = X[n_trains+n_devs:]

print('X:', X.shape)
print('X_train:', X_train.shape)
print('X_dev:', X_dev.shape)
print('X_test:', X_test.shape)
print('Y_train:', Y_train.shape)
print('Y_dev:', Y_dev.shape)
```

▼ **輸出**

```
Vectorizing data...
X: (2175020, 183857)
X_train: (1466844, 183857)
X_dev: (14817, 183857)
X_test: (693359, 183857)
Y_train: (1466844, 1)
Y_dev: (14817, 1)
CPU times: user 10min 5s, sys: 21.7 s, total: 10min 27s
Wall time: 10min 26s
```

9

循環神經網路（Recurrent Neural Network, RNN）

> **控制記憶體使用量的小技巧**
>
> 資料預處理時，為了要控制記憶體使用量，我們對商品名稱做 2-gram 分割、商品敘述做 3-gram 分割，並將它們兩者的 Token count 設定 5000 作為上限。
>
> 如果將商品名稱的 Token count 上限拉高到 5 萬筆左右、商品敘述的 Token count 上限提高到 10 萬筆左右，雖然可以得出更好的結果，但可能會超過記憶體使用量，才會減少上限值。

 執行 Ridge 以及 RidgeCV 迴歸

▼ **執行 Ridge 以及 RidgeCV 迴歸（Cell 20）**

```
%%time

from sklearn.linear_model import Ridge, RidgeCV

print("Fitting Ridge model on training examples...")
ridge_model = Ridge(solver='auto',        # 自動選擇優化器
                    fit_intercept=True,    # 計算截距（又稱偏值）
                    alpha=1.0,             # 常規化強度
                    max_iter=200,          # 迭代次數
                    normalize=False,       # 不要進行資料標準化
                    tol=0.01,              # 目標準確率
                    random_state = 1)      # 洗牌資料時所使用的亂數種子

ridge_modelCV = RidgeCV(fit_intercept=True,
                    alphas=[5.0],
                    normalize=False,
                    cv = 2,
                    scoring='neg_mean_squared_error')

ridge_model.fit(X_train, Y_train)
ridge_modelCV.fit(X_train, Y_train)
```

▼ 輸出

```
Fitting Ridge model on training examples...
CPU times: user 6min 30s, sys: 6min 37s, total: 13min 8s
Wall time: 3min 38s
```

 使用驗證資料來確認 Ridge 模型準確率

▼ 使用驗證資料來確認模型準確率（Cell 21）

```
Y_dev_preds_ridge = ridge_model.predict(X_dev)
Y_dev_preds_ridge = Y_dev_preds_ridge.reshape(-1, 1)
print('Ridge model RMSE error:', rmsle(Y_dev, Y_dev_preds_ridge))
```

▼ 輸出

```
Ridge model RMSE error: 0.4795550743438149
```

　　損失為 0.4796，雖然比循環神經網路還要大，但集成時應該需要具備多樣性的模型，可能還是有用。

 使用驗證資料來確認 RidgeCV 模型準確率

▼ 使用驗證資料來確認 RidgeCV 模型準確率（Cell 22）

```
Y_dev_preds_ridgeCV = ridge_modelCV.predict(X_dev)
Y_dev_preds_ridgeCV = Y_dev_preds_ridgeCV.reshape(-1, 1)
print('RidgeCV model RMSE error:', rmsle(Y_dev, Y_dev_preds_ridgeCV))
```

```
RidgeCV model RMSE error: 0.47523611375874447
```

損失為 0.4752，看起來比 Ridge 模型要好一些些。

 使用 Ridge 模型以及 RidgeCV 模型來對測試資料做預測

▼ 使用 Ridge 模型以及 RidgeCV 模型來對測試資料做預測（Cell 23）

```
%%time
# Ridge 模型
ridge_preds = ridge_model.predict(X_test)
ridge_preds = np.expm1(ridge_preds)
# RidgeCV 模型
ridgeCV_preds = ridge_modelCV.predict(X_test)
ridgeCV_preds = np.expm1(ridgeCV_preds)
```

▼ 輸出

```
CPU times: user 261 ms, sys: 144 ms, total: 405 ms
Wall time: 210 ms
```

9.4.2 使用 RNN、Ridge、RidgeCV 進行集成

現在要來集成循環型類神經網路模型、Ridge 模型、RidgeCV 模型，以求出最終預測。我們現在要預測「銷售價格」，因此平均數集成才適用，多數決集成並不適用（編註： 迴歸任務不適合多數決集成，請見第 7 章說明）。在這裡我們要執行「對 3 個模型的預測值加權平均來產出預測結果」，因此需要找尋最佳的加權值。可以一邊改變加權值、一邊求其損失，最終選擇損失最低的加權值。

編寫集成的程式碼

以下是套用了加權值之後的集成預測值：

▼ **輸入加權值，得到最終集成預測值（Cell 24）**

```
%%time
def aggregate_predicts3(Y1, Y2, Y3, ratio1, ratio2):
    """
    對 3 個模型的預測值套用加權值，將 3 的預測值結合為 1 個預測值並傳回
    Parameters:
        Y1: 循環神經網路模型的預測值
        Y2: Ridge 模型的預測值
        Y3: RidgeCV 模型的預測值
        ratio1: 加權值 1
        ratio2: 加權值 2

        (ratio3): 1.0 - ratio1 - ratio2
"""
assert Y1.shape == Y2.shape
return Y1*ratio1 + Y2*ratio2 + Y3*(1.0 - ratio1 - ratio2)
```

這個函式可以把 3 個模型的預測值結合為 1 個，作法上並非單純取平均值，而是運用了加權值來改變 3 個模型的預測值後進行集成。簡單說就是「加權集成」。

```
Y1*ratio1 + Y2*ratio2 + Y3*(1.0 - ratio1 - ratio2)
```

為了要做到加權集成，就需要像上方的程式碼，讓 3 個預測值所對應的加權值相加為 1.0。透過 ratio1 跟 ratio2 的加權值可以決定第三個加權值。求出每次加權集成之後的預測值與真實值的均方根誤差，最小損失時即為最終求出預測結果所要使用的加權值。

▼ 探索最佳加權值（Cell 25）

```
%%time
best1 = 0
best2 = 0
lowest = 0.99
for i in range(100):
    for j in range(100):
        r = i * 0.01
        r2 = j * 0.01
        if r+r2 < 1.0:
            # 對 3 個模型對驗證資料做出預測值，進行加權集成，取得新的預測值
            Y_dev_preds = aggregate_predicts3(Y_dev_preds_rnn,
                                              Y_dev_preds_ridge,
                                              Y_dev_preds_ridgeCV,
                                              r,
                                              r2)
            # 求出加權集成預測值與真實值的損失
            fpred = rmsle(Y_dev, Y_dev_preds)
            # 如果當前的損失較小，則記錄下來
            if fpred < lowest:
                best1 = r
                best2 = r2
                lowest = fpred

Y_dev_preds = aggregate_predicts3(Y_dev_preds_rnn,
                                  Y_dev_preds_ridge,
                                  Y_dev_preds_ridgeCV,
                                  best1,
                                  best2)

print('r1:', best1)
print('r2:', best2)
print('r3:', 1.0 - best1 - best2)
print("(Best) RMSE error for RNN + Ridge + RidgeCV on dev set:\n",
 rmsle(Y_dev, Y_dev_preds))
```

▼ 輸出

```
r1: 0.79
r2: 0.0
r3: 0.20999999999999996
```

→ 接下頁

```
(Best) RMSE error for RNN + Ridge + RidgeCV on dev set:
 0.42083516643887753
CPU times: user 475 ms, sys: 1.35 ms, total: 476 ms
Wall time: 476 ms
```

驗證資料的集成預測值，呈現的損失為 0.4208，超過了先前單獨使用循環神經網路時的準確率。

使用的模型	損失
循環神經網路	0.4250640846993077
Ridge	0.4795550743438149
RidgeCV	0.47523611375874447
加權集成	0.42083516643887753

順帶一提，驗證資料的預測結果雖然僅供參考，因為這並非測試資料的成果，我們只是先用驗證資料去跑看看模型效能罷了。

 使用加權集成的模型對測試資料做出預測

來到了產出測試資料的預測結果，我們在這裡使用的是第一階段的資料，因此只有要做到存檔、並不會實際提交出去（ 編註： 此專案還有分出高下的第二階段測試資料）。

▼ 使用加權集成的模型對測試資料做出預測（ Cell 26 ）

```
# 對 3 個模型對驗證資料做出預測值，使用最佳加權值進行加權集成，取得新的預測值
preds = aggregate_predicts3(rnn_preds,
                            ridge_preds,
                            ridgeCV_preds,
                            best1,
                            best2)
# 彙整 ID 與預測值
submission = pd.DataFrame({"test_id": test_df.test_id,
                           "price": preds.reshape(-1)})
```

```
submission.to_csv("./rnn_ridge_submission_best.csv", index=False)
```

接著輸出所有程序處理的所需時間。

▼ 結束時間量測，將實際經過時間輸出（Cell 27）

```
stop_real = datetime.now()
execution_time_real = stop_real-start_real
print(execution_time_real)
```

▼ 輸出

```
0:54:02.723402
```

實際上從頭到尾跑過一次程式約略花費 50 多分鐘。我們控制參與集成的模型數量來減少程式執行時間、記憶體用量。雖然時間限制上還有一點餘裕，好像還可以再放幾個執行速度較快的模型來進行集成。但是，16GB 限制的記憶體用量已經用掉了 9GB，另外還需注意到目前測試資料筆數只有 693,359 筆而已，而第二階段的測試資料有 3,460,725 筆，足足多了 5 倍，現有程式的運行時間跟記憶體用量應該差不多是極限了。

提醒一下，「Mercari Price Suggestion Challenge」官方要求的是我們必須將資料預處理、訓練、預測這些程式都放入一起，並繳交程式碼（ 編註： 不是提交預測值）。因此，我們要將所有的程式碼都彙整在一個 Notebook 裡，提交 Notebook。

9.4.3 回顧

本章是要用商品資訊、類別、商品狀態、運費由誰負擔、品牌名稱等內容，來預測「合適銷售價格」。其中，我們有以下的限制：

▼ **計算資源的限制**

> CPU：4 核心
>
> 記憶體：16GB
>
> 硬碟：1GB
>
> 程式執行時間限制：1 小時

這樣的限制並非只是 Kaggle 平台考量，而是實務上確實有需要在一般的筆記型電腦上執行，在無須耗費太多時間的情況下，就做出銷售價格的預測（ 編註： 由此可知熟練 Kaggle 上的專案真的可以跟業界實務無縫接軌）。

分析時比較棘手的是「name」、「category_name」、「item_description」這些需要自然語言處理的部分。本章所使用的手法是 Bag-of-words 跟 N-gram 對所有文字資料進行編碼，而商品名稱等某些單詞數量較多的部分則以 word embedding 將原本資料轉換為向量。然而，也許「category_name」這種類別變數比較適合使用 One-hot encoding，若是擔心產生太多變數，也可運用 feature hashing 這種專用於類別太多的技巧（ 編註： 關於 feature hashing 的說明，可以參考旗標出版的「Kaggle 競賽攻頂秘笈 – 揭開 Grandmaster 的特徵工程心法，掌握制勝的關鍵技術」第三章）。

9

循環神經網路（Recurrent Neural Network, RNN）

這章我們花了不少篇幅完成模型訓練，想必大家應該會很好奇其他參賽者運用哪些技巧來解決問題，以當時第一名的團隊來說，主要是採用多個神經網路模型的集成手法。推測是因為一般神經網路的訓練還是較快，因此試圖以大量的模型集成出最好的結果，也就是以量取勝的概念。除此之外，能進入前段班的大多數參賽者所使用的都是循環神經網路模型。更令人意外的是，使用卷積神經網路模型的居然也不少，原以為這種模型應是擅長處理圖像辨識，沒想到處理時序資料，也發揮了不錯的成效。

本章的循環神經網路模型主要參考了以下的解決方案：

● 「Mercari RNN + 2Ridge models with notes」[註1]

由 Patrick DeKelly 所提出的解決方案，使用了循環型類神經網路模型、Ridge、RidgeCV 進行集成。程式碼的編寫手法實、條理分明、不標新立異。本章參考了此作法相當多的部分。

● 「Associated Model RNN + Ridge」[註2]

Hiep Nguyen 所提出的解決方案是以上述 Patrick DeKelly 作為基礎來發展的模型。他運用了循環神經網路模型跟 Ridge 模型進行集成，看似與 Patrick DeKelly 的模型結構相近，但 Hiep Nguyen 做出來的準確率卻還高出了一些。

（註1）https://www.kaggle.com/valkling/mercari-rnn-2ridge-models-with-notes-0-42755

（註2）https://www.kaggle.com/nvhbk16k53/associated-model-rnn-ridge

● 「A simple nn solution with Keras」[註3]

這個由 noobhound 所提出的解決方案，並沒有使用集成手法，而是以單一個循環神經網路模型進行預測。在資料預處理上的見解有其獨到之處，極具參考價值。

● 「Mercari Golf: 0.3875 CV in 75 LOC, 1900 s」[註4]

由 Konstantin Lopuhin 所提出的解決方案，雖然不是循環型類神經網路模型，也跟實際獲得第一名時的模型內容並不完全相同，但絕大部分都跟獲獎模型是大同小異，且整體所呈現的程式風格非常簡約俐落。

9

循環神經網路（Recurrent Neural Network, RNN）

（註3）https://www.kaggle.com/knowledgegrappler/a-simple-nn-solution-with-keras-0-48611-pl

（註4）https://www.kaggle.com/lopuhin/mercari-golf-0-3875-cv-in-75-loc-1900-s

MEMO

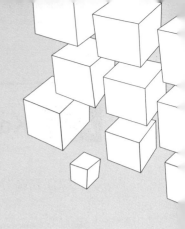

APPENDIX

A

延伸學習資源

A.1 　Kaggle 延伸學習專案

以任務區分 Kaggle 專案：

 回歸任務

- 「House Prices: Advanced Regression Techniques」：使用不動產資料預測住宅銷售價格。

- 「Mercari Price Suggestion Challenge」：使用 Mercari 商品資訊預測銷售價格。

- 「Zillow Prize: Zillow's Home Value Prediction (Zestimate)」：使用經營線上不動產資料庫的美國企業 Zillow 所提供之不動產資料預測價格，但實際需提交的是預測價（Zestimate）與實際價的對數誤差。

二元分類

- 「Titanic: Machine Learning from Disaster」：使用乘客資料預測是否能從鐵達尼號沈船意外中倖存。

- 「Dogs vs. Cats Redux: Kernels Edition」：貓狗圖像二元分類。

- 「Home Credit Default Risk」：依據交易資訊預測客戶的還款能力。

多元分類

- 「Digit Recognizer」：正確分類手寫 0 ~ 9 的數字。

- 「CIFAR-10 - Object Recognition in Images」：將 10 種的時尚物品圖片依照不同項目進行分類。

- 「Two Sigma Connect: Rental Listing Inquiries」：使用紐約市區的租賃物件搜尋廣告（會依在搜尋引擎的查詢結果當中使用者所用的關鍵字連動而跳出的廣告），來預測使用者的關注程度（高、中、低）。

多標籤分類

- 「Human Protein Atlas Image Classification」：從蛋白質的螢光顯微影項推測蛋白質的種類。資料集當中共有 28 個標籤。

- 「Instacart Market Basket Analysis」：在匿名的訂單資料中運用以前的購買資訊去預測下次用戶會購買什麼產品。

推薦系統

- 「Santander Product Recommendation」：使用過去一個月內的客戶動態去預測既有客戶下個月可能使用的產品。

- 「Instacart Market Basket Analysis」：在匿名的訂單資料中運用以前的購買資訊去預測下次用戶會購買什麼產品。

物體偵測／切割

- 「Google AI Open Images - Object Detection Track」：檢測含有 99,999 張圖片得資料及當中的物體。

- 「TGS Salt Identification Challenge」：運用切割手法預測從地震偵測所繪製的圖像中確認地底是否蘊含鹽巴。

以評價指標區分 Kaggle 專案：

🎲 RMSE（均方根誤差）

- 「Elo Merchant Category Recommendation」：由巴西的信用卡公司 Elo 所主辦，依據客戶的購物行為預測出客戶的喜好，提升顧客忠誠度。

- 「House Prices: Advanced Regression Techniques」：使用不動產資料預測住宅銷售價格。

🎲 RMSLE（均方根對數誤差）

- 「Recruit Restaurant Visitor Forecasting」：使用餐廳預約、上門客戶的人數等資訊來預測接下來的顧客量。

🎲 MAE（平均絕對誤差）

- 「Allstate Claims Severity」：運用保險公司提供的資料預測索賠程度。

A.2 特徵工程參考文獻

　　資料預處理的部分其實有許多優質的書籍能夠參考。看越多就越能體會特徵工程博大精深、有趣之處，若有興趣不妨多加閱讀。以下每一本都是針對資料預處理所寫的著作，以非常有系統的方式說明如何做好預處理。

- 門脇大輔、阪田隆司、保坂桂佑、平松雄司著，王心薇譯，「Kaggle 競賽攻頂秘笈 - 揭開 Grandmaster 的特徵工程心法，掌握制勝的關鍵技術」，旗標科技，2021。這是談論 Kaggle 相當著名的書籍，對特徵工程有深入的探討跟頗析。

- Andreas C. Muller、Sarah Guido 著，楊新章譯，「機器學習：特徵工程」，歐萊禮出版社，2020。要學習特徵工程就一定不能錯過這本。

- Alice Zheng、Amanda Casari 著，株式会社ホクソエム譯，「機械学習のための特徴量エンジニアリング―その原理と Python による実践」，オライリージャパン，2019。

- 本橋智光著，「前処理大全 [データ分析のための SQL/R/Python 実践テクニック]」，技術評論社，2018。

A.3　各章參考文獻

　　第 3 章所使用的是 Getting Started 中的「House Prices: Advanced Regression Techniques」作為題材，演練 Ridge 模型、LASSO 模型、以及梯度提升決策樹模型。以下為幾個相關的網頁：

 House Prices: Advanced Regression Techniques

https://www.kaggle.com/c/house-prices-advanced-regression-techniques

延伸學習資源

A

Ridge 回歸模型，sklearn.linear_model.Ridge

https://scikit-learn.org/stable/modules/generated/sklearn.linear_model.Ridge.html#sklearn.linear_model.Ridge

 ## Lasso 回歸模型，sklearn.linear_model.Lasso

https://scikit-learn.org/stable/modules/generated/sklearn.linear_model.Lasso.html#sklearn.linear_model.Lasso

 ## 梯度提升決策樹
（Gradient Boosting Decision Tree, GBDT）

- Python API reference of XGBoost。

  https://xgboost.readthedocs.io/en/latest/python/python_api.html?high light=xgbregressor#xgboost.XGBRegressor

- XGBoost Parameters。

  https://xgboost.readthedocs.io/en/latest/parameter.html#parameters-for-tree-booster

- Aarshay Jain，「Complete Guide to Parameter Tuning in XGBoost with codes in Python (Analytics Vidhya)」，2016。詳述超參數以及超參數微調的方法。

  https://www.analyticsvidhya.com/blog/2016/03/complete-guide-parameter-tuning-xgboost-with-codes-python/

● Alvira Swalin，「CatBoost vs. Light GBM vs. XGBoost」，2018。比較 XGBoost、Light GBM、CatBoost，並說明三者之間的超參數對應關係。

  https://towardsdatascience.com/catboost-vs-light-gbm-vs-xgboost-5f93620723db

第 4 章我們運用了 Getting Started 中的「Digit Recognizer」作為題材，介紹了神經網路。以下為幾個相關的網頁：

 ## Digit Recognizer

https://www.kaggle.com/c/digit-recognizer

 ## 神經網路

● 齋藤康毅，「Deep Learning：用 Python 進行深度學習的基礎理論實作」，歐萊禮出版社，2017。深度學習的名著，廣受好評，尤其是想深入了解神經網路。

● チーム・カルポ，「必要な数学だけでわかるニューラルネットワークの理論と実装」，秀和システム，2019。沒有使用神經網路框架，而是透過編寫程式碼的過程，紮實地從根本理解神經網路動作，認識架構。

● Michael Nielsen，「Using neural nets to recognize handwritten digits」。

  http://neuralnetworksanddeeplearning.com/chap1.html

● Michael Nielsen，「Improving the way neural networks learn」。

神經網路應用於 MNIST 資料集，研究如何改善神經網路。

http://neuralnetworksanddeeplearning.com/chap3.html

- Keras 文件，「關於模型」。

  https://keras.io/ja/models/about-keras-models/

- Keras 文件，「Sequential 模型 API」。

  https://keras.io/ja/models/sequential/

- Keras 文件，「Model Class API」。

  https://keras.io/ja/models/model/

- Keras 文件，「關於 Layer」。

  https://keras.io/ja/layers/about-keras-layers/

- Keras 文件，「CoreLayer」。

  https://keras.io/ja/layers/core/

激活函數

- Keras 文件，「激活函數的使用方法」。

  https://keras.io/ja/activations/

反向傳播

- Michael Nielsen，「How the backpropagation algorithm works」。

  http://neuralnetworksanddeeplearning.com/chap2.html

優化器

● Keras 文件,「優化器 (最佳化演算法) 的運用方式」。

https://keras.io/ja/optimizers/

● Diederik Kingma、Jimmy Ba,「Adam: A Method for Stochastic Optimization」

https://arxiv.org/abs/1412.6980v8

使用 Hyperopt 探尋參數

● Hyperopt 文件,Michael Mior,「FMin・hyperopt / hyperopt Wiki・GitHub」,2018。

https://github.com/hyperopt/hyperopt/wiki/FMin

● Hyperopt 文件,maxpumperla,「Keras + Hyperopt: A very simple wrapper for convenient hyperparameter optimization」。

https://github.com/maxpumperla/hyperas

● Tinu Rohith D,「HyperParameter Tuning — Hyperopt Bayesian Optimization for (Xgboost and Neural network)」。

https://medium.com/analytics-vidhya/hyperparameter-tuning-hyperopt-bayesian-optimization-for-xgboost-and-neural-network-8aedf278a1c9

● Zygmunt Z.,「FastML: Optimizing hyperparams with hyperopt」,2014。

http://fastml.com/optimizing-hyperparams-with-hyperopt/

A

延伸學習資源

探尋超參數

- James Bergstra, Yoshua Bengio,「Random Search for Hyper-Parameter Optimization」,2012。

  http://www.jmlr.org/papers/volume13/bergstra12a/bergstra12a.pdf

第 5 章我們延續上一章的「Digit Recognizer」題材,並使用卷積神經網路來提升我們的模型準確率。以下為幾個相關的網頁:

 ## 卷積神經網路

- Michael Nielsen,「Deep learning」。以 MNIST 資料集為題材,詳述卷積神經網路。

  http://neuralnetworksanddeeplearning.com/chap6.html

- Keras 文件,「Convolutional Layer」

  https://keras.io/ja/layers/convolutional/

- Keras 文件,「Pooling Layer」

  https://keras.io/ja/layers/pooling/

資料擴增

- Keras 文件,「圖像預處理」

  https://keras.io/ja/preprocessing/image/

第 6 章中我們運用 Playground 中的「CIFAR-10 - Object Recognition in Images」為題材研究學習率跟批次大小對模型訓練的影響。以下為幾個相關的網頁：

 CIFAR-10-Object Recognition in Images

https://www.kaggle.com/c/cifar-10/overview

 全面性地說明學習率

- cs231n，「Convolutional Neural Networks for Visual Recognition」。針對損失函數的最小化、到如何調整學習率等，進行了全面性的講解。

  https://cs231n.github.io/neural-networks-3/

- Suki Lau，「Learning Rate Schedules and Adaptive Learning Rate Methods for Deep Learning」，2017。介紹學習率步驟衰減的數個手法、實作方式。

  https://towardsdatascience.com/learning-rate-schedules-and-adaptive-learning-rate-methods-for-deep-learning-2c8f433990d1

 回呼

- Keras 文件，「回呼的使用方法」。彙整了學習率衰減，以及訓練進行當中該以什麼樣的處理來執行回呼的方法。

  https://keras.io/ja/callbacks/

A

延伸學習資源

提前中止

- Jason Brownlee，「Use Early Stopping to Halt the Training of Neural Networks At the Right Time」。設定提前中止時最令人困擾的就是監控次數（訓練週期數）。此文件當中則彙整了設定提前中止時應該注意到的重點。

  https://machinelearningmastery.com/how-to-stop-training-deep-neural-networks-at-the-right-time-using-early-stopping/

 循環性學習率「Cyclical Learning Rates (CLR)」相關論文

在 CIFAR-10 圖像分類中，若使用固定的學習率，即使是把超參數微調到極致，也很難獲得高準確率。透過讓學習率衰減則能獲得更理想的預測結果。以下就是針對循環性學習率的論文，以及論文當中用來實際驗證的程式碼。

- Leslie N. Smith，「Cyclical Learning Rates for Training Neural Networks」，2017。

  https://arxiv.org/pdf/1506.01186.pdf

- bckenstler，「Cyclical Learning Rate (CLR)」。上述論文中所使用的程式碼。

  https://github.com/bckenstler/CLR

談論學習率與批次大小的關係

- Samuel L. Smith、Pieter-Jan Kindermans、Chris Ying、Quoc V. Le,「Don't Decay the Learning Rate, Increase the Batch Size」, 2018。讓學習率衰減,或是增加批次大小,都能獲得相同的訓練成效。證實了這件事的就是這篇論文。作者在論文當中進行了許多學習率衰減與批次大小增加的相互關係實驗,甚至談及了優化器的慣性跟學習率之間的關聯。當然論文主要的用意是在於讓訓練更加快速,所以才會介紹了運用 ResNet-50 模型針對大型圖像資料集 ImageNet,花費 30 分鐘就獲得了 76.1% 準確率。

  https://arxiv.org/abs/1711.00489

 ## 「Warm Start」相關參考文獻

- Liyuan Liu、Haoming Jiang、Pengcheng He、Weizhu Chen、Xiaodong Liu、Jianfeng Gao、Jiawei Han,「On the Variance of the Adaptive Learning Rate and Beyond」,2019。本書當中雖僅止於介紹 Warm Start,若想知道更具體的方法,例如使用 Warm Start 讓訓練穩定、加速收斂速度、提升 RMSprop 跟 Adam 等優化器的性能,不妨參考此文件。

  https://arxiv.org/abs/1908.03265

- nykergoto「Adam の学習係数の分散を考えた RAdam の論文を読んだよ!」,2019。針對上述論文進行解說的日文網站。

  https://nykergoto.hatenablog.jp/archive/2019/08/16

A

延伸學習資源

關於 Adam 優化器的論文

- Diederik P. Kingma、Jimmy Ba,「Adam: A Method for Stochastic Optimization」, 2017。本書當中在大多時候都是使用了 Adam 作為優化器的若想要更近一步了解 Adam 可以參考此文件。

  https://arxiv.org/abs/1412.6980

　　第 7 章我們延續上一章的「CIFAR-10 - Object Recognition in Image」題材,並探討集成式學習的概念以及實作方法。以下為幾個相關的網頁:

 ## 關於集成式學習

- u++,「『Kaggle Ensembling Guide』はいいぞ【kaggle Advent Calendar 7 日目】」, 2018。資料科學家 u++ 所寫的關於集成的文章。

  https://upura.hatenablog.com/entry/2018/12/07/000000

- Hendrik Jacob van Veen、Le Nguyen The Dat、Armando Segnini,「Kaggle Ensembling Guide」, 2015。「使用用於提交的檔案進行集成」、以及「Stacked Generalization」、「Blending」等手法都在這裡搭配上了具體案例進行解說。

  https://mlwave.com/kaggle-ensembling-guide/

- koshian2,「ニューラルネットワークを使った End-to-End なアンサンブル学習」。這篇介紹了使用 CIFAR-10 時實際操作集成的方法。本書編寫時也參考了該篇章中記錄訓練週期參數的演算法,便於理解訓練過程中該設定多少的訓練週期次數才能獲得最優良的準確率。

https://qiita.com/koshian2/items/d569cd71b0e082111962

● @corochann，「Kaggle Digit Recognizer に CNN で 挑 戰、 公
開 Kernel の中で最高精度を目指す」。這篇是使用了 MNIST 資料
集，以卷積神經網路進行集成的文章。雖然運用了機器學習資料庫
Chainer，但對於 Keras 的使用者來說也很有參考價值。藉由將損
失率高的資料變得視覺化，進而指出資料集的問題是相當令人玩味的
觀點。

https://qiita.com/corochann/items/e83029d1ad94d908e220

第 8 章中我們使用 Playground 中的「Dogs vs. Cats Redux: Kernels
Edition」為題材，演練遷移式學習。以下為幾個相關的網頁：

 Dogs vs. Cats Redux: Kernels Edition

https://www.kaggle.com/c/dogs-vs-cats-redux-kernels-edition/
overview

 預學習相關之 Keras 文件

● Keras 文件，「Applications」。文件當中詳細敘述了包含
VGG16 在內、連 VGG19、Xception、ResNet50、InceptionV3、
InceptionResNetV2 MobileNet、DenseNet、NASNet、
MobileNetV2 等能夠在 Keras 實際使用的預學習模型。

https://keras.io/ja/applications/

使用了遷移式學習的解決方案

● Shivam Bansa，「1 CNN Architectures: VGG, ResNet, Inception + TL」。使用 VGG16、VGG19、InceptionNet、Resnet、XceptionNet 模型進行預測。

  https://www.kaggle.com/shivamb/cnn-architectures-vgg-resnet-inception-tl

● Shao-Chuan Wang，「Keras Warm-up: Cats vs Dogs CNN with VGG16」。僅使用 VGG16 進行預測。

  https://www.kaggle.com/shaochuanwang/keras-warm-up-cats-vs-dogs-cnn-with-vgg16

在第 9 章中我們運用了 Featured 中的「Mercari Price Suggestion Challenge」為題材，建立一個循環神經網路模型。以下為幾個相關的網頁：

 「Mercari Price Suggestion Challenge」

https://www.kaggle.com/c/mercari-price-suggestion-challenge/

 參考的解決方案

● Patrick DeKelly，「Mercari RNN + 2Ridge models with notes」。使用了循環神經網路模型、Ridge 模型、RidgeCV 模型進行集成。本書編寫時也拜讀過。

https://www.kaggle.com/valkling/mercari-rnn-2ridge-models-with-notes-0-42755

- Hiep Nguyen，「Associated Model RNN + Ridge」。以上述 Patrick DeKelly 的模型為基礎進而開發出的解決方案。使用了循環神經網路模型、Ridge 模型進行集成。

  https://www.kaggle.com/nvhbk16k53/associated-model-rnn-ridge

- noobhound，「A simple nn solution with Keras」。沒有運用集成。僅靠循環神經網路模型進行預測，在資料預處理的見解相當獨到。

  https://www.kaggle.com/knowledgegrappler/a-simple-nn-solution-with-keras-0-48611-pl

- Konstantin Lopuhin，「Mercari Golf: 0.3875 CV in 75 LOC, 1900 s」。這是獲得了 Mercari 冠軍寶座的解決方案，所使用的是運用神經網路進行集成的技巧。

  https://www.kaggle.com/lopuhin/mercari-golf-0-3875-cv-in-75-loc-1900-s

- Pawel Jankiewicz，「1st place solution」。冠軍獲獎者發佈在 Discussion 上的文章。

  https://www.kaggle.com/c/mercari-price-suggestion-challenge/discussion/50256

A.4 其他參考文獻

用於機器學習的數學

- 齋藤正彥，「基礎數学 1 線型代数入門」，東京大学出版会，1966。
- 杉浦光夫，「解析入門 I (基礎数学 2)」，東京大学出版会，1980。
- 金谷健一，「これなら分かる最適化数学 基礎原理から計算手法まで」，啓文堂，2005。
- 立石賢吾，楊季方譯，「練好機器學習的基本功：用 Python 進行基礎數學理論的實作」，碁峰資訊，2018。
- 石川聰彥，「人工知能プログラミングのための数学がわかる本」，KADOKAWA，2018。

Python

- Python Software Foundation(2001-2018)，「3.6.5 Documentation」

  https://docs.python.jp/3/index.html

Matplotlib

- 「Matplotlib: Python plotting — Matplotlib. 2.2.2 documentation」

  https://matplotlib.org/index.html

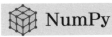 ## NumPy

● The SciPy community(2008-2017)「NumPy Reference—NumPy v1.14 Manual」

   https://docs.scipy.org/doc/numpy-1.14.0/reference/

 ## Keras

● 「KerasDocumentation」

   https://keras.io/ja/

A

延伸學習資源

作者簡介

チーム・カルポ（Team Carpo）

我們是一群 IT 技術的自由研究者，有時也會參與程式開發文件以及技術書籍的撰寫。

近幾年以深度學習為主，致力於先進 AI 技術的程式開發，並落實相關教材的實作與編寫等活動。其他舉凡 Android/iPhone 的應用程式開發、前端應用或伺服器應用程式開發、到電腦網路等領域也都有涉獵。

主要著作

『TensorFlow&Keras プログラミング実装ハンドブック』
(2018 年 10 月 秀和システム刊)

『Matplotlib&Seaborn 実装ハンドブック』
(2018 年 10 月 秀和システム刊)

『ニューラルネットワークの理論と実装』
(2019 年 1 月 秀和システム刊)

『ディープラーニングの理論と実装』
(2019 年 1 月 秀和システム刊)